森田邦久
Morita Kunihisa
［編著］

〈現在〉という謎

時間の空間化批判

勁草書房

はじめに

　哲学と物理学はいくつのかの共通する主題をもっている。しかし、とくに国内においてはこれら二つの分野の交流はきわめて少ないのが現状である。だが、異なる方法論をもつ異なる分野の研究者たちが双方にとって重要な同じ主題について議論をすることは有益であるに違いない。このような動機から、編者は九州大学 QR プログラム「現代物理学における時間論の哲学的解釈」（研究代表者：森田邦久）の支援のもと 2016 年 12 月 17 日・18 日に立正大学にて「『現在』という謎〜時間の空間化とその批判〜」というシンポジウムを開催し、物理学と哲学双方の研究者たちに講演をしていただいた。このシンポジウムは幸いなことに好評を博したので、このシンポジウムおよび上記プログラムの支援のもとで開催されたほかの講演会を中心に論文集を編むことにしたのが、本書誕生の経緯である。

　本書では、まず、物理学・哲学両分野の研究者たちから時間を主題とした論文を寄稿していただき、さらに、それら寄稿された論文のうち、哲学者の論文には物理学者が、物理学者の論文には哲学者がコメントをつけあい（一部例外あり）、それにまた執筆者が回答して議論するという体裁にした。なお、哲学側の論文は計 5 本だが、そのうち 1 本はインド哲学の研究者によるものであり、これに対しては物理学ではなく西洋哲学の研究者からコメントをつけてもらった。

　ただたんに物理学者と哲学者から寄稿された論文を集めるのではなくこのように「議論」することで、なんらかの化学反応が起こることを期待した。もちろん、本書 1 冊でそれほど明確な成果が達成できるとは、編者である私自身そこまでは期待していない。

　だが、たとえば、同じ「時間」という問題についても哲学者と物理学者では、問題意識、そして問題へのアプローチの仕方がかなり異なることが浮き彫りになったのではないか。それは、論文→コメント→回答というやりとりのなかで、ある意味で互いの議論がかみ合っていないように見えるような仕方で浮かび上がっているように思える。

「かみ合っていない」ことはかならずしもなにも進展していないことではなく、その点を意識し、どこがかみ合ってないのかを明らかにしていくことは重要である。したがって、本書の試みは時間の本質へ迫るための物理学者と哲学者とのさらなる交流の第一歩であるといえよう。

さて、本書の書名は『〈現在〉という謎：時間の空間化批判』である。しかし、本書に収められた論文、そしてコメントなどを実際に読み進めていただくとわかると思うが、(少なくとも今回本書に参加していただいた)物理学者たちは、そもそも「〈現在〉という謎」があるというその問題意識自体を哲学者たちと共有していないことが見えてくる。もちろん、哲学者も全員が「〈現在〉という謎」が存在すると思っているわけではないだろうが、一方で、そのような謎があるという問題意識について一応は理解しているだろう（つまり、そのような問題意識は理解できるが、その問題は擬似問題であると考えている哲学者もいる）。

今回、哲学者たちとの議論を通して、物理学者たち（執筆者だけではなく読者も）にも少しでもこの問題意識を（それが真の問題だと考えるかどうかは別として）共有していただけたなら成功であるといえるだろう。もっとも、執筆を依頼する時点でその問題意識を共有する努力をしておけというのは、編者に対する正当な批判であり、その点に関して編者として怠惰であったことは反省点でありこの場を借りてお詫びしておきたい。だが、言い訳を許していただけるなら、むしろ、今回物理学者の方たちから寄せられた論文およびコメントによってどのように問題意識が共有されていなかったのが明らかになったのであり、その点において本書は一定の成果を得ることができたともいえるだろう。

ここで、拙論（本書第5章）および拙論に対する谷村氏のコメントへの回答とも少し重複してしまうのだが、「〈現在〉という謎」について簡単に述べておこう。哲学者たちは「現在」には2種類あると考える。すなわち、「指標的現在」と「絶対的現在」である。指標的現在とは、発話者と同時の時点であり、それゆえ、発話者に相対的な時点である。つまり、現在というなんらかの意味で特別な時点が時空内にあるわけではない。これは「ここ」や「あそこ」が発話者のいる地点を指示しているにすぎないことと並行的である。ちなみに、『新明解国語辞典』（第7版、三省堂）の「現在」の説明は「主体が何かをしている、その時」とあり、指標的現在の立場を取っていることがわかる。なお『広辞苑』（第7版、岩波書店）では「時の流れを三区分した一つで、過去と未

来との接点」とあり、『大辞林』（第3版、三省堂）もほぼ同じ説明であり、とくにどの立場に立つというわけではない説明になっている。

　一方で、絶対的現在（以下では〈現在〉と表記——タイトルの〈現在〉もこれを意識している）は発話者と相対的ではない、特権的な時点を指す。このような意味での現在はたしかに理解がしにくいかもしれない。

　だがたとえば、〈現在〉はないとして、さらに、現在における存在者だけではなく過去や未来における存在者も存在するとしよう。ここで「存在する」と現在形で述べているが、働きとしては無時制である。たとえば「4次元時空が存在する」というとき、その4次元時空には（発話時から見て）過去や未来も含まれているが、なんらおかしな言明ではない。さて、そうだとすると（〈現在〉がなく、かつ、過去や未来における存在者も存在するとすると）、読者であるあなたは、あなたがこの世に存在している全期間にわたって4次元的な存在者として存在しているだろう。すると、この文を読んでいるこの時点におけるあなたはそうした4次元的存在者の時間的な部分ということになる。同様にして、本書を読む前のあなたの時間的部分も存在するだろう。そして、そのどちらもが「いまこの瞬間が現在である」と考えているだろう。この現在は指標的現在である。あなたの各時間的部分における指標的現在はどれも平等であり、どれが特別ということはない。

　ところが問題は、もしこのような指標的現在しか存在しないのだとすれば、「時間が経過する」とはどういう意味かが、少なくとも即座には理解できないということである。どういうことだろうか？　たとえば、いまあなたがこの「はじめに」を読み始めてからここまで1分経過したとしよう。しかし、指標的現在しか存在しないならば「1分経過した」とはどういう意味だろうか。指標的現在しか存在しないならば、たんに、「読み始めのあなたの時間的部分」が存在する時点と「この文を読んでいるあなたの時間的部分」が存在する時点の時間軸上の距離が1分であるというだけであり、なにも「経過 pass」していない。

　一方で、もし〈現在〉（絶対的現在）が存在するならば、「時間が経過する」とは、そのような〈現在〉が時間軸上を移動するという「動的」な描像が可能であろう（ただし、現在主義といわれる立場ではこのような描像を取らない）。それゆえ、もし「時間が経過する」という私たちの強い直観が正しいのならば〈現在〉も存在するはずである。そしてそうだとすると〈現在〉とはなんなの

はじめに　iii

だろうか？ もしくはそのような〈現在〉なるものは本当に存在するのだろうか？ これが「〈現在〉という謎」という意味である。たとえば、〈現在〉は存在しない、それゆえ時間も経過していないというのも一つの立場であるが（私自身はこの立場である）、そうすると、私たちがもつ「時間が経過する」という強い直観をどう説明するべきだろうか？

もちろん、これまでの科学史は、「太陽が地球の周りを回っている」のような私たちの直観がいかに頼りのないものであるかを示してきた歴史であるともいえる。それゆえ、「時間が経過する」という直観もまた誤りである可能性はある。しかし、ここで問題なのは、「太陽が地球の周りを回っている」という直観の否定ほど、現在の物理学は明確に「時間が経過する」という直観を否定できているのだろうかということである。この点についてくわしく論じ始めると明らかに「はじめに」の領分を越えてしまうのでほどほどにしておくが、バロンが指摘するように (Baron 2017)、現在の時間経過否定派の論拠は「現代の物理理論に『時間経過』の居場所がない」というものである。しかし、天動説の否定も、おそらくそのほかの科学による「直観」の否定も、たんに理論にその直観の居場所がないというだけの理由によるものではなかったはずだ。それゆえ、むしろ、私たちには「時間経過の感覚」というある種の「観察事実」があるのだから、現代の物理理論の方に不足があるのではないかという可能性が捨て切れるわけでは、少なくとも現時点ではないだろう。

なお、〈現在〉が存在するという哲学的立場でも、対立する複数の理論がある。すなわち、動くスポットライト説、成長ブロック宇宙説、現在主義である。

成長ブロック宇宙説は文字通り、時間次元も含めた4次元ブロック宇宙が時間軸方向に成長していくというモデルである。このとき、すでに存在するブロック宇宙は過去にあり、存在しない領域が未来であり、そしてブロック宇宙の端が〈現在〉ということになる。存在する領域と存在しない領域の境界なのであるから、〈現在〉はたしかに、世界のあり方に関わる特別な意味をもつ時点である（時間が経過するとはブロック宇宙が成長していくことである）。

また、現在主義は〈現在〉に存在するもののみが存在するというモデルであり、「なにが存在するか」は「〈現在〉にあるかどうか」で決まるのだからやはり〈現在〉は特別な時点である（時間が経過するとは現在における存在者の物理的性質が変化することであり、「変化」はそれ以上説明できない原始概念である）。

動くスポットライト説は、過去・現在・未来のいずれに存在する存在者も存

在するのだが、近年注目を浴びている新しいタイプの動くスポットライト説によると、〈現在〉に存在する存在者は過去や未来に存在する存在者とは存在の仕方が異なる（時間が経過するとは、〈現在〉が時間次元を過去から未来へ移動することである）。そういう意味でやはり〈現在〉は特別な時点である。このとき、時間が経過しないモデル（iii 頁で説明したモデル）とは異なり、過去や未来の個物と現在の個物は異なる時空点に存在する異なる時間的部分なのではなく、これらは同一であるとされる。

　以上を踏まえると本書の副題である「時間の空間化批判」もある程度意味はとれよう。すなわち、物理学は「現在」という概念を適切に記述できていないというような批判が哲学側からなされることがあるが、ここでの「現在」は〈現在〉のことである。そして、このような形而上学的に特別な時点を認めることは時間と空間が根源的に異なることも示すし、逆にいえば、そのような特別な時点の存在こそが時間の空間とは異なる特徴である。ところが、上述のように、現代物理学には〈現在〉の居場所がないのだから、それは時間を空間と同様に扱っている——時間を空間化しているということである。

　なお、だからといって物理学では時間と空間をまったく区別していないというわけではない。物理学においてどのように時間と空間が異なる扱いをされているかという点については筒井論文（第2章）を参照されたい。また、物理学が時間を空間化しているという批判をしはじめたのは管見ではベルクソンだと思うが、ベルクソンについては平井論文（第6章）を、そして、ベルクソンに加えて、彼の影響を受けてやはり物理学による時間の空間化に異を唱えている異端の物理学者プリゴジンの思想については三宅論文（第7章）を読んでいただきたい。

　物理学者の標準的な時間観を知るには谷村論文（第1章）が最適であろう。哲学的な視点も加えながら独特の物理学的時間観を提示しているのは細谷論文（第3章）である。また、西洋哲学とは異なるインド仏教における時間観が佐々木論文（第8章）では解説されている。青山論文（第4章）は〈現在〉を認めることによる奇妙な哲学的帰結を論じ、森田論文（第5章）では〈現在〉を認めるか否かで時間に始まりがあると認めるか否かが変わるという議論をしている。

　最後に、繰り返しになるが、本書の試みは物理学者と哲学者との交流の第一歩であるにすぎない。本書をきっかけにこれら二分野の交流が深まっていくこ

とを期待したい。

2019 年 5 月

森田邦久

参考文献
Baron, S.（2017）. Feel the Flow. *Synthese* 194: 609-630.

目　次

はじめに　森田邦久

第1章　物理学における時間 …………… 谷村省吾　1
　　　──力学・熱力学・相対論・量子論の時間
　コメント：物理学における時間と時間の形而上学　佐金　武　30
　リプライ：物理学の概念を形而上学で塗り重ねてもすれ違いになる
　　　　　　だけではないのか　谷村省吾　37

第2章　時間の問題と現代物理 …………… 筒井　泉　67
　コメント：時間の「逆行」とはどのような現象か？　小山　虎　86
　リプライ：量子力学での因果関係と哲学的視点　筒井　泉　92

第3章　現代物理学における「いま」 ………… 細谷暁夫　99
　コメント：物理学者からの問題提起に答えて　小山　虎　122
　リプライ：物理にも哲学にも伝わっていないこと　細谷暁夫　127

第4章　客観的現在と心身相関の同時性 ……… 青山拓央　129
　コメント：哲学者に考えてもらいたいこと　谷村省吾　143
　リプライ：まず問いの共有を　青山拓央　163

第5章　時間に「始まり」はあるか ………… 森田邦久　171
　　　──哲学的探究
　コメント：物理学者が哲学者の時間論を読むとこうなる　谷村省吾
　　　　　　183
　リプライ：哲学者も物理学を無視しない
　　　　　　──形而上学と物理学の関係性　森田邦久　194

**第6章　「スケールに固有」なものとしての
　　　　時間経験と心の諸問題** ……………… 平井靖史　205
　　　　──ベルクソン〈意識の遅延テーゼ〉から

第7章　非可逆的な時間は実在するのか？ …… 三宅岳史　225
　　　　──ベルクソンとプリゴジンの時間論の検討
　コメント：自然を判定の鑑とする物理学
　　　　　　──第6章＆第7章へのコメント　筒井　泉　243
　リプライ：木には木の、森には森の描き方を　平井靖史　254
　リプライ：科学と哲学の間
　　　　　　──モデル構成の必要性　三宅岳史　260

**第8章　時間論はなぜ「いま」の実在の
　　　　問題となるのか** ……………………… 佐々木一憲　265
　　　　──インド仏教の視点から
　コメント：「いま」という時からの眺め　佐金　武　285
　リプライ：対岸からの視界　佐々木一憲　293

あとがき　　細谷暁夫　301
索引

第1章　物理学における時間
——力学・熱力学・相対論・量子論の時間

谷村省吾

> 時間とは、すべてのことが同時に起きるのを防ぐ自然法則である。
> Time is nature's way of keeping everything from happening at once.
> ウディ・アレン Woody Allen

1.1　はじめに

　このシンポジウム（2016年12月17日、立正大学にて講演）のテーマは「現在という謎——時間の空間化とその批判」である。私は工学部応用物理学科を卒業し、大学院理学研究科物理学専攻を修了して物理学者になった者である。量子力学・力学系理論・微分幾何学の応用など数理物理的なテーマの研究をしている。時間についてなら語れることはあるが、「現在という謎」については考えたことがない。そもそも現在は謎なのか？とさえ思う。「時間の空間化」という概念は、わからなくはないが、批判すべき対象だとは思わない。

　この章では、標準的な物理理論における時間概念の扱い方を概観する。また、近年、デイビッド・マーミンという物理学者が「現在（Now）」を物理学的にどう考えるかという論考をいくつか書いている。彼の論文なら「現在という謎」に関係していそうなので、この章の後半ではマーミンの論点を紹介し、私なりに批判的に論ずる。

1.2　ニュートン力学における時間

　ガリレイやニュートンの時間観は、絶対時間とも呼ばれる。一律一斉的時刻と言った方がわかりやすいかもしれない。つまり、宇宙全体を覆う共通の時刻があり、すべての場所で同じペースで時間が流れているという時間観である（図1.1）。自分の腕にある腕時計が指す「いま」と、壁にかけてある時計が指す「いま」は同じ「いま」であるはずだし、東京の「いま」は、名古屋の「いま」と同じであり、便宜的な時差を除けばニューヨークの「いま」とも同じ、

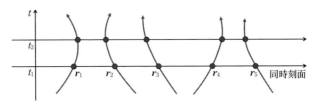

図 1.1 すべての物体は同一時刻面上に存在し、時間は一斉に進むというのが絶対時間。

木星の「いま」も同じ。アンドロメダ星雲に生き物がいるなら、地球人と同じ「いま」という瞬間をいま経験しているはずだ、そしてどこでも同じ速さで時間が流れているはずだ、という信念が絶対時間の概念である。

ニュートン流の力学は「決定論的な初期値問題」という運動観にもとづいている。つまり、ある時刻における系の状態が正確にわかれば、(未来も過去も含めて)任意の時刻における系の状態が決定される。多数の質点からなる系なら、時刻 t における各質点の位置を $r_1(t), r_2(t), \cdots, r_n(t)$ とすると、質量 m_i の質点の位置 $r_i(t)$ は運動方程式

$$m_i \frac{d^2 r_i}{dt^2} = F_i(r_1(t), r_2(t), \cdots, r_n(t)) \quad (i=1, 2, \cdots, n) \quad (式1.1)$$

に従う。F_i は i 番目の質点が受ける力であり、一般には力は他の質点の位置にも依存する。決定論的であるとは、時刻 0 におけるすべての質点の位置 $r_i(0)$ と速度 $v_i(0)$ が与えられれば、任意の時刻 t における位置 $r_i(t)$ と速度 $v_i(t)$ が一意的に決まることを指している。

運動方程式は微分方程式であり、現在の状態が無限小時間経過後の未来の状態を決める形式になっている。すなわち、時刻 t の瞬間における位置と速度がわかれば、無限小の時間 ε だけ経過した後の時刻 $t+\varepsilon$ における位置と速度が決まり、さらに無限小時間 2ε の経過後の……という連鎖が逐次的に続く。

$$r_i(t) \mapsto r_i(t+\varepsilon) \mapsto r_i(t+2\varepsilon) \mapsto \cdots \quad (式1.2)$$

無限に小さな変化を無限回累計することを「積分」という。積分によって有限の時間経過の結果を求めることが、運動方程式を解くことである。感覚的に言うと、物体の軌道は「いまから1万分の1秒後、1万分の2秒後、……」という流儀で、「次々と」「じわじわと」決まっていく。しかも時間の刻み幅は1万分の1秒単位に限られる必然性はなく、1億分の1秒、1兆分の1秒、……といった具合に、限りなく短くとることができる。こういった逐次発展的な運

動観がニュートン力学に込められている。

なお、明確に微分方程式の形で運動方程式を書いた人はニュートンではなくオイラーであったことが、山本義隆氏の研究で明らかにされている [1, 2]。現在、もっぱら「ニュートンの」運動方程式と呼ばれている（式1.1）は、むしろ「オイラーの」運動方程式と呼ぶべきかもしれないが、本章では慣習に従って、これを「ニュートンの運動方程式」と呼び、この方程式を基礎とする力学を「ニュートン力学」と呼ぶ。

力学の決定論的性格を強調して「ラプラスの魔」なるものも想定された。全宇宙の物体の現在の状態を知り、全物体の運動方程式を解く超越的能力をもつ想像上の知性をラプラスの魔という。ラプラスの魔にとっては、過去も未来も確定しており、「過去の記憶」と「未来の予測」を区別する必要もない。

1.3 解析力学における時間

古典力学は、ニュートン運動方程式のみならず、多種多様な理論定式化がなされている。ある定式化は、特定の対象については他の定式化の書き換えになっている場合もあるし、他の定式化よりも一般的な対象を含む拡張型の理論になっている場合もある。そして、見かけの異なる理論定式化は、たとえ数学的に同等な理論であっても、解釈・意味づけが大きく異なっている場合がある。

「ニュートン運動方程式に基づく力学とは別の力学理論」の代表として、「ラグランジュの解析力学」と呼ばれる理論がある。この理論では、始時刻における物体の始点と、終時刻における終点が指定されているとして、始点と終点を結ぶ経路を一つ仮定するごとに作用積分という数値を定める（図1.2）。作用積分 S はラグランジアン L の時間積分

$$S = \int_{t_1}^{t_2} L(q(t), \dot{q}(t)) dt \qquad (式1.3)$$

で与えられるが、ここではその具体的な式は重要ではない。そして、始点と終点をつなげるありとあらゆる経路のうち、作用積分の値が最小になるような経路が、実際に物体がたどる経路であるという原理にもとづいて物体の運動を予測する。これを「最小作用の原理」という。

ニュートン力学には、現在の状態が直後の未来を決め、未来の状態がまたさらに次の未来を決めるという逐次発展型の運動観が込められていた。これは時間の経過とともに物体が「じわじわ」と移動していくという直観に即した運動

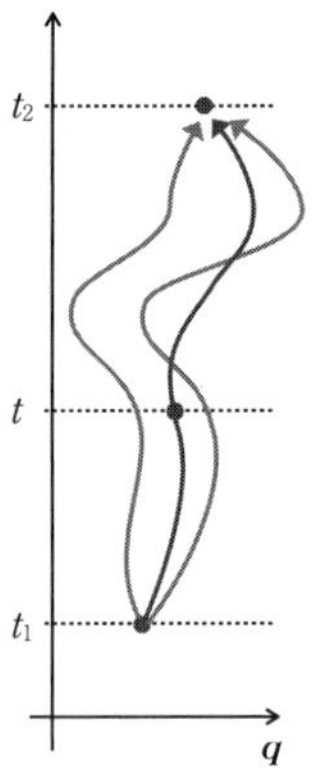

図1.2 最小作用の原理。始点と終点を指定して、経路ごとに作用積分を求め、作用積分の値が最小になるような経路が現実の経路になる。

観であった。

　それに対して、ラグランジュの最小作用の原理にもとづく解析力学では、過去（始点）と未来（終点）は対等な境界条件とみなされる。始点と終点は用意されており、これら2点で挟まれた可能な中間経路を全数探索して実際の道筋が定まるという運動観になる。

　「到達すべき終点が"あたかもはじめから"決まっていて、そこに行きつく道筋が後づけで定まる」ように読める最小作用の原理は、直観にそぐわない気がするかもしれない。あたかも未来の終状態が、さかのぼって、そこに至る道筋に影響を与えているかのように見えるので、因果律に反しているかのようにも思える（広い意味では、すべてのものごとには原因があるという考えを因果律と呼ぶようだが、物理学では、「過去が未来に影響を及ぼすことはあっても、未来が過去に影響することはない」という経験則を因果律と呼ぶことが多い）。

　しかし、最小作用の原理を定立しても、「物体が到達すべき終点をあらかじめ決定している超越的な知性が存在する」ことを認めているわけではない。「非生物である物体が、終点を意識して、そこに到達する道筋を自律的に選んでいる」かのようなアリストテレス的・目的論的運動観を復活させようとしているわけでもない。あくまで、物体の運動法則は「始点・終点が与えられれば中間経路が定まる」という形に述べることもできるというだけの話である。

　量子力学に関してこんなエピソードがある。量子力学は「励起状態にある原子が、光子を放射し、エネルギーの低い状態に移る」という現象の確率を予測する。昔、量子力学が日本に輸入されたとき、「あたかも原子が移るべき行先を知っていたかのように振る舞うのは奇異に思える」という感想を抱いた日本

人がいたらしい。しかし、冷静に考えてみれば、原子自体が行先を知っている必要はない。

「物理法則に従う」ことは、「交通ルールに従う」こととは本質的に異なる。交通ルール（たとえば、赤信号で止まる、など）はそのルールを知っている主体（つまり運転者や歩行者）が従う法則である。しかし、たとえば、地球や月が万有引力の法則を「知っていて従っている」わけではない。「法則は、それを理解できる主体が従う」と思ってしまうのは、人間社会の規則（rule, law）と物理法則（physical law）の混同である。

また、意思をもった主体として「物理法則」君がいて、物体の運動を指図しているわけでもない [3]。「物理法則」を擬人化して捉えることは迷信である。

力学の原理が最小作用の原理であったとしても、物体が自分の未来の到着点を知っていて、そこに至る道筋を検討して選んでいるわけではない。物体が物理法則に従うことは「物体が物理法則の指示を心得ていて意思決定し行動している」ことを意味しない。

同様のことは、ラプラスの魔についても言える。量子力学には不確定性関係があるから、あるいは、量子力学的現象は確率的・非決定論的なプロセスなので、ミクロの世界を視野に入れたらラプラスの魔は実現しない、と言う人もいる。あるいは、古典力学的マクロ世界に視野を限っても、カオスという現象があり、初期状態の測定誤差は時間とともに増大していくので、たとえ運動方程式を解く能力があったとしても、現実には正確な予測はできない、と言う人もいる。しかし、私が思うに、たとえ決定論的な物理法則があったとしても、かつ、すべての物理量を正確に測ることが原理的には可能であったとしても、我々、人間は、限られた情報しか得られないし、不正確な未来予測推論しかできない。それでも人間は自分でなにかを選択し行動する主体である。物理法則的には世界のなりゆきは決まっていたとしても、そのような超越的な決定事項は誰にもわからないのであれば、我々の自由意思が物理法則に束縛されていると思うことは我々にとって意味がない。ラプラスの魔は、たぶんいないだろうし、いたとしても、我々になにも影響を与えることができず、ただ世界のなりゆきを知っているふりをすることしかできない存在なので、恐れるに足りない。我々は、自らの運命が誰かに決められていると思う必要はなく、我々の選べる範囲内で自らの意思で計画し選択していると思ってよい。つまり、私が言いたいことは、「決定論的物理法則があったとしても、我々の自由意思が損なわれ

るわけではない」ということである。

1.4 座標系という視座

いくぶん技術的な話になるが、ここで座標系という概念を確認しておこう。出来事の時刻と位置を数値で示すしくみのことを座標系という。座標系とは時空全体に張り巡らされた時計とものさしの網目だと言ってもよい。座標系は時空点を数値化するものであればなんでもよい。絶対的に正しい時計とか、絶対的に正しいものさしがあるわけでもない。座標は便宜的なものであり、この時計とあの時計は合っているとか、このものさしとあのものさしは目盛りが合っているとかが言えるだけで、座標同士の関係は相対的なものにすぎない。座標そのものの絶対的な正誤という概念はない。ただ、この座標系の方が普及しているとかあの座標系はあまり使われていないとか、物理法則に照らし合わせて便利だとか不便だとかといった違いはある。

力学の観点から見て便利な座標系は、外から力を受けていない物体の位置を時間経過とともに計測したとき、かならず等速直線運動として見えるような時計とものさしである（図 1.3）。等速直線運動とは、質点の位置が時間の1次関数だということである。

$$\begin{cases} x = x_0 + v_x t \\ y = y_0 + v_y t \\ z = z_0 + v_z t \end{cases} \quad (\text{式} 1.4)$$

力を受けていない物体すべてが等速直線運動するという言明は「慣性の法則」と呼ばれる。力を受けていない物体すべてが等速直線運動しているように見える座標系は「慣性系」と呼ばれる。つまり、「慣性の法則は慣性系において成り立つ」。

一見、これは循環論法のようであるが、循環ではない。慣性の法則は、慣性系の存在を主張している。慣性の法則がなくても、1個の物体が等速直線運動

図 1.3 外から力を受けていないすべての物体の運動の計測結果が等速直線運動となる時計とものさしが慣性系である。

しているように見える時計とものさしは、いつでも設定できる。しかし、その時計とものさしで他の物体も等速直線運動しているように見えるとは限らない。先験的には、力を受けていない物体すべてが等速直線運動するように見える座標系の存在は保証されていない。慣性の法則は、慣性系の存在を積極的に主張しているのである。

そして、ニュートン力学は慣性系の存在を主張し、慣性系の存在の上に成り立つが、後述するように、一般相対論は、曲がった時空の上では慣性系は存在しないことを主張する。

むしろ循環のおそれがあるのは、こういう問いの連鎖である。ある物体が「力を受けていない」ことはどうしてわかるのか？ 慣性系から見て等速直線運動していることからわかる。その座標系が慣性系であることはどうしてわかるのか？ 他の「力を受けていない」物体も等速直線運動して見えたので、慣性系だろう。その物体が「力を受けていない」ことはどうしてわかるのか……という堂々巡りである。

この循環は手ごわい。この物体は電気的に中性だから電場から力を受けていないと思われ、周囲には空気も床もないので摩擦力も受けていないと思われるなどの諸条件が満たされるとき「この物体は力を受けていない」と推定されるのである。そのような「力を受けていない物体」をたくさん観察することによって、いま用いている座標系が慣性系であることを確証したのち、その座標系で別の物体の運動を測定して力の有無を判定するのである。

実際には、力を受けていない物体は、なかなか用意できないので、どういう力を受けているかよくわかっていて、慣性系における運動方程式の解もよくわかっている物体（振り子など）をたくさん観察し、運動方程式の解と照合することによって、いま採用している座標系が慣性系であるか否かを間接的に検証するのである。

繰り返すが、時計そのものやものさしそのものが正しいとか間違っているとか、絶対的な判定条件はない。他の時計とか物理現象とかと照らし合わせて、合っているか合っていないかが言えるだけである。

また、座標系は便宜的・相対的なものであるが、事象そのものは絶対的である。つまり、「私が生まれた」とか「私が小学校に入学した」とか「名古屋で日の出が見えた」などの出来事は、時計やものさしに依存しない出来事そのものであり、観測者や測定機器に依存しない。観測者や測定機器に依存するのは、

事象にあてがわれる時刻や位置などの数値である。

1.5　ポアンカレの時間概念

　時間とはなんだろうかという問いについては、多くの物理学者・数学者も論じてきた。ポアンカレは、どちらかと言えば数学者であるが、力学も研究していたし、アインシュタインが特殊相対性理論を発表する前に相対論に肉薄することも考えていた。たとえば、ポアンカレは、電磁場の方程式の対称性（結果的には光速の不変性を保証する変換群）を見出しており、その変換群はいまでもポアンカレ群と呼ばれる。そんなポアンカレが時間についてどう考えていたかを知るために、ポアンカレ自身の言葉を引用しよう。

> 「我々は二つの時間経過が等しいかどうかについて直接の直観を持っていない。そういう直観を持っていると信じている人は幻覚に欺かれているのである。」（[4] p.50）
> 「正午から1時までの間に、2時から3時までと同じ時間が流れたというとき、この断定はどういう意味を持つのであろうか。（中略）必ず、ある程度の任意性を伴った定義を用いて、自分なりに与える意味以外には何もないのである。」（同 p.50）

　以上についてはとくに解説は要らないだろう。私ならこう言うだろう。「去年の1時間」と「今日の1時間」が等しいと言うときは、なんらかの約束事に依存せざるを得ない、しかし、恣意的な行き当たりばったりの約束事ではなく、物理的に見て普遍性があると思えるような洗練された約束事を採用することを我々は心がけている、と。
　また、ポアンカレはこうも書いている。

> 「時間の定義は力学の方程式ができるだけ簡単になるような定義でなくてはならない。」（同 p.56）

　具体的には、外から力を受けていない物体すべてが等速直線運動して見えるような時間と距離の定義を採用するとよい。それが前節で述べた慣性系である。力が働いていない物体の加速度はゼロであるべしというのは、シンプルな運動

方程式である。

　慣性系では物体の運動方程式がわりと簡単な形に書けることが経験的に知られている。論理的には、慣性系でない座標系の上で運動方程式を立ててもよいのだが、そのような座標系では万有引力の法則の形を変える必要があったり、惑星の運動に関するケプラーの法則が複雑な形になってしまったり、振り子の等時性の法則が成り立たなかったりする。また、地表に貼り付けた座標系は厳密には慣性系ではなく、この座標系では運動方程式に遠心力やコリオリ力など余計な項を付け加える必要がある。

1.6　時間の空間化

　話を巻き戻すかもしれないが、そもそも時計とはなんであろうか？
　私は「時計とは標準的力学系・規格化された力学系である」と言いたい。例として、等距離間隔の目盛りを記されたものさしに沿って等速直線運動する質点は、それが通過する目盛りを数えることによって時間の経過を数値化する装置となる（図1.3）。振り子時計は、振り子が往復した回数をカウントして時間の経過を数える装置である。地球の自転に伴う太陽の見かけの繰り返し運動（日の出、日没）を数えて日数をカウントするのは、地球上の高緯度地帯を除くすべての地域で日常的に行われていることである。そのほか、電磁波の振動や、心臓の拍動などをカウントして時間を測ることもある。砂時計や水時計は、往復運動とは言いがたいが、「同じ運動は同じ時間を要する」という原理にもとづいている。

　いずれの「時計」も、等速直線軌道に等間隔の目盛りをつけるか、または、往復運動・周期運動をカウントするなどして、物体の運動を空間的な刻みに記し、空間的な刻みを数えることによって時間を計数している。これらの観察から、「時計とは、安定性のある運動によって時間経過を空間的位置変化に変換するシステムだ」と言ってよさそうである。

　こう考えていくと、「時間の空間化」とは、典型的には、等速直線運動する質点があれば、等間隔の時間を、空間目盛りに写像できることを意味しているようだ（図1.4）。時空図（space-time diagram）は、このような意味で時間を視覚化する方法である。じつはニュートンは、著書プリンピキアにおいて、時間間隔を線分の長さの比で表すという手法を用いている。

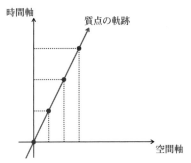

図 1.4　等速直線運動する質点があれば、等間隔の空間目盛りを、等間隔の時間に写せる。こうして時空図ができる。

1.7　熱力学における時間

熱力学の話を簡単に述べる。

力学法則は時間反転対称性をもつ、すべての運動は原理的には可逆である、と考えられる。質点と質点が近づいて衝突し、進行方向を変えて離れて行くという運動が運動方程式の解として許されるなら、それを逆向きにたどる運動も可能である、というのが古典力学の時間反転対称性である。

それに対して熱力学は、不可逆な変化の存在を認める（図 1.5）。たとえば、氷を熱湯に放り込めば、氷は解け、水はぬるくなるが、ぬるい水を放置しても自発的に氷と熱湯に分離することは起きない。不可逆過程の例を列挙すると、熱伝導（高温物体と低温物体が接触すると高温側から低温側に熱が伝わり温度分布が均等になっていくが、その逆は起こらない）・拡散（砂糖や食塩を水に入れると溶けて一様な濃度になる）・混合（水とアルコールを混ぜることはできるが、分離は自然には起きない）・摩擦熱の発生（自転車のブレーキは運動エネルギーを熱エネルギーに変換するが、その逆は起きない）などがある。

熱力学の特徴は、不可逆過程の存在を認めること、言い換えると、時間の前後関係があることを認める点にある。もう少し厳密には「孤立系のエントロピーは平衡状態の順序に関して非減少関数である」と表現される。数式では、状態 X_1 の後に状態 X_2 が生じうるならば、状態 X_1 におけるエントロピー $S(X_1)$ よりも状態 X_2 におけるエントロピー $S(X_2)$ の方が大きい、または、等しい、と表現される。

図 1.5　不可逆過程：熱伝導・拡散・混合・摩擦熱の発生など。

$$X_1 < X_2 \implies S(X_1) \leq S(X_2) \qquad (式 1.5)$$

しかし、熱力学には時間順序関係の概念はあるが、定量的時間概念がない。狭義の熱力学は、非平衡状態において時々刻々に起こる現象を語れないし、「単位時間あたりの仕事量」も予測できない。しかし、こういった時間変化を定量的に語れる非平衡状態の熱力学理論を構築しようとする研究も、最近、活発である [5]。

1.8　特殊相対性理論における時間

物理学における時間を論ずるなら、相対論を避けては通れない。

ホーキングとエリスは、彼らの本の中で、時空（space-time）とは事象（event）の集合であると定義している [6]。事象というのは、平たくいえば出来事のことであり、たとえば、あなたがいま、「あなた」という文字列を見たことも事象である。事象は「いつ、どこで、なにが起こったか」を述べることができるような事柄である。そう言ってしまうとなんでも事象のような気がしてしまうかもしれないが、そんなことはない、たとえば、たんなる命題は事象ではない。たとえば「私はカレーライスが好きだ」という命題や「エネルギーは保存する」という命題は事象ではない。「私が何年何月何日に名古屋大学の南部食堂でカレーライスを食べているという出来事」は事象である。あらゆる時刻、あらゆる場所の事象をひっくるめた集合が時空である。

相対論では光が標準力学系として重要な役割を演ずる。光は速さが一定であり、直線に沿って進行する。と言うよりも、真空中の光速が一定に見えて、光線が直線に見えるような時計とものさしが相対論で言うところの慣性系である。光こそが標準原器であり、光を手がかりとして時計・ものさしを定める。特殊相対論は、すべての慣性系で物理法則は同型であるべしという相対性原理と光速不変の原理から演繹される。

相対論の重要な帰結の一つは、同時刻の相対性である（図1.6）。観測者（慣

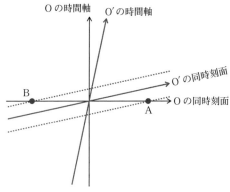

図 1.6 同時刻の相対性：観測者（慣性系）O にとっては事象 A と B が同時であっても、他の観測者 O′ にとっては同時ではない。O′ にとっては A が先で B が後の事象。

性系）O にとっては事象 A と B が同時であっても、他の観測者 O′ にとっては同時ではないことがありうる。これは、ガリレイ・ニュートン的な絶対時間、すなわち全宇宙を一斉に覆う客観的同時刻という概念を、否定するものである。

同時刻という概念が絶対的には定まらないことは、アインシュタインが相対論を言い出す前から一部の物理学者たちはうすうす気づいていたようである。ローレンツ変換は、慣性系から別の慣性系への時空座標変換だが、

$$t' = \frac{t - \frac{v}{c^2} x}{\sqrt{1 - \frac{v^2}{c^2}}} \qquad (式 1.6)$$

という式で書かれる。t, x が、ある慣性系で測った時刻と位置であり、t' が別の慣性系で測った時刻である。この式によると変換された時刻 t' は場所 x ごとに異なるので、二つの事象が t に関して同時刻であっても、t' に関しては同時刻ではないということがありうる。

また、運動する物体に対しては、おのおのが携帯している時計が刻む「固有時」が定められる。これもまた各自の運動状態に応じて、てんでばらばらな時間進行を刻むことになり、一律性は失われる。加速運動する物体の固有時の進行は遅れ、いわゆる双子のパラドクスや高速飛来する素粒子の寿命の延長などを引き起こす。

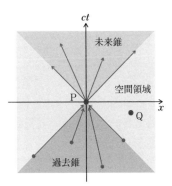

図 1.7　観測者 P から見た時空領域の分類と因果構造

　相対論的時空は次のような構造をもつ。時空中の 1 点 P を原点として、時空を未来錐・過去錐・空間的領域に分けることができる（図 1.7）。時空点 P の未来錐とは「事象 P が影響を与えうる時空点の集合」である。時空点 P の過去錐とは「事象 P に影響を与えうる時空点の集合」である。時空点 P から空間的に離れた領域とは「事象 P と因果関係をもちえない時空点の集合」である。空間的領域の点 Q は、適当な慣性系で見れば、P と同時刻になる。そういう意味で、P と Q は空間的に離れている。しかし、それ以外の点は、どのような慣性系で見ても P と同時刻にはならない。

　影響とはなにであるか？　一方が影響を及ぼす側で、他方が影響を受ける側であることは、いかにして判定されるのか？　これらの問いは、じつは厄介な問いである。たとえば、潮の満ち干は月の重力の影響であると解されることが多いが、月と海水が重力で引っ張り合っているのであって、一方的に海水のみが月から影響を受けているわけではない。むしろ月も影響を受けており、潮汐の結果として月と地球の距離は年々少しずつ遠ざかっている。

　一般論として、二つの現象の相関や相互作用を見ただけでは、一方が原因で他方が結果であると判定するのは困難である。たとえば、「朝食を食べない子供の学習成績が悪い」という観察から、「朝食を食べないことが原因で、成績が悪いことが結果だ（だから、成績を良くしたかったら、朝食を食べさせればよい）」と推論することは、正しい推論とは言いがたい。子供に朝食を食べさせない、そして、子供の学習意欲を奮わせないような家庭環境が原因かもしれないし、ほかの共通原因があるかもしれない。

影響や因果関係とはなにかという問いは難問で、それ自体、科学哲学のテーマになるくらいである。ただ、ここでは、影響という言葉を無定義語として使っている。そして、光速よりも速く伝達するような「影響」があると、じつは複数の慣性系をたどることによって、未来から過去へと「影響」を伝えることが可能になり、それはまずいと考えられており（過去へのタイムトラベルの禁止）、したがって、光速を超える伝達速度は禁じられる、と信じられている。「光速よりも速く伝達する影響はない」という仮定の下に、さきほどの、未来錐・過去錐・空間的領域という分類が意味をなしている。

1.9　一般相対性理論における時間

特殊相対論では、時間という概念は座標系という便宜的な道具に還元された。慣性系という全時空を覆う時間・空間座標の存在は認められたが、慣性系は一意的なものではなく、無数の慣性系があり、慣性系と慣性系のあいだにはローレンツ変換があった。時間の進み方の遅い・速いや、同時刻の概念は相対的なものになった。

一般相対論では、もはや慣性系は存在しないことになっている。多様体論によれば、慣性系どころか、全時空を覆う座標系すら存在を保証されない。時間の地位は、時空の一部分だけを覆う座標系のたんなる一つの軸にまで下落する。

もう少し言うと、一般の時空では、力を受けていないはずの物体の運動が等速直線運動から外れることがあるのである。いかに時計・ものさし・座標系を調整しても、力を受けていないはずなのに等速直線運動していないように見える物体がある。それは時空自体が曲がっているせいである。直線を描いているつもりでも曲線しか描けない、2本の平行線を描いているつもりでも延長していくといつのまにか曲がって交わってしまう、我々の時空はそのようなものだと認めるのが一般相対性理論なのである（図1.8）。我々が「重力」と呼んでいるところの現象の正体は「時空の曲がり」なのである。（誤解を招きやすい言い方であるが）太陽や地球の周りは時空がゆがんでおり、その近辺を動く物体の軌道が曲げられているのである。月も人工衛星も、手を離せば落下するグラスも、それぞれまっすぐ運動しているつもりなのである、という見方をするのが一般相対論である。

数学的にいうと、特殊相対論は平坦な時空の幾何学であり、一般相対論は曲がった時空の幾何学である。ときおり、「特殊相対論は、等速直線運動を扱う

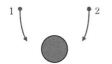
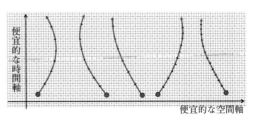

図 1.8 地球のあちらとこちらの物体は、自由落下（ほかから力を受けない運動）していても軌道は平行ではない。時空が曲がっている。

図 1.9 一般相対論においては、座標は各時空点に便宜的に割り当てられた番地にすぎない。座標とは別に各物体は固有時をもつ。

だけで、加速する物体の運動を扱えない」と思っている人や、「特殊相対論は、等速直線運動する観測者からものごとがどう見えるかを論ずるだけで、加速する観測者からなにがどう見えるかを論ずることができない」と思っている人がいるが、それらは誤りである。平らな平面上に楕円や放物線などの曲線を描いて、平面上の曲線図形の性質を数学的に調べることができるように、平坦時空上の曲線運動や加速運動する物体の運動を特殊相対論で論ずることができる。また、平面に直交座標だけでなく極座標や双曲線座標を設けてもよいように、平坦時空上で加速運動する観測者の時計とものさしにもとづいて特殊相対論を使うこともできる。特殊相対論で扱えないのは、曲がった時空の物理である。つまり、重力がある時空における物体の運動や観測者を特殊相対論では扱えないのである。

ともかく言いたかったことは、一般相対論においては、時間は座標の一つであり、座標は各時空点を区別するために便宜的に割り当られた番地のような数字にすぎないということである（図 1.9）。一般相対論の文脈では、時間座標にはもはや未来と過去を区別する役割もない。

なお、各物体が携帯する時計が刻む固有時という概念は一般相対論においても意味をもつ。一般相対論で意味を失うのは、全時空を一斉に覆う時間の概念である。各物体に個別的な固有時はちゃんと定義される。しかし、それゆえに、固有時の同時性は保証されない。

たとえば、地球から遠く離れた人工衛星では、重力場が地上と異なるために、人工衛星に搭載されている時計は、地上に設置されている時計とは同期しない。GPS（Global Positioning System）はこのことを計算に入れて設計・運用されて

いる。理屈の上では、地表でも高いところに登ると地球中心から遠ざかって重力が弱くなり、時間の進み方が速くなるはずである。

最近開発されている光格子時計と呼ばれる時計はおそろしく精確で、10のマイナス18乗の精度がある。これは、10の18乗秒すなわち約300億年間この時計を動かし続けても誤差は1秒以内という精度である。一方で、一般相対論によると、地表近辺では標高が1センチメートル高くなると、時間の進み方は1.1かける10のマイナス18乗倍速くなる。実際、2016年には標高が15メートル異なる2地点で光格子時計の進み方の違いが観測され、一般相対論の予測どおりであることが確認された [7, 8]。

時計がきわめて精確になると、世界中の時計が同期せず、どの時計も少しずつ進み方がずれていることの方が普通になってしまうのである。「もはや精確すぎて合わない」のである。「同時刻」という概念が幻想であることが、理論上・観念上のあきらめではなく、現実の技術の成果として認めざるをえない事実になっている。

なお、一般相対論は同時の出来事はまったくないと言っているわけではない。同一の時空点を占める複数の事象は同時である。たとえば、私の指がパソコンのキーに触れるのと、キーが触れられるのは同時である。「空間的に離れた場所の二つの出来事が同時である」という明言が相対的・便宜的であり、不変的な意味をもたないというのが一般相対論の教えるところである。

1.10 同時性の錯覚

ここで人間の知覚の錯覚の話を挿入する。錯覚は物理学の対象ではないと思われるかもしれないが、ここでこれを述べた方が、我々が「時刻」と思っているものは、思ったほど「瞬間的・同時的」なものではないことを理解していただけるのではないかと期待する。

本を手に持って、図1.10を見ながら、本を揺らして見てほしい。ハート型の図が紙面の動きに即座に追随せずにゆらゆらと揺れて見えるだろう。これは、細かいドットで描かれたハートと、粗いドットで描かれた背景の絵柄が、我々の脳内で同時に画像として認識されていないことのあらわれである。1枚の紙に描かれている図は全面が同時に見えているはずだと我々は思い込んでいるが、現実はそうではない。図のうち、脳が早く処理できる部分は先に見えており、処理に時間がかかる部分は遅れて意識にのぼるのである [9]。

図1.10 錯視図。上下や左右に揺らして見てみよう。(http://www.psy.ritsumei.ac.jp/~akitaoka/HVflutteringheart01_4b1.jpg より。©北岡明佳 2007)

　光の速さは毎秒3億メートルであり、空気中の音の速さは毎秒340メートルである。30メートルの距離を、光なら1000万分の1秒で届くし、音なら10分の1秒弱で届く。音は、かなり遅れて届く。落雷の際に、雷光が見えたあと数秒遅れて雷鳴が聞こえるのはこのためである。神経の信号伝達速度は音速よりも遅く、せいぜい毎秒100メートルくらいだそうである。脳内の画像処理過程はさらに複雑で、一概に脳内処理速度を定義することは難しいが、神経も脳も、起きていることは物理化学的な現象であり、かならず「遅れ」が生じる。

　我々、人間が「現在」と思っているものは、無限に薄っぺらな「瞬間」ではなく、時間的な奥行・厚み・重なりのある「領域」と言った方がよいものである。ただ、我々は、近視眼的で、分解能の乏しい感覚と、のろまな体と遅い脳しか持っていない生き物であり、しかもそのような低能力に関して無自覚でいるがゆえに、「我々は現在という瞬間を知覚している」つもりになっているのである。真に瞬間的な「現在」は理想的・仮想的なものであるように私には思える。

1.11 量子論における時間

この話題は簡単に触れるだけにとどめておく。

量子論を大別すると、非相対論的量子力学（たんに「量子力学」といえばこの理論を指すことが多い）と、相対論的場の量子論（以下では「場の量子論」と呼ぶ）という二つの理論がある。

量子力学においては、時間は観測者（記述者）が設定する実数パラメータである。時刻を表す実数変数 t があって、時刻 t における物理系の状態を表すベクトル $|\phi(t)\rangle$ はシュレーディンガー方程式

$$i\hbar\frac{\partial}{\partial t}|\phi(t)\rangle = \hat{H}|\phi(t)\rangle \qquad (\text{式}1.7)$$

に従って変化する。あるいは、粒子の位置や運動量などの物理量 $\hat{A}$ はハイゼンベルク方程式

$$i\hbar\frac{\partial}{\partial t}\hat{A}(t) = [\hat{A}(t), \hat{H}] \qquad (\text{式}1.8)$$

に従って変化する。どちらの方程式においても時刻 t は観測者が持っている時計で定義される。「電子の位置」や「電子のエネルギー」は、電子という対象物に備わっている物理量であり、電子に対してなんらかの測定を行ってその値を知ることはできるが、「電子の時刻」と呼べるような属性を電子が保有しているわけではない。時刻は、観測対象となっている電子自体の属性ではなく、観測者が適宜設定するもの、あるいは観測者が用意した時計によって定められるものである。ただ、（式1.7）や（式1.8）の方程式がなるべく簡単になるように時間変数は選ぶべきである。こういった意味で、時刻・時間は、他の物理量とは性格が異なっている。

場の量子論について述べる前に、場という概念について少し説明した方がよいかもしれない。場とは、空間の各点にある物理量である。場の値は、空間の各点で異なっていることもあるし、時間とともに変化することもある。たとえば、空気の温度は、空中の各点で測ることができるし、場所ごとに異なっているのが普通だし、時間とともに変化することもある。そういう意味で「空気の温度」は「場」の一例である。気圧とか風速といった物理量も場である。少し抽象的ではあるが、電場は、そこに置かれた電荷に力を及ぼす場所の属性であり、電荷に働く力を測ることによって電場の向きと強さを測ることができる。

こうして電場も場の一例として認められる。

一般に、3次元の空間座標 (x, y, z) と時刻を表す変数 t と場の種類（圧力・温度・電場など）が指定されれば、その場所・その時刻における場の値が確定するので、場は時空座標 (x, y, z, t) の関数

$$\Phi(x, y, z, t) \tag{式1.9}$$

で表される。さらに場の量子論では、場の量は、値の確定した関数ではなく、値の不確定性をはらんだ演算子

$$\hat{\Phi}(x, y, z, t) \tag{式1.10}$$

で表され、相対論的なハイゼンベルク方程式

$$i\hbar \frac{\partial}{\partial x^\mu}\hat{\Phi}(x, y, z, t) = [\hat{\Phi}, \hat{P}_\mu] \tag{式1.11}$$

を満たす。場の演算子とはなにものか、説明する余裕がないが、ともかく量子力学でも場の量子論でも、時間というのは、物理量や状態の変化を記述するための実数変数 t にすぎず、t そのものは物理的なシステムの属性ではなく、観測者・記述者が、ある程度の恣意性を伴って導入・設定したものだ、という点がいま注目してほしいことである。

繰り返すが、量子系の力学的変化における時刻・時間というものは、便宜的な変数にすぎない。哲学的にはあまり面白みはないかもしれないが、少なくとも量子系の自律的な時間変化を扱っている限り、時間は、その程度の役割しか演じていない。

また、量子力学も場の量子論にも時間反転対称性がある。量子論の方程式は時間変数 t を $-t$ に置き換えても変わらない。$t < 0$ が過去を表し、$t > 0$ が未来を表しているとすると、t を $-t$ で置き換えるのは、過去と未来を入れ替えること、時間順序を入れ替えることにほかならない。Aという状態からBという状態への変化がある確率で起きるのであれば、BからAへの変化も同じ確率で起きうる。そのように量子論はできている。

1.12　量子論の観測問題と時間

量子論における時間の役割を考える上で、観測問題との絡みは一考の価値があると思われる。

量子力学には、状態の重ね合わせの原理がある。たとえば、壁に穴が二つ開いていて、一つの光子がどちらかの穴を通り抜けるとき、左の穴を通るかもし

れないし、右の穴を通るかもしれない。このとき光子は「左の穴を通っている状態と、右の穴を通っている状態の、重ね合わせ状態」になっている。光子がどちらの穴を通ったか判別するような観測を行うと、左の穴か、右の穴か、どちらか一方だけに光子は見つかる。光子は一つであり、両方の穴で見つかることはない。

観測前の光子は「左の穴を通っている状態と、右の穴を通っている状態の、重ね合わせ状態」になっていたのだが、観測された光子が左に見つかれば「左の穴を通っている状態」になり、重ね合わせ状態は解消してしまうと考えられる。このような、観測による状態の変化は「波束の収縮」と呼ばれる。このネーミングはいろいろな誤解のもとだが、左右の穴にまたがってひろがっていた波動が急に一方の穴に集中して現れるようなイメージからそう呼ばれている。

観測すれば波束の収縮が起こる。観測する前と後で、光子の状態は明確に異なっている。量子論の方程式は時間的に可逆であるのに対して、観測による波束の収縮は時間的に不可逆な過程のように見える。

一見すると、量子論の方程式の可逆性と、観測による波束の収縮の不可逆性とは相容れない性質のように思われるが、論理的に矛盾しているとは言えない。別種の現象は、別種の法則に従うと解すべきである。観測とはなにかということを数学的にきちんと定式化するのは難しいが、観測・測定とは、なんらかの、消し去りにくい、マクロスケールの痕跡を残すことだと私は言いたい。痕跡と呼べるものがなかった状態から、痕跡が残っている状態へ移行することは、語義からいって、不可逆な過程、あるいは原理的には可逆かもしれないけれど実際には痕跡のない状態に戻すのは非常に難しい変化だと考えられる。痕跡があれば、痕跡を手掛かりとして条件付き確率を定めることができる。この条件付き確率を定義することが、「波束の収縮」という言葉の真の内容なのである[10]。

ミクロスケールでの自律的な状態変化は時間的に可逆であり、マクロスケールの測定器に痕跡・記録を残す観測過程は不可逆である。自律的時間発展と測定過程という2通りの時間発展を使い分けることは、恣意的だと思われるかもしれないが、2通りの変化があること自体は矛盾ではない。ただ問題になるのは、ミクロ・マクロの両極は区別がつく概念なのだが、ミクロ・マクロの境目は曖昧であるという点である。究極的には、この世界は原子や電子などのミクロな要素から成り立っているとするなら、ミクロ系とは異なった特性をもつマ

クロ系がいかにして創発するかという問いが物理学の課題として残っている [11]。

1.13 マーミンの「現在の問題」

ここまではオーソドックスな物理の話ばかりで、物理学者にとっては意外性のない話だったと思う。ここから話題を変える。マーミンという物理学者が「現在」について論じていることを、かいつまんで紹介する。

デイビッド・マーミン（David Mermin）は 1935 年生まれのアメリカ人物理学者であり、主として物性物理・固体物理の理論家である。とくに「2 次元空間では連続対称性が自発的に破れる相転移は起きない」というマーミン・ワグナー（Mermin-Wagner）の定理や超流動の研究が有名である。固体物理学の分厚い教科書を著しているし、一般読者向けに『量子のミステリー』という本も著している。『量子のミステリー』は、物理学者が書いた書物にしては珍しく平板でない独特な語り口で書かれた本だが、量子論を専門とする研究者はぜひ一読してほしいと思う。また、マーミンは量子基礎論・量子情報科学の先覚者でもある。最近、フックス（Fuchs）という物理学者が、キュービズム（QBism）という量子論の新解釈を唱えているが、マーミンはキュービズムの熱烈な支持者でもある。

また、マーミンは、キュービズム賛同と並行して「現在（Now）の問題」についても論説をいくつか書いている。

マーミンの言葉をそのまま引用してみよう。

> Physics seems to have nothing whatever to say about the Now even at a single place, but deals only with relations between one time and another, in spite of the fact that the present moment is immediately evident as such to each and every one of us. [12]

直訳的に言うとこうなる。「現在の瞬間」があることは誰にとっても明らかであるが、そのような概念について物理学はなにも語らない。物理学は、ある時刻と別の時刻の関係を扱うだけだ。

正直に言うと、私は、マーミンが「現在の問題」と言うときにいったいなにを問題としているのか、はっきりと理解できていない。おそらくマーミンはこ

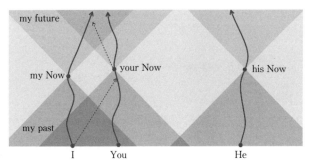

図1.11 my Now は時空を突き進み、未来を過去に変えながら今を生きている。

ういう問題提起をしたいのではないだろうかと思われることを私の言葉で言うと次のようになる。

　我々はみな、各自において、現在という瞬間をつねに感じている。現在は過去と未来を明瞭に切り分ける。過去のことは知っている・思い出せる、あるいは、知らないかもしれないが、調べればわかる。未来のことは想像・予測しかできない。私にとって過去と未来の違いは明瞭であり、過去と未来を混同することはありえない。私にとっての「現在」は、紛れもなくつねに私に貼り付いている。私の世界線を導火線に見立てれば、導火線上を走る火点のように「私の現在」は過去から未来へと突き進んでいく（図1.11）。「現在」が通り過ぎると、未来は過去に変貌する。しかし、これほどまでに明瞭に感じられ、特別な役割をもっているように思える「現在」という概念を、現代の物理学はことさらに記述しない。物理学における時間は、変数・座標という凡庸な数学的概念にすぎず、物理学における「現在」は、せいぜい変数の一つの値にすぎない。物理学は、ある時刻における現象と別の時刻における現象の関係を論ずるだけである。物理学の時空に「私の現在」という特別な点はないし、「私の現在」が上記のような重要な役割・性質（つねに私とともにあるとか、過去と未来の分点であるとか、過去は思い出せるが、未来は想像しかできないといった性質）をもつことを物理学は説明してくれない。「私の現在」がこのような性質をもつことを、物理学は説明できるだろうか？

　マーミンの問題提起をさらに砕けた感じに述べるとこうなる。Now ってなに？ 私の居場所としての my Now、私から片時も離れることのない my Now、私の未来を食いつぶして過去へと変えていく my Now、my Now って

いったいなんなのよ!? Nowの性質を物理学的に記述してください。できればNowの性質を物理学から導いてください。

マーミンは自分が提起した問題に関して以下のような見解を示している（参考文献として挙げるマーミンの三つの論文に書かれている。[12, 13, 14]）。《Nowの問題は新しい物理法則を発見することによって解かれるようなものではない。「世界の物理学的記述にNowがない（のはおかしい）」という結論へと導いてしまう我々の誤った前提を見出すことによって、Nowの問題は解消するであろう。誤りの一つとして、我々は、主観（私）と客観（外界）という二分法にあまりにも慣れており、私は物理的世界の外にいるように思い込んでしまうものだ。もう一つの誤りとして、時空図という概念はあまりにも便利なので、4次元時空が実在すると思い込んでしまう。しかしそれは誤謬である。だから、「Nowの問題」などない。時空は便利な図式にすぎず、時空にNowが物理学的に定置されていないからといって気にすることはない。》以上がマーミンの答えである。

要するに、「Nowの問題」は、誤った世界認識から生じた擬似問題なので、世界認識の方を正せば「Nowの問題」は解消する、とマーミンは言っているのである。みなさん、納得されたであろうか？　私は納得しない。と言うよりも、私は、そもそもはじめから「Nowの問題」がナンセンスだと思っていたので、問題提起した本人が「擬似問題だったんですよ」みたいなことを書いているのを読んで、脱力した。

また、マーミンは論文 [14] において、《4次元時空図に一人の観測者のNowを定めることは可能であり、複数の観測者については観測者同士が一時空点で出会ったときだけNowを同期させること約束すれば物理学としてour Nowsを記述できる》というようなことを述べている。私自身は、このような記述をしたところで、とくになにかが解決したわけではないし、心配することも安心することもないと思う。かえってマーミンの見解は、すべての観測者のNow点を一斉に時空図にプロットすることに意味があるかのような、そして、結果的に宇宙全体のNowがあるかのような誤解を醸し出していると思う。

1.14　現在主義

「現在主義」は、私が一度も考えたことも聞いたこともない主義なのだが、青山拓央氏の稿によると、「現在主義によれば、存在するものはすべて現在に

おいて存在する。現在とは、なにかが存在することを許す唯一の時点であるとされる」という主義だそうである。私には、言葉づかいの観点からして現在主義の言いたいことがよくわからないし、物理学の観点から言ってこの命題は意味をなさないと思う。

　言葉づかいの観点から言うと、現在主義は《「○○が存在する」という構文は「いま○○が存在する」という時制でのみ使用可である》と主張しているらしい。《過去は「なにかが存在する」ことを許さない》というのであれば、たとえば「百年前に太陽が存在する」と言ってはいけないということか。それなら「百年前に太陽が存在した」と言えばよいだけのことではないか。現在主義は「存在した」という過去形の使用を禁じるのか。「それが"存在する"した時点がその存在にとっての現在であった」と言えばよいのか。「存在する」以外の「走る」や「読む」でも"現在形の動詞"は現在時制においてのみ使用が許されている。「現在とは、なにかが"走る"ことを許す唯一の時点である」と言っても間違いではない。「存在する」のみが現在の特別許可を得ているわけではない。

　物理学の観点については再三述べてきたつもりである。光や音や神経伝達の速さが有限であることや、脳の情報処理には相当の時間を要することを考えると、我々が「現在という瞬間」だと思っているものは、「物理的な0秒間の瞬間」ではなく、かなりの時間遅れ・奥行き・厚みをもっている。月から地球に光が届くのに1秒以上かかるし、太陽から地球に光が届くのには8分かかる。夜空にまたたく星からは何百年、何万年、何億年前に出た光が届いている。下手をすると、千年前に光を発した星は、今頃、爆発してこっぱみじんになっているかもしれない。そのような星を「いま存在している」と言ってよいか、言ってはいけないかと論ずることは、私にはナンセンスに思える。そこまで遠くの例を引き合いに出さなくても、雷の光と音は、あなたの目と耳に同時には届かない。雷の放電による光と音の発生時刻は1000分の1秒のずれもないだろうが、雷から3キロメートル離れた地点では光と音の到着時刻は10秒ほどずれる（もちろん音の方が遅れて到着する）。花火の光と音も同様だ。打ち上げ花火の爆裂で生じた燃え光る破片は、いつの現在に存在したのか？　あなたから3メートル離れている人からあなたに光が届くのと声が届くのは100分の1秒ほどの時間差がある。そのような人の姿と声は、同じ現在を占めるのか？　こういった物理的到達速度の有限性と不均一性は世界にあふれている。また、地

球を周回するGPS人工衛星に搭載されている時計は、相対論効果により地上とは異なるペースで時を刻んでおり、そのことを計算に入れて飛行機や自動車のナビゲーションシステムは機能している。そういった物理的時間の流れの非一斉性・観測者依存性は、いまや日常の機器に織り込まれている（「観測者依存性」と言ってしまったが、時間の進み方が、観測者や観測機器の位置や運動状態に依存するのであって、観測者が人間であることや観測者の意識や観測機器のしくみ・材料に依存しているわけではない）。同様に、千光年離れた星が、いまどうなっているかはたんにまだ情報が来ないからわからないだけでなく、「星のいま」が便宜的・相対的な定義しかできないので、なにを答えたらよいのか定まらないのである。

　こういった世界の実態を見ると、現在という瞬間をすべての存在物が共有しているようなことを述べる態度は、ひどく近視眼的な、前近代的な思い込みであるように私には思える。それでもまだ「存在するものはすべて現在において存在する」と言うのであれば、「それはどの座標系で定義した現在ですか？」と問いたい。

　マーミンの「現在の問題」もそうであるが、私たちはとくに「私の心を占めている現在」というものをあまりにも特別なものと思いがちであり、それゆえに物理学における時間・現在の扱いがあまりにも味気ないことに落胆したり、現在に特別な意味を与えてくれるほかの説明を欲したりする。しかし、我々が「現在の瞬間」と思っているものが、空間中の伝播や脳内情報処理まで含めて相当の厚みをもった物理現象の連鎖であることを知ったり、一般相対論の効果まで含めると同時と呼べるものはほとんどないことを知ったりすると、「現在という瞬間」というものは、粗雑・素朴な概念であり、特別な意味づけを与えるに値しないような気がしてくる。

　要するに、「私の現在」に特別な意味があることを期待するのは、自分が鈍麻な感覚しかもたない生き物であることに気づかず、内観と言葉にもとづく信念体系が普遍的であると信じ、天動説的世界観から抜け切れていない人の願望にすぎない。これが私の答えである。

　ここまで書いてようやくわかってきたのだが、「現在主義によれば、存在するものはすべて現在において存在する」という文で言いたいことは、たとえば、私はmy Nowという時点において存在する、ということなのか？　石が存在するのは、その石にとっての現在時点においてである、ということなのか？

言いたいことはわからなくはないが、結局、「存在する」という動詞は現在形で使いなさいと言っているのと変わりない気がする。

1.15　物理的な厚みのある現在

　最後に、私なりの問題提起を述べる。物理学の問題とすべきことは、現象は、いつ、どの段階で、取り消し不可能な事象として確定するか、という問いかもしれない。

　原子や電子などのミクロの世界は、量子力学の確率的法則と不確定性が支配する世界である。確率と不確定性という言葉は「運動量やスピンなどなにかを測ればどんな値が得られるか本当は確定しているのだが、対象について詳細を知らない我々は測定値を確実には予測できない」というニュアンスで受け止められるかもしれないが、量子力学における不確定性は「物理量を測定するまではなんらかの値が存在すると思ってはいけない」という、客観的実在を否定するニュアンスとして解すべきである［11, 15, 16］。

　ここで物理量と値の区別について説明しておこう。物理量は、足し算や掛け算などの演算が可能な量であり、測定すれば数値化できるものである。たとえば、長方形の縦・横の長さは物理量であり、掛け算すれば面積という物理量になる。質量と速度も物理量であり、掛け算すると運動量という物理量になる。長さは、測れば 10 センチメートルや 4 メートルなどといった具合に数値化される。数値化されていない抽象的な量を物理量と呼び、数値化された測定値とは区別して扱う。たとえば光子が二つの窓のどちらかを通るとして、左の窓を通ったか右の窓を通ったかというとき、「通路」という概念が物理量であり、「左」または「右」は「−1」または「+1」という値で表現される。このように一般化すれば、おおよそたいていの観測は物理量の値を測ることだと言える。

　ミクロの系では、たんに時間さえ経過すれば物理量の値が実在化・決定するとは言えず、将来にどのような観測を行うかによって、さかのぼって過去の物理量の値が確定する。あるいは、観測の仕方によっては過去の物理量の値を永遠に確定させることができなくなってしまうという実験もある。本章では詳述する紙幅がないが、遅延選択実験や量子消去や弱値やベルの不等式の破れと呼ばれる概念・諸実験が、物理量の値の非実在性の証拠である。ここで量子消去という語は、「過去の物理量の値に関する記録・痕跡が、マクロ系に定着する前に消去される」という意味で使われている［15-21］。

多くの物理学者たちは「電子や光子が実在する」という言葉の意味を心得ており、いまさら電子の実在性を疑ってはいない。質量やエネルギーなどの物理量の存在も、さしあたって疑う必要はない。
　問題になるのは、測定していない物理量の値の実在性である。言い足すと、「測定されていない物理量の値は、測定されたときと同様にあると思ってよいか？」という問いである。「測定していない物理量の値は、観測者が知らないだけで、測定したときと同様に存在する」と仮定して演繹された結論（ベルの不等式などがそのように演繹される）は、じつは量子力学の結論と矛盾することがある。そして実験は、量子力学の予測の方が正しいことを示している（実験ではベルの不等式の破れが観測される）。
　一方で、石や地球などのマクロスケールの世界は、少なくとも過去と現在のすべての物理量の値が紛れなく決まっていることを前提とする古典力学に従っているように見える。マクロの世界では、人が物理量の値を正確に測定していなくても、また、人が値を知らなくても、物理量はなんらかの値をもっていると仮定してまずいことがあるようには思えない。このような意味で、マクロの世界では過去の出来事は確定的であるかのように思われる。
　このように量子・古典力学の対比を見ると、「未定の未来」と「確定済みの過去」の境目は、さほどクリアカットなものではなく、不確定な量子的システムが、古典的システムすなわち古典的測定器と接触して、不可逆的に痕跡・記録を残すことによって、現象はじわじわと既定事項になっていくのかもしれない。
　念のために言うが、測定・痕跡・記録ということに人間が介在する必要はない。もちろん人の心や意思や意識が介入する必要もない。ミクロな系がマクロな物体と相互作用してマクロ物体に痕跡を残すことを測定記録と呼んでいるだけである。人が見ていない場所や、人のいない時代に起きた現象でも、マクロ系に痕跡を残せばそれでその現象は既定事項になっている、という言葉づかいを私は用いている。たとえば、恐竜の化石を人類が発見する以前にも、恐竜は存在していたし、恐竜は化石や子孫などマクロスケールの痕跡を残していると言ってよい。たとえば、核融合反応や原子による光の吸収・放射は量子力学的な現象であるが、地球から1億光年離れた星を人が望遠鏡で見なくても、星の核反応や星の光が周囲の天体や星間物質に多くの痕跡を残しており、人類が不在の場面でも星の輝きは過去の現象として確定していると言ってよい。

人の意思の働きかけがなくてもミクロ系がマクロ系と接触すれば物理量の値は確定する、ということに関しては、ほとんどの物理学者が確信している。ここで問題にしているのは、ミクロ系の過去の物理量は、マクロ系と接触しない限り、いつまで経っても値が確定しないらしいということである。

　「未来は不定で、過去は一意的に確定済みであり、薄っぺらな現在が通り過ぎる瞬間に不定の未来が既定の過去に移行している」という観念は虚像らしい。過去の事象や過去の物理量の値はたんにそれらが過去だからというだけの理由で確定しているわけではなく、むしろ未来における測定が行われるまで過去の値は不定のまま滞在している、と考えざるをえない状況証拠を数々の量子論的実験が示している。さらに量子消去実験は、ある種の物理量の値は永遠に不定になってしまうこともあることを示している。

　「未定の未来」と「確定済みの過去」とのあいだには、「決定を待っている現在」が厚み・幅・濃淡のあるグレーゾーンとなって横たわっていると考えるべきかもしれない。私には、このような、不確定と確定のあいだに横たわる「現在」を物理学の体系の中でいかに記述するのが適切かという問題の方が「現在という謎」であるように思われる。

参考文献

[1] 山本義隆『古典力学の形成』日本評論社、1997 年。
[2] 谷村省吾『ハイゼンベルク方程式を最初に書いた人はハイゼンベルクではない』素粒子論研究 119 巻 4C 号 pp. 280-290（2012 年 2 月号）、電子版 Vol. 10, No. 3 (2011)。
[3] 戸田山和久『哲学入門』筑摩書房、2014 年。
[4] ポアンカレ（吉田洋一訳）『科学の価値』岩波書店、1977 年。
[5] Y. Izumida and K. Okuda, "Efficiency at maximum power of minimally nonlinear irreversible heat engines", *EPL*, **97**, 10004 (2012).
[6] S. W. Hawking, G. F. R. Ellis, "The Large Scale Structure of Space-Time", Cambridge University Press (1975).
[7] 時計の概念を巻き直す「光格子時計」
https://www.u-tokyo.ac.jp/focus/ja/features/f_00063.html （2018 年 8 月 12 日閲覧）
[8] 超高精度の「光格子時計」で標高差の測定に成功
http://www.jst.go.jp/pr/announce/20160816/ （2018 年 8 月 12 日閲覧）
[9] A. Kitaoka, H. Ashida, "A variant of the anomalous motion illusion based upon contrast and visual latency", *Perception*, 2007, **36**, pp. 1019-1035.
[10] 谷村省吾「波動関数は実在するか―物質的存在ではない．二つの世界をつなぐ窓口である」数理科学 2013 年 12 月号 pp. 14-21.
[11] 谷村省吾「揺らぐ境界―非実在が動かす実在」日経サイエンス 2013 年 7 月号 pp. 36-

45.（別冊日経サイエンス No. 199「量子の逆説」pp. 66-75（2014 年）に再録）。
[12] Mermin, D. What I think about Now, *Physics Today*, March 2014, pp. 8-9. http://physicstoday.scitation.org/doi/full/10.1063/PT.3.2290
[13] —— QBism puts the scientist back into science, *Nature*, March 2014, **507**, pp. 421-423. http://www.nature.com/news/physics-qbism-puts-the-scientist-back-into-science-1.14912
[14] —— QBism as CBism: Solving the problem of the Now, *arXiv* 1312.7825. https://arxiv.org/abs/1312.7825
[15] 谷村省吾「光子の逆説」日経サイエンス 2012 年 3 月号 pp. 32-43（別冊日経サイエンス No. 199「量子の逆説」pp. 6-17（2014 年）に再録）。
[16] 谷村省吾「量子論と代数—思考と表現の進化論」数理科学 2018 年 3 月号 pp. 42-48。
[17] 細谷曉夫「光子の裁判、再び」日経サイエンス 2014 年 1 月号 pp. 34-43（別冊日経サイエンス No. 199「量子の逆説」pp. 42-51（2014 年）に再録）。
[18] 井元信之「量子テレポーテーションと時間の矢」日経サイエンス 2014 年 1 月号 pp. 44-51（別冊日経サイエンス No. 199「量子の逆説」pp. 52-59（2014 年）に再録）。
[19] アハラノフ（語り）／古田彩（聞き手）「光子は未来を知っている」日経サイエンス 2014 年 1 月号 pp. 52-55（別冊日経サイエンス No. 199「量子の逆説」pp. 60-63（2014 年）に再録）。
[20] 佐藤文隆「アインシュタインの反乱と量子コンピュータ」京都大学学術出版会 2009 年
[21] A. Danan, D. Farfurnik, S. Bar-Ad, L. Vaidman, "Asking photons where they have been", *Physical Review Letters* **111**, 240402（2013）.

[第1章◆コメント]
物理学における時間と時間の形而上学

佐金 武

1　科学に関する二つの問い

　科学に関する哲学的問題として、私はとりわけ次の二つの問いに関心をもっている。一つは科学的探求の限界をめぐるものであり、科学によって得られる知識は世界のすべての事実を明らかにすることができるかどうか、もしできないとすれば、その限界はどこにあるかを問う。もう一つは科学の実在性に関するものであり、種々の科学理論において役割を果たすさまざまな存在者が本当に実在するかどうかを問う。私見では、これら二つの問いは互いに独立である。科学は実在を記述すると主張する一方、そのすべてを明らかにすることはできないと考えることは可能だろう。また、科学を通じて我々が知りうることが世界に関するすべてだと主張しながら、科学と実在の対応関係については徹底して不可知論をとることも原理的には可能であるように思われる。

　さて、物理学における時間概念に関する谷村氏の解説について、ここであらためて批判が必要なほど大きな問題を私は感じていない。谷村氏独自の考え方や表現が随所で用いられている（そして、それはとても示唆に富んでいる）ものの、私が見る限り、その解説に突飛なところはほとんどなく、多くの物理学者の標準的見解に近いのではないかという印象をもった。他方、物理学の観点から見た時間の形而上学に関する谷村氏の考えには、いくつか重大な欠陥が含まれていると私は考えている。物理学者にとっては現代形而上学の論争などまったく興味の対象ではないかもしれないが、以下に私が述べることは先に示した二つの問いとも深く関わっており、その限りにおいてなにか検討すべき課題を谷村氏にも示唆できるのではないかと思う。

2　現在と絶対的同時性

　まず、「現在主義」に関するいくつかの誤解をはっきりさせておきたい。谷村氏は次のように述べている。「『私の現在』に特別な意味があることを期待するのは、自分が鈍麻な感覚しか持たない生き物であることに気づかず、内観と

言葉にもとづく信念体系が普遍的であると信じ、天動説的世界観から抜け切れていない人の願望にすぎない」。まったくその通りかもしれない。しかし、それは現在主義の考えではない。現在主義は決して、私の現在（私の心を占めている現在）と実在（存在）の一致を主張する立場ではない（ただちに矛盾というわけではないにせよ、そのような独我論的主張は現在主義にとって必須の構成要素ではない）。むしろ、なにが現在であるかが主観的な問題であることを否定するのが現在主義である。仮に人間や意識をもったその他の生物が宇宙に存在しなかったとしても、なにが現在であるかは客観的事実として成立しており、そのようなものだけが存在する、これが現在主義の主張なのである。もっとも、現在であるものの一部として、私はたしかに存在する。そうである以上、これは否定できない事実である。だが、なにが現在であるかが私の意識によって決定されるわけではない。現在である（存在する）ことはなににも依存しない端的な事実である。

　それに対して、なにが現在であるかを徹底して主観的な問題と捉えるのが、いわゆる「永久主義」の立場である。永久主義者は、過去・現在・未来の区別にかかわりなく、現実の出来事やもの、そして時点はすべて等しく存在すると考える。「いま」は単に、時間の中でどのパースペクティブをとるかによって決定される主観的な問題である。言い換えれば、「いま」は「ここ」の時間における対応物にすぎない。どの場所も等しく存在し、「ここ」だけが存在するといえるような特別な場所などない。自分がどこにいるかに応じて、どの場所も等しく「ここ」である。同様にして、我々がいつ認識を行うかに応じて、どの時点も等しく「いま」である。このような仕方で現在が決まれば、過去と未来の区別も与えられる。過去とは現在よりも前の出来事であり、未来とは現在よりもあとの出来事である。永久主義においてはこのように、過去・現在・未来の区別は徹頭徹尾、自分が位置する時間的なパースペクティブの問題として捉えられる。

　谷村氏の論述に反して、現在主義と永久主義はいずれも、私の現在と実在の一致を主張していない。現在主義にとって、現在の実在は「私の心を占めている現在」の問題ではなく、私のいまもその一部であるような客観的現在の問題である。永久主義にとって、現在はたんに主観的な時間的パースペクティブの問題であり、我々と独立の実在や存在には関わらない。私の現在と実在の一致

を主張するような奇妙な立場が可能であるように思われるのは、現在主義のテーゼ（「現在のみが存在する」）を永久主義の観点から読みかえる（「私の現在のみが存在する」）からだろう。しかし実際には、これはオーソドックスな現在主義の見解ではない。

　物理学者の目から見ると、このような形而上学の論争はどのように映るのだろうか。一見すると、多くの物理学者は永久主義的な見方を好み、現在主義的な見方を退けるように思われる。旧友ミシェル・ベッソの死去に際して、アインシュタインは次のように述べたそうだ。「ベッソは私より少しばかり先にこの奇妙な世を去った。だが、どうってことはない。物理学を信じる我々のような人間は、過去、現在そして未来の区別がしつこくつきまとう幻覚にすぎないことを知っているのだから」(Bardon 2013: 96-7)。同時性の相対性を帰結する特殊相対性理論を念頭におけば、こうした考えはさらに補強されるように思われるかもしれない。しかしながら、過去・現在・未来の区別は科学においてなんの重要性ももたないというのは、相対論が登場する以前からそうだったのである。ここで、現在主義者アーサー・プライアー（彼は自らをこのように呼んだことはないが）の次のコメントは示唆的である。

> アインシュタイン以前にも、科学者は「過去」、「現在」そして「未来」という語だけでなく時制も避けてきたのである。時間が物理科学に入ってくるのは、出来事の間の前後関係を成立可能にする（量的）時間間隔を通じてである。出来事が現在成立しているのか、単に成立していたか、あるいは成立するだろうということにすぎないのかどうかは、科学者にとっての関心事ではなく、だからこそ、現在成立していることとかつて成立したこと、そしてこれから成立することのあいだにある違いが表現できないような言語が科学者に用いられているのである。(Prior 1970: 248)

　プライアーも指摘するように、過去・現在・未来の区別は物理理論には現れない。だがここからただちに、そうした区別になんの実在的根拠もないことが帰結するだろうか。このことこそ、私が考えたい形而上学の問題である。
　これと関連して、絶対的同時性に関する現代形而上学における論争と、同じテーマをめぐる古くからの論争との相違についても触れておこう。周知の通り、

絶対空間および絶対時間というニュートン流の考えは、一様な時間の流れを与える絶対的同時性の概念と結びつくとみなされており、こうした旧時代的なドグマが特殊相対性理論によって打ち砕かれたことは人類の大きな知的成果だといわれることがある。他方、現在主義によれば、なにが現在であるかは（意識的存在者その他と）相対的ではなく絶対的な事実であり、そうである以上、現在によって規定される同時性も絶対的である。それゆえ、現在主義もニュートン流の古典物理学と同じく時代錯誤の誹りを免れない、そう思われるかもしれない。だが、この考えは正しくない。

　重要なポイントに言及する前に、小さな誤解の可能性を潰しておきたい。第一に、現在主義のテーゼは、絶対空間や絶対時間といったニュートン流の考えを前提としていない。したがって、現在主義から帰結する絶対的同時性は、古典物理学で考えられたそれとほとんど関わりはなく、仮に後者が否定されたとしても前者の妥当性に影響しない（現在主義の絶対的同時性の概念については、次段落で説明する）。第二に、特殊相対性理論から帰結する同時性の相対性は、光学的同時性（光によって操作的に定義される同時性）にもとづくものであり、現在主義においてこの概念の有意味性は否定されておらず、また否定する必要もない。光学的同時性は科学的に有用な同時性の概念の一つであるに違いない。しかし、それに加えて現在主義が含意するのは、現在である（存在する）ことによって規定される存在論的な同時性の概念である。

　論点をはっきりさせるため、タラント（Tallant 2014）の定式化にならって、現在主義の中心的主張を次のように理解する。

　　●現在（である）とは存在（すること）である。

さて、現在主義から帰結する絶対的同時性とは、現在（存在）によって規定される、次のような（擬似的な）関係である。

　　●AとBが絶対的に同時であるのは、Aが現在であり（存在し）、そして、Bも現在である（存在する）ときかつそのときに限る。

つまり、なにかがなにかと絶対的に同時であるというのは、それらがともに現在である（ともに存在する）ということにほかならない。なにかが現在である（存在する）ということが絶対的である限り、この同時性の概念も絶対的であ

る。

　さて、プライアーが述べたように、過去・現在・未来の区別が物理学者の関心の外にあるならば、この絶対的同時性の概念もそうだろう。いずれも存在に関わる。そして、物理学はこうした存在の問題を回避するのである。物理学はたしかに、世界にどのような種類の存在者が存在するかについて重要な情報をもたらす。現行の科学によると、たとえば、ニュートリノなる存在者はその存在が認められるが、エーテルの存在は認められていない。他方、世界に何が端的に存在するかは物理学には依存しない。それはむしろ、理論にもとづき予測を行うための前提条件であるか、なんらかの観察データから導かれる経験的事実であって、理論それ自体からの帰結ではない。存在する星の数が現実とは異なったとしても、私やあなたが生まれてこなかったとしても、正しい物理理論はやはり成り立つ。この意味において、現在（存在）やそれによって規定される絶対的同時性は科学の埒外の問題なのである。

　（ちなみに、古典力学的な絶対的同時性の考えは、絶対空間や絶対時間、あるいは絶対空間に対して静止状態にあると想定されたエーテルの存在の検証不可能性を根拠として否定されるかもしれない。目下の議論に対して、この批判は無効である。だが、現在主義の絶対的同時性にも検証不可能な側面はある。というのも、光よりも速いものが存在しない限り、いま存在する私とともになにがいま存在するかを、いま検証することはできないからである。谷村氏もいうように、「千年前に光を発した星は、今頃、爆発してこっぱみじんになっているかもしれない」。だが、「そのような星を『いま存在している』と言ってよいか、言ってはいけないかと論ずることは、私にはナンセンスに思える」という点について、私は同意しない。我々がいま、その存在を検証できようができまいが、遠くの星は存在するかしないかのいずれかだろう。科学の方法としての検証主義なら私もすすんで受け入れるが、それを存在の基準にすることはできないと思う。）

　このことを科学の限界だと断罪するのは、哲学者の独善的態度とみなされるかもしれない。繰り返し述べたように、（端的な）存在に関する問いは科学者の関心の外にあるという方がより適切だろう。いずれにせよ、現在主義に対して提起される絶対的同時性の問題は、相対論をはじめとする科学理論の妥当性によって単純に評価することはできない。とはいえ、絶対的同時性も物理的な実在のあり方に関わっている。物理的事実のなかには、科学的探求によって明

らかにされるものもあるが、探求に先立って前提とせざるをえないものもある。そして、現在主義から帰結する絶対的同時性は、後者のタイプの事実なのである。重要なことはこれらを混同しないことだ。

3 科学理論の有用性と実在

　冒頭で提起したもう一つの問いに移ろう。すなわち、科学において用いられるさまざまな理論的存在者の実在に関する問題である。科学者は「科学的実在論者」だという決めつけはよくない。実際、谷村氏も引用するD・マーミンは、他所で道具主義的な立場を表明している。

　　我々の経験の原料は出来事からなる。出来事は我々の経験に直接的にアクセス可能であるおかげで、不可避的に古典的特性をもつ。空間と時間、そして時空は我々が住む世界がもつ性質ではなく、古典的な出来事の組織化を促すために我々が発明した概念である。次元や間隔、曲率あるいは測地線といった概念は、我々が住む世界の性質ではなく、出来事の組織化を促すために我々が発明した、抽象的な幾何学的構築物の性質なのだ。(Mermin 2009: 9)

反実在論は科学理論の有用性や経験的十全性まで否定する必要はない。科学理論の目的はむしろ、さまざまな観察データを整合的かつ体系的に説明し、正確な予測を行うのに役立つ、実用的なモデルを生み出すことである。

　じつは、こうした道具主義的な考え方は現在主義にとっても都合がよい。というのも、たとえば、（一般）相対論において本質的に用いられる、「時空」なる理論的存在者に対応するなにかが実在すると考える必要はないからである。時空は現象を記述するための便利な道具にすぎない。また、谷村氏が冒頭に引用する、ウディ・アレンの言葉の真意はよくわからないが、これもまた道具主義的に解釈すれば、現在主義にとってはさらに都合がよい。すなわち、「時間とは、すべてのことが同時に起きるのを防ぐ自然法則」にすぎず、矛盾を回避するためのたんなる概念装置だと考えれば、科学においてであれ日常的な語りの場であれ、過去や未来の時点の存在を受け入れる理由はなくなる。時点とは可能世界と同じような理論的構築物にすぎないと考える現在主義者にとって、

これは歓迎すべき提案と受け取るべきだろう。

　他方、一抹の不安も覚える。現在主義者である私は、時空や時間に関して道具主義的な見解をとりたいと考えている。物理学者が賛同してくれるなら、それはうれしい。しかしながら、物理学者はそのコストを本当に理解しているのだろうか。科学的探求に没頭し、面倒な哲学の問いを頭から追い払うための口実として道具主義を利用するだけなら、それはあまりよい選択であるとは思わない。おそれながらこの機会に、科学的実在論者にも一言申し上げておきたい。科学的実在論の真の意義は、たんに科学を擁護することなのだろうか。それもたしかに重要だが、科学における道具主義の暴走に対する「安全装置」の役割も同時に果たすべきではないだろうか。実在に関する問いへの配慮を促すことによって、使えるならなんでもありというような、悪しき実用主義に反省を迫ることこそ、（たとえ嫌われても）実在論をとる哲学者がなすべき仕事ではないだろうか。

参考文献
Bardon, A. (2013) *A Brief History of the Philosophy of Time*, Oxford: Oxford UP.
Mermin, D. (2009) "What's Bad about This Habit", *Physics Today* **62**: 8-9.
Prior, A. N. (1970) "The Notion of the Present", *Studium Generate* **23**: 245-8.
Tallant, J. (2014) "Defining Existence Presentism", *Erkenntnis*, **79**: 479-501.

[第1章◆リプライ]
物理学の概念を形而上学で塗り重ねてもすれ違いになるだけではないのか

谷村省吾

1 私の感想

　この文章は佐金武氏からの「[コメント] 物理学における時間と時間の形而上学」に対する谷村からの回答である。なるべく正確にコメントを受け止めて応答したいので、佐金氏からいただいた原稿ファイルに直接書き込んで作文する。

　哲学者の皆さんの講演を聴かせていただいたり、文章を読ませていただいたり、メールで質問に答えていただいたりした。とくに森田邦久氏、青山拓央氏、佐金武氏とは密に議論させていただいたので、以下では私が「哲学者」あるいは「形而上学者」と書くときは、これら三氏を指しているつもりである。

　率直にいって、形而上学者たちとの対話は難儀であった。私の話はわかってもらえないようだし、彼らの話はわからない。日本語としてわからない場合もあるし、日本語としてはわかっても科学的にナンセンスなことを言われていると思えてしまう場合もある。形而上学者たちは、科学的に間違ったことを言わないようにする義務を感じていないように見えるし、現代科学に乗せられることを頑なに拒んでいるようにも見える。しかし、立場を替えて見れば、私の方こそ現代哲学に乗せられることを頑なに拒んでいるのかもしれない。すれ違いになってしまうのは、形而上学者の問いの立て方というか、彼らの関心の持ち方と探索の仕方に私が共感していないせいであろう。

　物理学ないし形而下学は英語で physics、形而上学は metaphysics である。これらの語義は時代によって多少は変動しているようだが、直截に言えば、physics が現実世界のありようを実験・経験を通して理解しようとする学問であるのに対して、metaphysics は、現実世界の制約にこだわらず、経験・実験によってたしかめるすべがないことがらも考える意味があると考え、もっぱら思惟と言語のみによって、現実には存在しない生物や現実とは異なる世界をも想像・描述し、現実世界を相対化して理解しようとする学問らしい。もっと言うと、哲学者は、文法的に正しい文であれば、現実においても正しい命題であ

る可能性があり、ゆえに検討してみる価値があると考え、一つや二つの科学的根拠によって否定されても形而上学的な意義は失われていないと思えるらしい。少なくとも私にはそう見える。

　時間や空間は、もともと人間の経験にもとづく自然言語的な概念であるが、物理学の基盤にもなっている。物理学は、時間や空間の正体がなにであるかは教えてくれないが、時間・空間というものがあってこそ理論も実験も解釈できる概念体系の基盤として時間・空間概念を扱っている。時間・空間を参照してすべての物理現象が記述され、すべての物理法則が定式化されると言ってもよい。だから、物理学者にとっては、時間・空間を理解するすべは、物理現象と物理理論に関係づけることしかない。骨の髄まで物理学に毒されている私は、そういう考え方しかできない。

　それでも私は、他人の見解を聞いて自分自身の見解を相対化することには意味があると思っている。そういう気持ちでこの応答を続ける。

2　佐金氏の「科学に関する二つの問い」について

　これは佐金氏自身の問題意識を述べておられる部分なので、私がその正否を決するべきではない。ただ、引用して感想を述べることにする。

　佐金氏の関心事は、《一つは科学的探求の限界をめぐるものであり、科学によって得られる知識は世界のすべての事実を明らかにすることができるかどうか、もしできないとすれば、その限界はどこにあるかを問う》とのことである。それは私も興味をもつ問題である。科学の限界は、科学によって答えられない問題かもしれないし、メタな立場から提起するにふさわしい問題だと思う。数学においてはゲーデルの不完全性定理によって形式的証明の限界が示されているので、それに類する形で科学の原理的限界が示せるなら、それは知るべきことだと思う。ただ、科学的探究の限界を分析できるようにするためには、少なくとも科学の方法がなんであるかは明確にしておくべきだろう。ところが実際の人の営みとしての科学の方法論は、融通無碍なところがあり、すべての科学者に共有されているとはいえない気がする。たとえば、経験則と呼ばれるものを正当扱いするかどうかは分野によって異なる。また、X線やミュー粒子のように、かつてはその存在すら想像されず発見当初は正体不明だったものが研究のツールに変わることもある。科学の探究は、まさに探究という言葉がふさ

わしいフロンティアであって、かつては思いもよらなかった方法や対象が後の時代には科学的方法や科学の対象になったりするので、現在の知識をもとに科学の限界を見定めようとするのは無理がある気がする。ヒルベルトは1900年に「物理学の公理化」を数学の問題の一つとして掲げたが、それから100年以上経ったいまでも物理学全体を形式化・公理化できていないところを見ると、科学全体を明確に定式化することは今後もできそうにない。このような状況を鑑みるにつけ、科学的探究の原理的限界を明らかにしようというのは相当の難題に思える。科学的探究の限界があるとすれば、財政的な理由や、人間の洞察力や関心・発想の行き詰まりなど、現実的な理由の方が有意であるように思われる。

　佐金氏のもう一つの問いは、《科学の実在性に関するものであり、種々の科学理論において役割を果たすさまざまな存在者が本当に実在するかどうかを問う》とのことだが、当然のことながら、これは「本当の実在」という語の定義に依存する問題である。物理学者全員ではないが、一部の注意深い物理学者たち、とくに私のように量子論の基礎にうるさい者たちは、「実在」の意味をつねに吟味し、必要なら改変しながら研究を進めているという実態を哲学者にも知ってもらいたいと思う [1, 2]。

3　現在は客観的に定めうるか

　佐金氏はこう述べている。《「現在主義」に関するいくつかの誤解をはっきりさせておきたい。谷村氏は次のように述べている。「『私の現在』に特別な意味があることを期待するのは、自分が鈍麻な感覚しか持たない生き物であることに気づかず、内観と言葉にもとづく信念体系が普遍的であると信じ、天動説的世界観から抜け切れていない人の願望にすぎない」。まったくその通りかもしれない。しかし、それは現在主義の考えではな・い・。現在主義は決して、私の現在（私の心を占めている現在）と実在（存在）の一致を主張する立場ではない（ただちに矛盾というわけではないにせよ、そのような独我論的主張は現在主義にとって必須の構成要素ではない）。》

　私は引用されている通りの叙述を「現在主義」と題した節の中で述べたが、私は「現在主義」を指して上の文を書いたのではない。長くなるが引用すると、直前の段落に私はこう書いた。

マーミンの「現在の問題」もそうであるが、私たちはとくに「私の心を占めている現在」というものをあまりにも特別なものと思いがちであり、それゆえに物理学における時間・現在の扱いがあまりにも味気ないことに落胆したり、現在に特別な意味を与えてくれる他の説明を欲したりする。しかし、我々が「現在の瞬間」と思っているものが、空間中の伝播や脳内情報処理まで含めて相当の厚みを持った物理現象の連鎖であることを知ったり、一般相対論の効果まで含めると同時と呼べるものはほとんどないことを知ったりすると、「現在という瞬間」というものは、粗雑・素朴な概念であり、特別な意味づけを与えるに値しないような気がしてくる。

こう書いたあとに続けて私は「要するに、「私の現在」に特別な意味があることを期待するのは……」と書いた。つまり、「現在の時刻」と呼ばれる変数値を物理理論の中に取り込むことはできるが、「現在ではない時刻」と「現在時刻」とのあいだに本質的な差異はないし、そもそも相対論を認めれば「全世界を覆う現在という瞬間」は座標系に依存した便宜的概念にすぎない、ということを私は繰り返し述べていた。

むしろ私は、哲学者の皆さんに質問するたびに「現在主義」の異なった定義を教えられ、しかも哲学者たちのあいだでも「現在主義」がなにであるかについての見解は一致していないと教えられる。そうであれば、私も私なりに「現在主義」を定義する権利を有するようにも思える。

そもそも上に引用した私の発言は「現在主義」を批判しているのでなく、現在のみが実在しているとか、現在・過去・未来すべてが実在しているとか議論する以前に、現在という概念は客観的に定まらないことを指摘しているつもりだった。「現在に関する議論は座標系の取り方に依存した議論になってしまいますよ、自分の選んだ座標系が客観的だと信ずることは天動説と大差ないですよ」という警告を発しているつもりだった。

ところが佐金氏はこう続けて書いている。《むしろ、なにが現在であるかが主観的な問題であることを否定するのが現在主義である。仮に人間や意識をもったその他の生物が宇宙に存在しなかったとしても、なにが現在であるかは客観的事実として成立しており、そのようなものだけが存在する、これが現在主義の主張なのである。》

これには私は面食らう。なにが現在であるかは客観的事実として成立してい
ない、というのが、まさに特殊相対論および一般相対論の帰結であり、私が話
したり書いたりしたことだったからだ。

4　永久主義と物理学はかみ合わない

　以上のように書くと「谷村は永久主義者だ」とのレッテルを貼られそうなの
で、哲学者のいう永久主義がなにであるのか、佐金氏に教わることにする。佐
金氏によると《永久主義者は、過去・現在・未来の区別にかかわりなく、現実
の出来事やもの、そして時点はすべて等しく存在すると考える》とのことであ
る。

　ここで私は「存在」という言葉にひっかかる。過去の出来事は既定事項とし
て存在する、と言ってよさそうだが、それは古典物理学が通用する範囲だけの
話であって、量子論では、ベルの不等式の破れや遅延選択実験や弱値といった
概念・現象があり、未来に測定を行うまでは過去の出来事は確定しないと考え
ざるをえないケースがある [1, 2]。また、量子論では、量子消去という現象が
あり、未来に行われる測定の種類によっては、過去の物理量の値が永遠に不定
のままになってしまうこともある [3]。「過去だから存在する」とは一概に言
えないのだ。また、量子論では、未来の出来事は確定せず、確率的な予測しか
できない。「予測ができないのは我々の無知のせいであって、本当は過去にも
未来にも確定的ななにかが存在しているのだ」という考え方は、量子論に矛盾
するし、実験にも合わない。結局、量子論を考慮に入れると、過去・現在・未
来のどの区域の出来事もかならず存在するとは言えない。だから、永久主義に
おける存在の概念が「観測の仕方に依存せずに客観的にあるはずだ」という素
朴な存在概念であれば、永久主義は間違っていると私は思う。

　成長ブロック宇宙説は、過去と現在は実在し、未来は実在しないとする説ら
しいが、これも「過去と未来のあいだに、明瞭かつ客観的な境界線（前線）と
して現在がある」と主張しているのであれば、相対論と量子論のどちらにも抵
触する。相対論は、過去と未来の絶対的な境界線の存在を許容しない。量子論
は、過去の事象の実在性を安易には認めない。

　もしも完全に決定論的古典物理法則に支配されていて、量子論が不要である
ような世界があったとしたら、その世界では永久主義が正しいだろうか？　そ

うかもしれないが、その世界に生きる主体は、過去の出来事を完全に知ることは現実にはできないし、力学法則がわかったとしても非線形力学系は古典カオスという実質的に予測不能な挙動も示すので、未来の完全な予測はできず、主観的には非決定論的世界を生きている気がするだろう。過去・現在・未来のすべての事象を描く時空図は、その世界の行為主体にとっては、絵に描いた餅、というか、完成することのない絵に見えるだろう。決定論的古典物理的世界では永久主義が正しいといっても、それは超越的立場に立てば正しいだけであって、永久主義がその世界に生きる行為主体になにか有用なことを教えてくれるわけではない [4]。

　佐金氏は《物理学者の目からみると、このような形而上学の論争はどのように映るのだろうか》と問いを立てている。私の目には、現実を知らない人たちの好き勝手な論争のように見える。

　佐金氏が引用したアインシュタインの言葉、《ベッソは私より少しばかり先にこの奇妙な世を去った。だが、どうってことはない。物理学を信じる我々のような人間は、過去、現在そして未来の区別がしつこくつきまとう幻覚にすぎないことを知っているのだから》にしても、それは決定論的古典物理学のみを信じる人の言葉だし、物理学者たるアインシュタインのちょっとした自虐的アイロニーだろうと私は思う。つまり、物理学者は自分の感覚・主観がしばしば錯覚であることを知ってしまっていることを揶揄しているのである。また、物理学者でも日常の語り口としては、「地球が自転している」とは言わずに、「日が昇る」・「日が沈む」といった天動説的言語表現を今日でも使い続けている。これらは正統派物理学と心理的素朴物理学のギャップであり、知っていることと感じていることの不一致の問題であって、形而上学的言説を正当化する根拠になるとは思えない。

5　現在主義における絶対的同時性

　佐金氏が教えてくれたところの現在主義によれば、ニュートン流の絶対空間や絶対時間に頼ることなく、存在論的な同時性が定義できるそうである。特殊相対論のいう同時性は光学的同時性であり、同時性の概念には光学的同時性以外の定義もあって、存在論的同時性はまさに絶対的に定められるらしい。これは佐金氏の論説の中で最も注目すべき部分である。絶対的同時性を定められる

ならぜひ知りたいと思う物理学者は私だけではないだろう。物理学者は以下の引用を心して読んでほしい。

　佐金氏はこう述べている。《タラント（Tallant 2014）の定式化にならって、現在主義の中心的主張を次のように理解する。／●現在（である）とは存在（すること）である。／さて、現在主義から帰結する絶対的同時性とは、現在（存在）によって規定される、次のような（擬似的な）関係である。／●AとBが絶対的に同時であるのは、Aが現在であり（存在し）、そして、Bも現在である（存在する）ときかつそのときに限る。／つまり、なにかがなにかと絶対的に同時であるというのは、それらがともに現在である（ともに存在する）ということにほかならない。なにかが現在である（存在する）ということが絶対的である限り、この同時性の概念も絶対的である。》

　いまさらながら特殊相対論における同時性をおさらいしておこう。全長20メートルの電車の車体があって、レール上を一定速度で直進しているとする。車体の先頭には花火玉Aが載せられ、車体後尾には花火玉Bが載せられている。車体の中央、前から測っても後ろから測っても10メートルの位置に観測者Pがいるとする。観測者Pは電車に乗って一定速度で運ばれている。花火玉AもBも爆発して一瞬だけ光を放って粉々に飛び散るとする。電車の中央にいる観測者PにはAから来た光とBから来た光が同時に見えたとしても、地上に静止して立って一連の現象を見ている観測者QにはAの爆発とBの爆発は同時ではない。まず車体後尾のBが爆発して光り、その後で先頭のAが爆発する。光の速さは一定であり、Qから見るとP自身が動いているので、結果的にPのところに光が同時に到着する。さて、光っているAと光っているBは同時に存在しただろうか？　Pにとっては同時に存在したし、Qにとっては同時には存在していない。Qにとっては「Aは爆発せずに存在しているがBは爆発して失せてしまっている」という状況が持続する時間がある。しかしPの観察、または、Qの観察のどちらか一方だけが正しいとは言えない。いまは、たまたま電車と地上にいる観測者を比較したから、いかにも電車に乗っている観測者だけが動いているように思えたが、電車に乗っているPにしてみれば、Pが静止していてQが動いている。宇宙に浮かぶ物体はさまざまな運動をしており、どれは止まっていてどれは動いているとは言えず、二つの物体の相対的な速度しか決められない。地球も動いているので、地上に立

っている者が絶対的に静止しているとは言えない。各観測者が定義する同時性があり、観測者ごとに現在は異なっているとしか言いようがない。これが、特殊相対論が含意する同時性の相対性である。

ここで「観測者」という言葉を用いたが、観測者は自意識をもった人間である必要はなく、非人格的な測定装置・記録装置でよい。そういう意味では「観測者」というより「観測系」と呼ぶ方が適切である。

ただし、相対論もすべての同時性が相対的だと言っているではない。上述の例の場合、観測者Pの片目にAから来た光とBから来た光が飛び込むのは、誰にとっても同時である。同一の時空点における同時性は絶対的である。しかし、空間的に離れた2点の事象の同時性は観測系に依存する。

以上のように相対論的同時性を理解した上で、爆発している最中の花火玉Aと、爆発中の花火玉Bは、客観的に、観測者によらず、同時に存在したと言えるのか？

特殊相対論に重ねて、一般相対論は、重力によって時間の進み方は相対的に異なることがあることを教える。理屈を直観的に理解するのは難しいが、天体の中心に近い場所ほど時間の進み方は遅くなる。こうなってくると、同時性という概念はいよいよ客観的な意味をなさず、便宜的に定義するしかない。

相対論は、あなたの主観的現在（あなたが「いまだ」と思っている時刻）や主観的時間経過（あなたが感じる時間経過）が存在しないと言っているのではない。あなたの主観的時間を他者と共有するには、それ相当の手続きが必要だと言っているのである。しかも誰の主観的時間も優先される物理的理由はない。Qさんの時計を無理やりPさんの時計に合わせると、Qさんの時計では同時に見えない事象A, Bも「P時計で測れば同時」ということをQさんに強要することになる。しかし、時間というものは、そういう共有の仕方しかできないのである。実際に、我々人類が共有している標準時計も、厳密にいえば、PさんとQさんのように、各人にとっては同時でない事象でも「同時だ」と約束している面がある（ただし、約束次第でなんでも同時になるわけではない。Time-likeに離れた二つの事象は、どの慣性系でも同時ではない。たとえば、阪神淡路大震災と東日本大震災は誰から見ても同時ではない）。

同時性を定める手続きを確認しよう。午前2時ちょうどに地球から月に向けて光を発射したとする。時計は地球に置かれている。月面には鏡が置いてあり、

鏡に当たった光は来た方向に反射される。2時ちょうどから2.6秒後に地球に光が到着した。この場合、いつ光は月の鏡に届いただろうか？「2時1.3秒に光が月に届いた」と答えるのが、もっともらしいだろう。光の速さが一定ならば行きに1.3秒、帰りに1.3秒かかり、往復2.6秒かかったと考えられるからだ。地球に置かれた時計が2時1.3秒を指すという出来事Aと、光が月面上の鏡に当たるという出来事Bが同時だったと判断する以外の判断は、考えようがないように思える。しかし、この一連の現象を、高速で移動する宇宙船の中に置かれた時計で測ると、地球に置かれた時計が2時1.3秒を指すという出来事Aと、光が月面上の鏡に当たるという出来事Bは、同時ではない。宇宙船から見ると、地球に置かれた時計が2時1秒を指すという出来事と、光が月面上の鏡に当たるという出来事とが同時であることもありうる。同時性が相対的であるとは、この意味においてである。
　しかも同時性が相対的であるのは宇宙船だけではない。地上にいる人がどこに立っているかによって地面の自転速度の向きと大きさは異なっているし、立ち位置の標高が異なれば重力ポテンシャルが異なり、同時性は場所ごとに異なったずれ方をする（速く走る時計は遅れる、ローレンツ変換は観測者の速度の方向にも依存する、地球中心から遠くにある時計は進む）。観測者が乗り物に乗っていれば、同時性のずれ方にさらにバリエーションが加わる。要するに、どうあがいても同時性は相対的なのである。
　少し後でくわしく述べるが、光に頼っているから同時性が相対的になるのではない。また、「光に頼っているので、いま遠方の物体がどうなっているかは、いますぐには知ることができない」ことを相対論的同時性と呼んでいるのでもない。ただ、ここの文脈では、同時性の相対性が避けられないリアルな問題だということを知ってもらいたいので、例示を続ける。
　オリオン座にはベテルギウスと呼ばれる星がある。地球からベテルギウスまでの距離はおよそ650光年である。つまり、光の速さで片道650年かかる遠方にある。ベテルギウスは赤色巨星と呼ばれる晩年のタイプの星であり、いつ超新星爆発を起こしてもおかしくないと言われている。さて、いま、ベテルギウスは爆発せずに存在しているだろうか？
　地球の自転による地面の速さは、赤道において秒速460メートルである。光の速さは秒速30万キロメートルで、地球の自転よりも圧倒的に速いが、それ

でも自転に伴う相対論効果で650年の時間はプラスマイナス8時間30分くらい遅れたり進んだりする（これらの計算ノートをネットで公開する [5]）。つまり、地球の東側にいる人にとっては、いまベテルギウスが爆発したかもしれないが、西側にいる人にとっては爆発は17時間前の出来事かもしれない。

　地球の公転の速さは秒速30キロメートルである。これは光速の1万分の1だが、相対論効果によって650年の時間はプラスマイナス24日くらい遅れたり進んだりする。つまり、ベテルギウスの爆発の瞬間を「現在」と定めたとき、地球の現在時刻にはプラスマイナス24日の不定性がある。さらに太陽系自体やベテルギウス自体も固有の運動をしており、相対速度は秒速20キロメートルと見積もられている。この運動も同時性に影響を与える。

　相対論効果がどれほどのものかという例としてよく引き合いに出されるのはGPSである。GPSは複数の人工衛星に精密な原子時計を載せて、各人工衛星から地表に届く電波の時間を計測して、地上の観測点の位置を測るシステムである。地球を周回している人工衛星の時計は、地球表面に置かれた時計と同期しない。高速で動くことによる特殊相対論の効果と、重力の違いによる一般相対論の効果により、時間の進み方が人工衛星と地表とでは異なるからだ。1億分の1秒くらいのずれはすぐに生じてしまう。電波の速さは毎秒3億メートルなので、1億分の1秒のずれは距離にすると3メートルのずれを生じる。1000万分の1秒のずれなら30メートルのずれである。自動車の測定位置が30メートルずれていたら、GPSに頼って自動車を運転するのは危険であろう。水平方向ならまだましだが、これが飛行機の位置の垂直方向のずれだったら、非常に危険だろう。つまり、同時性や時計の進み方は物理的に避けがたく相対的であり、1億分の1秒のずれでもシビアに較正することによって現代文明は成り立っている。

　1億分の1秒という極端に短い時間が問題になるのは地球規模・宇宙規模の現象だけではない。これは相対論の問題ではないが、今日ノートパソコンに搭載されているCPUのクロックは1ギガヘルツよりも速いのが普通である。これは1秒間に10億回以上の刻みでコンピュータが演算を行うことを意味している。10億分の1秒で光は30センチメートルしか進まない。電気信号は、基本的に電圧の変化すなわち電場の変化で伝わるので、信号は電子回路の中をほぼ光速で伝わる。これほどコンピュータの演算が速くなると、コンピュータの

設計者は電子回路の端から端まで信号が伝わるのに要する時間を当然考慮に入れなくてはならない。だから高速計算機は、なるべく実寸を小さく作ることが望ましい。しかしそうすると電子回路が密集し、単位体積あたりの発熱量が多くなる。現代のスーパーコンピュータはそのような物理的制約を考慮して設計されている。発熱というのはエネルギーの無駄なので、なるべく無駄のない計算機を作りたいと考えることは、量子コンピュータを発想する動機の一つとなった [6, 7]。なにを言いたいのかというと、かように精密な時間調整に我々の文明は依存しているということを言いたかったのである。相対論が原因であろうがなかろうが、1 億分の 1 秒の遅れや進みは無視できないのである。

相対論的同時性の問題は、光（電磁波）だけに頼っていたから生じたのではない。ランダウ・リフシッツも『場の古典論』[8]（この本は相対性理論の教科書である）の中で述べているが、相対論は光の速さにもとづく理論ではなく、この世界に不変な有限の伝達速度があることにもとづく理論である。その不変速度が、光速に等しかったのである。いわゆる光速で伝播するものは、光だけでなく、ニュートリノも重力波もそうである。たまたま光学的同時性に頼ったから同時性が相対的になってしまったのではない。この世界にあるどのような物理的な指標を用いても、同時性は相対的にしか定められないのである。しかもこの定め方は、「一定の速さで往復に 2.6 秒を要したなら片道の所要時間は 1.3 秒だ」という簡潔な原理である。

ベテルギウスの存在は、物理学には依存しないだろう。ベテルギウスは、存在するなら、端的に存在しているだろう。さて、ベテルギウスは現在存在しているだろうか？ ひょっとすると、650 年後にベテルギウスの爆発が地球で観測されるかもしれない。では、ベテルギウスの爆発が現在起きたとして、地球の現在は何年何月何日の何時何分だろうか？

「いまベテルギウスは膨張しつつある」「いまベテルギウスが爆発している」「ベテルギウスは吹き飛んでいまはもうない」、どれを述べるにしても、「いま」の相対的な定義に依存する。正しい命題を選ぶためには物理学に頼らざるをえないし、人工衛星か地上のどの点か観測点を決めなくてはならない。言い換えると、現在を定めるためには、座標系を定めなくてはならない。ベテルギウスの存在は物理学に依存しないが、「ベテルギウスのいま」は物理学と観測系に依存する。

「ベテルギウス自体にとってのいま」はあるのだろうが、それはベテルギウスを視座とする「いま」（ベテルギウスに固定された観測者が定める現在）であって、「ベテルギウスのいま」と「望遠鏡を搭載した人工衛星のいま」や「地上にいる天文学者のいま」の関係は、相対的である。佐金氏は、各人・各物体が感じている「いま」は同時のはずだと信じているようだが、まったく当て外れである。そのような絶対的同時性は相対論に反している、ということを後の節で述べる。

　佐金氏は《我々がいま、その存在を検証できようができまいが、遠くの星は存在するかしないかのいずれかだろう》と述べている。私は、現在におけるベテルギウスの存在をいますぐに検証できないことを問題にしているのではない。「いま存在するか存在しないかのいずれかだ」という文は恒真である。しかし、「いまベテルギウスは存在する」という文は、「いま」の定義によって真であったり偽であったりする。「ベテルギウスのいま」を便宜的に定めることはできるが、普遍的な定義がないのである。

　佐金氏はこう述べている。《他方、世界に何が端的に存在するかは物理学には依存しない。それはむしろ、理論にもとづき予測を行うための前提条件であるか、なんらかの観察データから導かれる経験的事実であって、理論それ自体からの帰結ではない。存在する星の数が現実とは異なったとしても、私やあなたが生まれてこなかったとしても、正しい物理理論はやはり成り立つ。この意味において、現在（存在）やそれによって規定される絶対的同時性は科学の埒外の問題なのである。》

　佐金氏は、端的な存在は絶対的であり、端的な存在は絶対的な現在を定めると信じているようだが、現実には、端的な存在は絶対的な現在を定めない。《現在（である）とは存在（すること）である》という文を唱えたからといって、存在が現在を定めてくれるわけではない。《現在（存在）やそれによって規定される絶対的同時性は科学の埒外の問題なのである》と言い張ったところで、ベテルギウスの現在を科学的方法以外の方法で定められるわけでもない。「絶対的同時性」という言葉を虚しく発しているだけである。科学の埒外だとおっしゃるなら、その通り、絶対的同時性は、まさしく科学の埒外の問題であり、物理学者がとやかくいうのは無粋であった。

6 端的な存在とはなにか

　佐金氏は《現在である（存在する）ことはなににも依存しない端的な事実である》《世界に何が端的に存在するかは物理学には依存しない》《（端的な）存在に関する問いは科学者の関心の外にあるという方がより適切だろう》というフレーズ中で"端的"を用いているが、これはどういう意味だろうか？

　電磁場は端的な存在だろうか。電磁場は、「そういうものがあると考えると、多様な現象を首尾一貫して説明できる」という措定概念の代表のようにみなされている。電磁場を一段と抽象化したゲージ場は端的な存在だろうか。これはかなり難しい。物理理論にはゲージ場という概念が組み込まれているが、ゲージ場そのものが直接観察されることはないと物理学者たちは考えている。地球の大気中の分子のうち約80パーセントは窒素分子であるが、佐金氏は科学的知識なしに窒素分子の存在を端的に認めていただろうか。内訳の不明な混合物としての「空気」なら端的な存在といってよいのか。説明を受けなくても高温物体には熱があるという直観が働くが、「熱」は端的な存在物だろうか。「光」は端的な存在物だろうか。ヤングの干渉実験やマッハ・ツェンダーの干渉計のように、一つの光子が同時に2か所にあると考えざるをえない実験があるが、光子は端的な存在と認められるだろうか。物理学に依存せずにニュートリノの存在を知ること・認めることができるだろうか。クォークは端的な存在だろうか。夜空にまたたく星は端的な存在か。天球にあいた孔から光が漏れているのが星だと考えた古代人の認識においても、星自体は無条件に存在しているといってよいのか。天球の孔の存在が孔の現在を定めているといってよいのか。ブラックホールは端的な存在か。ダークマターは端的に存在するか。

　一方で、地球は端的に存在すると言ってよいと私は思う。太陽も端的に存在していると思う。花火玉は端的な存在であるし、花火玉の炸裂は端的な事象だと私は思う。

　「端的な存在」という語を私は「それ以上の説明を要さずに、仮説なしに、あると認められるもの」「あるものはある、という以外の言い換えを要しない存在様式」という意味に解している。では、どういうものが、説明なし・仮説なしにあると認められるだろうか？　それは、私にビビッドな感覚刺激を投げかけてくる圧倒的存在感のあるものであったり、伝聞によってもそれがどんなものか見当のつくものであったりして、それの素性を知らなくてもそれがある

ことは認められるという意味でしかないと思う（打ち上げ花火の玉の色形や大きさがわかるほどに花火玉を間近に見たことがある人は少ないと思う。夜空に向かって飛んで行く玉そのものは見えないが、火の尾を曳いて炸裂する花火を見たことはあるし、「打ち上げ花火」と呼ばれているのだから、それらしい玉を飛ばしているのだろう、という感覚でたいていの人は花火玉の存在に同意するのではないだろうか）。

　佐金氏が《種々の科学理論において役割を果たすさまざまな存在者が本当に実在するかどうかを問う》《現行の科学によると、たとえば、ニュートリノなる存在者はその存在が認められるが、エーテルの存在は認められていない》などと述べているところを見ると、佐金氏は、存在者すべてが端的な存在だとは主張していないようだが、なにが端的な存在で、なにが端的な存在ではないのか、明瞭に述べてほしかった。とくに《なにが現在であるかが私の意識によって決定されるわけではない。現在である（存在する）ことはなににも依存しない端的な事実である》という非常に重要な文の中で"端的"を使うならば、なおのこと"端的"の意味内容を私にもわかるように言い換えてほしかった。

　繰り返すが、存在が"端的な存在"であると認められるための基準を佐金氏は与えていない。「無条件にその存在を認めうるものが端的な存在だ」と言ったとしても、「すべての存在物は端的存在である」とはしないのであれば、どういうものは無条件に存在を認めてもらえるのかという基準は提示すべきだろう。そして、その基準はどうしても主観的なものになるだろうと私は思う。つまり佐金氏は、「それがそこにあることは私には明らかだし、人間でありさえすれば物理学者でなくても誰しもその存在を認めるだろうし、たとえこの世に人間がいなくてもその存在は揺らぐことはないだろう」と思えるものを"端的な存在"と呼んでいる節がある。そうすると、"端的な存在ではなさそうなもの"（電磁場や光子や原子やブラックホールなど）の存在と現在とを同一視してよいかという疑問が取り残される。

　念のため、佐金氏の言葉を思い出しておこう。《むしろ、なにが現在であるかが主観的な問題であることを否定するのが現在主義である。仮に人間や意識をもったその他の生物が宇宙に存在しなかったとしても、なにが現在であるかは客観的事実として成立しており、そのようなものだけが存在する、これが現在主義の主張なのである。》

　しつこいようだが、私は「現在であること」は物理学と観測系に依存する概

念だと主張する。物理学は「現在であること」を規定し確認する操作方法を教えてくれるが、タラント・佐金による「存在は現在であり、現在である二つのものは絶対的同時である」という定義文は、なにをしたら二つが絶対的同時であることをたしかめられるのか教えてくれない。要するに「自分が端的な存在だと認めるものは現在だと認める」という文に読めてしまうので、主観的現在のことを言っているのだろうな、と私は解釈してしまう。

7　相対性理論は絶対的同時性を否定している

　佐金氏はこう述べている。《現在主義のテーゼは、絶対空間や絶対時間といったニュートン流の考えを前提としていない。したがって、現在主義から帰結する絶対的同時性は、古典物理学で考えられたそれとほとんど関わりはなく、仮に後者が否定されたとしても前者の妥当性に影響しない。》

　佐金氏は、「相対性理論によって相対的同時性が定められたからといって、絶対的同時性が存在しないことまで証明されたわけではない」と考えているようである。そのことは原稿以外でのメールでのやりとりでもはっきりと主張している。

　この点、佐金氏は誤解している。相対性理論は、絶対的同時性は物理的方法では絶対に検出できないことを、論理的帰結として含意している。

　少し説明する。相対性理論は理論なので、公理の選び方には任意性がある。現代の教科書では、特殊相対性理論の公理は、光速（有限伝達速度）不変の原理と相対性原理の二つとされている。相対性原理とは、観測系（慣性系）の速度に関する相対性である。詳しく言うと、物体の速度に関して、物理的方法で決められるのは二つの物体の相対速度（あるいは観測者に対する物体の速度）だけであり、いかなる物理実験・観測を行っても単一の物体の絶対的な速度は決められない、というのが相対性原理の内容である。

　光速不変の原理と相対性原理から、同時刻の相対性など、相対論の内容が演繹される。さて、「事象Aと事象Bは絶対的に同時である」ことの成否を判定できる物理的方法があったとしよう。事象A, Bが絶対的同時であることが確認された場合、相対論的な方法で調整された慣性系の時計においても事象Aと事象Bが同時であれば、この慣性系は絶対静止系だと判定される。いったん絶対静止系を設定できれば、いかなる物体についても絶対速度を測定でき

る。たとえば、宇宙船の乗組員は自分が乗っている宇宙船の絶対的な速度を測ることができる。このことは相対性原理に反している。

物理学者は「特殊相対性理論が同時概念の相対性を肯定したのだから、絶対的同時性は否定されたのだろう」と論理飛躍・早合点をしているのではない。特殊相対性理論は、相対的同時性を定める物理的方法を教えてくれるし、絶対的同時性は物理的に定められないことも演繹的に主張しているのである。対偶として、絶対的同時性を物理的方法で確認できるのであれば、特殊相対性理論の公理は間違っていることになる。

そういう意味で、相対性理論は、絶対時間という概念を否定している。相対論に抵触しない形で絶対的同時性を導入しようとするなら、それは物理的に観測不可能なありようでなければならない。そのような、観測不可能な絶対的同時性であれば、あっても無害だし、まさに形而上学的絶対的同時性と呼ぶのがふさわしいし、この世界とは無関係だと私は思う。

念のために言うが、特殊相対性理論は、数ある物理理論の中の一理論というよりは、ほかの物理理論のありようを統制するメタ理論的性格をもっている。古典力学も量子力学も、近似理論ではなく厳密に正しい理論であるためには、相対論と整合しなければならない。だから相対論的力学や相対論的量子場理論が作られたのである。しかもたんに理論を相対論的にしないと気が済まないという理論家の趣味のために諸理論を相対論化したのではなく、相対論的力学・相対論的量子論でないと実験結果を正しく説明できないから相対論化したのである。

ローレンツ変換は、光速に近い速さのロケットに乗って往復した乗組員の加齢が遅れるなどの、珍奇な結果を導くためだけにあるのではない。いかなる物理実験によっても単独物体の絶対速度を測ることはできない、という要請は、物理法則は相対性原理を満たしていなくてはならない、という要請であり、物理理論はローレンツ変換に関して不変でなくてはならない、という要請に言い換えられる。ローレンツ不変性という原理によって統制される物理理論は、調節可能な自由度が少ないのである。

相対性理論が正しくないとすると、物理理論の統制原理がなくなり、実験結果に合わせるだけの理論ならとても作りやすくなる。そういう理論を「アドホック（その場しのぎの）理論」と称する。ただ、アドホックな理論は、既知の

実験結果に合わせているだけなので、まだ行っていない実験や、今後作ろうとしている装置の設計に関する定性的・定量的予測能力が乏しい。相対論的力学は、非相対論的力学よりも縛りが強く、実験結果に合わせて調節できる自由度が少ないのに、非相対論的力学の優等生であったニュートン力学よりも正確に、より多くの実験結果を説明・予測できるのである。物理学を専門としない人たちには知られていないことかもしれないが、物理の理論というのは作るだけだったらいくらでも作れてしまうものであり、どうやって理論を制約するかということの方が重要なのである。理論を制約する方法は、経験・実験に合うべしという要請である。だから、物理理論は実験検証可能な命題を演繹することが要請される。相対性原理も光速不変原理も、経験事実から帰納的に定式化された原理であり、なかなか覆せるものではない。

　非相対論的力学と相対論的力学は、形而上学的にも異なっているだろうが、それぞれが導く観測可能な予測においても異なっている。また、電子顕微鏡も加速器も相対論的力学を大前提として設計され、それでちゃんと動いている。相対論がコケると、物理学の相当部分がダメージを受ける。物理学者が相対論に反することを気安く言わないのは、たんにアインシュタインを崇拝しているからではない。相対論の論理的帰結と、諸理論に対する統制力と、実用的な正しさを知っているから、相対論に反することをいう前に、その意味をよく考えているのである。

　佐金氏は、こうも述べている。《現在主義に対して提起される絶対的同時性の問題は、相対論をはじめとする科学理論の妥当性によって単純に評価することはできない。とはいえ、絶対的同時性も物理的な実在のあり方に関わっている。物理的事実のなかには、科学的探求によって明らかにされるものもあるが、探求に先立って前提とせざるをえないものもある。そして、現在主義から帰結する絶対的同時性は、後者のタイプの事実なのである。重要なことはこれらを混同しないことだ。》

　そうおっしゃるが、物理学者は、相対論の妥当性・有用性に比して、絶対的同時性の価値や可能性を見逃しているわけではない。相対性理論の帰結として、絶対的同時性が観測可能だったらおかしいと判断しているのである。我々が、絶対的同時性を探求の前提にしないのは、絶対的同時性は相当深刻にダメだという結論が理論と実験の両方から出ていることを知っているからである。探求

は、ある程度信用できることを手がかりにして行うべきことだ、と私は思う。

8　めいっぱい好意的に解釈すれば

　タラント・佐金の《現在である（存在する）ことによって規定される存在論的な同時性》《現在（である）とは存在（すること）である》という概念は、私には大変わかりにくいのだが、精一杯好意的に解釈すると、こういうことを言いたいのだろうか。

　私、谷村省吾という人間は、いま存在しており、「いまがいまだ」と思っている。「いまが1年前だ」と思うことはできない。おそらく佐金氏も「いまがいまだ」と思いながら存在しているのであろう。存在物は、そのように現在を占拠するやり方で存在しているはずだ、というのが存在論的現在であり、谷村が「いまがいまだ」と思っている「いま」と、佐金氏が「いまがいまだ」と思っている「いま」は、絶対的に同時だ、というのが存在論的同時性である、ということではないだろうか。

　道端に落ちている石は、おそらく、「いまがいまだ」という人間的な自意識はもってはいないだろう。しかし、擬人的に、「私（石）はいまある」ことによって「石自体にとっての現在」が定まっている、と佐金氏は考えているのだろうか？　北極海に浮かぶ氷山にも、擬人的に「私（氷山）はいまある」ことにより「氷山自体にとっての現在」が定まっているのだろうか？　このとき「石の現在」と「氷山の現在」は一致している（はずだ）というのが存在論的同時性ということだろうか？

　谷村は「いまある」のほかに、「いま走る」「いま食べる」「いま書く」などいろいろな行為を「いまする」ことができる。「走る」という動詞は、「いま走っている」という時制を伴う。だから「谷村が走っている」という文は「谷村が走っているいま」を指示しているとも言える。しかし、石は走ることができない。「石が走っている」という文では「石が走っているいま」を指し示すことができない。

　生物を主語にしても非生物を主語にしても受けることできる最も普遍的な述語は「ある」だろう。だから、「いま〇〇する」型の述語のうち、最も普遍的に万物に適用できそうな述語は「いまある」だろう。「石がある」と言っておけば、石が「ある」という行為を行っている真っ最中の時刻としての「いま」

を指示したことになる、というのがタラント・佐金の現在主義的・存在論的現在ということだろうか？

　すべての存在物は現在において存在し（いまある、いまのみにおいて存在する）、その存在によって現在を指示する（「ある」しているときは「いま」だ）という流儀で、存在と現在とを同一視しようというのが存在論的現在の考えらしい。これはマーミンのいう My Now という概念を極限まで普遍化し、すべての存在物に適用可とした概念なのだろう。英単語の形容詞としての present には「存在する（exist）」と「現在（happening now）」の二つの意味があるが、その両義性を同値性にまで高めたのが存在論的現在ということなのだろう。

　この解釈が正しいとすれば、私が本章の1.14節末で書いた、"(現在主義は)「存在する」という動詞は現在形で使いなさいと言っているのと変わりない"と評した言葉は、やはり当たっていると思う。

　何度も言うが、存在論的同時性は物理的方法によってたしかめることができない。たとえば森田氏が「いまがいまだ」と思っている「いま」と、佐金氏が「いまがいまだ」と思っている「いま」とが一致しているかどうかをたしかめるすべがない。佐金氏は5分前も「いまがいまだ」と思っていただろうし、5分後も「いまがいまだ」と思うだろう。森田氏の「いま」と同時なのは、佐金氏の無数に連なる「いま」のうちのどの「いま」なのか絶対的・客観的に決定する方法は、ない。

　花火玉Aが爆発する瞬間の「いま」は、花火玉Aにとっては明確に「いま爆発しています」としか言いようのない、厳然たる「いま」だろう。花火玉Bが爆発する瞬間の「いま」もBにとっての厳然たる「爆発している真っ最中のいま」だろう。さて、AのいまとBのいまが絶対的に同時であるとは言えない、というのが相対論の帰結である。もしもAのいまとBのいまが同時であることを保証できるなら、絶対時間・絶対空間の復活であり、相対論の破綻であり、相対論に統制されていた物理理論の大部分が正当性を失う。

　私は「いまがいまだ」と思うことができるが、非生物的な物体にも「いまがいまだ」という想念に相当するような「物体に固有のいま」があるだろうか？ たとえば、1枚の紙は、「いま字を書かれた」「いま火がついた」「いま燃え上がった」「いま灰になった」といった「いま」の連鎖に沿って状態変化するように見える。してみると、物体には、その物体に固有の「いま」が備わってい

るような気がしてくる。

　私は、古典物理で扱える小さなまとまりのある物体については、その物体に固有の「いま」があり、「いま」の連鎖に沿って状態変化していくという描像は、ひどく間違ってはいないと思う。しかし、相対論によれば、物体に固有の「いま」を他者の「いま」と絶対的・一意的に比較するのは不可能であることは、すでに述べたとおりである。相対論が正しければ、絶対的同時性が定められるのは時空の１点のみである。離れた場所で起こる事象、たとえば、「時計のアラームがいま鳴っている」という事象と、「紙片がいま燃えている」という事象が、絶対的に同時なのかどうかは物理的方法では決められない。もしも決められたら、絶対的同時性を物理的に確認できたことになり、相対論は間違っていることになる。また、以下に述べるように、紙以外の多くの物理的対象については「それ自体のいま」は定義しづらく、物理理論は「物体に固有の現在」に言及しない形式になっている。

　物理理論に「現在」を意味する特定の変数値はないことを、質点・電場・電子を例に挙げて述べよう。４次元時空中を動く質点の座標は、パラメータ s を用いて

$$(ct(s), x(s), y(s), z(s))$$

という関数の組で表される。この関数は、もしも時刻 $t(s)$ に質点を観測すれば、質点は座標 $x(s), y(s), z(s)$ の位置に見出されると言っているだけである。変数 s あるいは t の値は、質点自体に備わった My Now の値ではなく、観測系によって選ばれるものであり、数学的には任意の実数値を入れることができる。「この質点の存在によって定まる現在の時刻」などというものは、この関数のどこにもない。電場は

$$E(t, x, y, z)$$

という関数で表される。この関数は、もしも時刻 t、位置 x, y, z に測定器を置いて電場を測れば、そこでの電場の値は $E(t, x, y, z)$ だと言っている。変数 t の値は観測系の都合で定まり、数学的には任意の実数値を入れることができる。「電場の存在によって定まる現在の時刻」は、この関数のどこにもない。電子に対する波動関数ないしディラック場は

$$\psi(t, x, y, z)$$

という関数で表される。波動関数の絶対値の２乗は、時刻 t、位置 x, y, z にお

いて電子を観測したときに電子が見つかる確率を与える。ディラック場は、直接的に解釈するのは難しいが、時空点 (t, x, y, z) において測定器と電子が相互作用したときになにかが起こる確率を計算するためのデータを与える。変数 t の値は観測系によって定まるものであって、「電子の存在によって定まる現在の時刻」ではないし、「電子の My Now」でもない。とくに量子論においては、電子の自由度は運動量（または位置）とスピンしかないことになっている。それら以外に電子の自由度（「現在変数」とか「計時変数」とでも呼ぶべき物理量）があったら、従来の理論は間違っていることになるし、その兆候が実験で見つかっていなければならない [9]。なお、量子論と実在との関係は文献 [10, 11, 12] でも論じた。

「いまある」ものは「いま」を定めているし、「ある」という行為は「いま」しかできない、というイメージは、「存在物」という言葉に対して「小さな固形物」という印象を抱いているから出てくる発想ではないだろうか。「石がある」と言えば、いまあるに決まっていると思ってしまうのは、そのような存在物のみを見慣れすぎているからではないか。しかし、それは、いま見ているあなたが物体に投影している「いま」であって、質点自体や電場自体や電子自体には、「いま」という属性はないのである。

しかも量子物理的物体、たとえば、電子に関しては、「いま電子がダブルスリットの左の窓を通った」という言明は、客観的な意味をもたない。電子がいまどこにあるかがわからないだけでなく、「電子がどこそこにある」というイメージが間違っている。場の量子論は、1 個の電子の記述においても、つねに電子と陽電子が対になって生まれたり消えたりしているという描像を与える。そのような場合でも「電子は "存在している" をいま行っている」と言ってよいのか。

私には、佐金氏が提示した《現在（である）とは存在（すること）である》という言明がわからなかった。この言明の意味内容とその発想の出所を私なりに考えて、たぶんこういうことを言いたいのだろう、と解きほぐしたのが以上のストーリーである。このように存在論的現在や存在論的同時性を解釈するなら、これらは物理的方法では検出されることはなく、物理学的には意味をなさない概念である。

物理学者は、物理学の守備範囲に収まらないことを人が考えることを禁じて

はいない。ただ、存在論的同時性は物理学の埒外だと思う。私は、存在論的同時性の概念をここまで理解するのに大変苦労したが、これでも形而上学者の思っている通りに理解できたか、心もとない。しかし、物理学者相手に存在論的同時性の妥当性を主張するのであれば、存在論的同時性の客観的・物理的検証方法を一つでもいいから教えてほしい。佐金氏は《現在主義者である私は、時空や時間に関して道具主義的な見解をとりたいと考えている》とも述べている。道具主義なら、存在論的同時性という概念の背後にある実体は問わないにしても、概念を実験・観察と対応づけることはしておくべきであろう。物理的検証方法を伴わずに、二つのものが端的に存在しているのは絶対的同時だと言い張られても、それは絶対に物理学の対象にはならない問題ですね、と物理学者は答えることになる。

9 「いまある」感の物理的起源

　存在論的現在説は、すべての存在物は固有の現在に座しているという信念にもとづいている、ようだ。この考えは、形而上学的には有意味なのかもしれないが、物理学的には検証不可能である。私は、存在は現在を定める、という考えは放棄して、むしろ、なぜ我々人間は「あるものは、いまある」と思うのか？　「すべての物体は、いま、次のいま、そのまた次のいま、といった"いま"の連鎖の中で"いま"ごとに確定した状態をとり、"いま"の連鎖に沿って変化している」というふうに我々にはなぜ見えるのか？と問う方が科学的意味があるのではないかと思う。

　私は、この問題を解く鍵は、量子力学の波動関数の、いわゆる「波束の収縮」にあるのではないかと考えている。ここでは、波束の収縮という言葉を、波動関数に込められていた起こりうる事象の候補群のうち、ある一つの事象が現実に起こること、という意味で使う。波束の収縮を「古典物理的現実化」あるいは「いまある化」と言い換えてもよい。ミクロの量子系は、あらゆる可能性を秘めているが、マクロスケールの測定器と相互作用し、測定器・記録器に不可逆的に痕跡を残すことによって、事象を顕在化させる。そのような事象のみが「いつどこでなにが起こった」と語りうるものである [1, 10, 11]。

　マクロスケールの物体、たとえば1枚の紙などは、十分に小刻みな時間間隔で、それ自体の状態をモニターした結果をそれ自体に不可逆的痕跡として記す

ことができる。そういうものであれば、その物体の「固有のいま」を語ってもよいのであろう。

紙に比べると、真空中を飛んでいる電子は、古典的物体と相互作用する機会がない。金属製のマクロなサイズのダブルスリットに電子が出くわしても、電子の状態は変化しうるが、ダブルスリットはほとんど影響を受けることなく、実質的にスリットは電子の波動関数に境界条件を与えるだけの働きをしている。専門的な言い方をすると、ダブルスリットを構成している金属原子集団は、電子とほとんどエンタングルしない。だから電子が左のスリットを通ったか右のスリットを通ったかという痕跡も残らない。こういう場合は、電子が「いまどこにある」とか「いつ左のスリットを通った」とかいった言明は意味をなさない。

マクロスケールの古典物理的な系は、各時刻の自分の状態を刻印するのに足る多自由度をもっている。「紙がいま燃えている」ことは不可逆的変化として紙自体に痕跡を残している。それに対して、ミクロの電子や光子の自由度は乏しく、それ自体の継時変化を記憶することができない。

ただ、古典系といえども、遠く離れた物体同士で「いまどうしているか」ということを絶対的に比較することはできない。もしも燃えている紙が、遠く離れた物体に瞬間的に痕跡を記すことができるなら、たとえば、遠くの時計に傷をつけることができるなら、時計に傷がついた時刻と、その時計のアラームが鳴った時刻のどちらが先かということを絶対的に決めることができるだろう。が、そういうことはできない。紙の燃焼は、紙自体という局所のみに痕跡をとどめ、その影響は光速以下の速さでしか広がらない。そうすると、「いつ紙は燃えたのか」と「いつアラームは鳴ったのか」という事象の前後関係は、いわゆる光学的時計合わせによる比較しかできず、相対的にならざるをえない。

我々人間の身体は原子や電子に比べれば十分に大きく、古典物理的であり、自由度が多く、時々刻々の自身の変化を、それ自体を記録媒体として記憶することができる。また、身体を構成する原子はつねに緊密に相互作用しているという意味での一体感がある。そうでなければ、体はばらばらになってしまう。身体状態の変化の時間スケール（たとえば目に光が入ってから体を動かすまでに要する時間）と光速を掛け算すると長さの次元の量が定まるが、この長さに比べれば人間の身体は十分に小さい。そういう寸法の身体であるから、我々の脳

は自分自身の状態を「その場観察」しているつもりになることができる。そういうシステムだから人間は「いまある」感をもつことができるのだろう。また、そうだから、人は見ているものを「いま見ている」と感じ、「いま石が道端に見えているということは、まさにいま石はそこにあるのだ」と思うことができるのだろう。これが、"いま見ているあなたが物体に投影している「いま」"という言葉で私が言いたかったことだった。

　小さな固形物に関しては、「いまある」感という「存在と現在の同一視イメージ」をもちやすいということを私は述べたが、逆の極端として、「銀河系の現在」という言葉が意味をなすか考えてみてほしい。我々が住んでいる天の川銀河は、星の集団であり、明瞭な輪郭はなく、星は互いに大きな相対速度をもって運動しており、重力の強いところ・弱いところもあり、銀河の中で星が生まれたり吹き飛ばされてなくなったりしている。天の川銀河が存在していることは認められるだろう。天の川銀河の直径は約10万光年である。さて、天の川銀河の「存在論的な現在」は、どのように定められるのか？　星と星の相互作用には大変な時間がかかり、もちろん相対論的な時間のずれがあちこちで起こっている。銀河について、それ自体の、一体感のある「現在」を定められるだろうか？　どう定めても、便宜的・相対的な定め方にしかならないだろう。

　輝く星は高温のプラズマ状態の物質であるが、プラズマの中で各原子はまちまちの方向にさまざまな速度で動いている。相対論的に考えれば、各原子にとっての時間の進み方も現在もまちまちである。「一つの星にとっての現在」というのは、たいがい星の重心座標系が定める現在のことであって、やはり便宜的である。

　まとめると、存在論的現在という概念は、"すべての物体は「いま自分は○○という状態にある」という自己モニターができているはずだ"という信念を指しているように思える。存在論的現在説は、万物が主観的現在を備えているはずだ、という信念であり、存在論的同時説は、万物の主観的現在は同時であるはずだ、という信念のように思える。これらの説は、質点の力学とも古典場の理論とも量子論とも相対論とも相容れないし、銀河やプラズマなど現実の物質のありようを見れば、「各存在が定める各現在」の普遍的な定義は考えにくい。

10　哲学者の現実感覚はどうなっているのか

　佐金氏はこう述べている。《現在主義者である私は、時空や時間に関して道具主義的な見解をとりたいと考えている。物理学者が賛同してくれるなら、それはうれしい。しかしながら、物理学者はそのコストを本当に理解しているのだろうか。科学的探求に没頭し、面倒な哲学の問いを頭から追い払うための口実として道具主義を利用するだけなら、それはあまりよい選択であるとは思わない。おそれながらこの機会に、科学的実在論者にも一言申し上げておきたい。科学的実在論の真の意義は、たんに科学を擁護することなのだろうか。それもたしかに重要だが、科学における道具主義の暴走に対する「安全装置」の役割も同時に果たすべきではないだろうか。実在に関する問いへの配慮を促すことによって、使えるならなんでもありというような、悪しき実用主義に反省を迫ることこそ、(たとえ嫌われても) 実在論をとる哲学者がなすべき仕事ではないだろうか。》

　基本的に、佐金氏の原稿は、私の原稿を読んだことから生じた感想・疑問・反論などを書かれたものだろう。それは私以外の読者も想定した文章であろうけれども、少なくとも私は佐金氏の原稿を確実に読むことを約束していたし、それを読んで私は回答原稿を書くことを約束していた。となると、佐金氏はこの場を借りて私以外の人々に呼び掛けもしているのだろうが、私も佐金氏の言葉を他人事として受け流すわけにはいかず、我がことを言われているのではないかと恐れ、誠実に受け止める。

　物理学者はそのコストを理解しているかという疑義を佐金氏は呈しているが、「そのコスト」とはなんだろうか？　道具主義に払うべき代償ということか？　道具主義というのは、観察不可能な実在について心を煩わすことをやめて、科学の理論的諸概念は観察事項を組織化するための形式的道具にすぎないと見る立場らしいが、たしかに多かれ少なかれ、科学にはそういう面がある。化学者は原子核の内部の実在について考えることに時間を割かずに原子核を点粒子とみなして原子・分子の挙動を論ずる。建築設計者は重力の本性が時空の曲率であることなどいちいち意識せずにビルや橋の耐荷重強度を計算する。しかしそれは、思考のコスト軽減のためにとる態度であって、コストを支払うべき事項ではないと思う。私はそのように考えるので、佐金氏の《物理学者はそのコストを本当に理解しているのだろうか。科学的探求に没頭し、面倒な哲学の問い

を頭から追い払うための口実として道具主義を利用するだけなら、それはあまりよい選択であるとは思わない》という懸念の意図がわからない。「哲学者は道具主義の正当化のために悩んでいるのだ、物理学者は道具主義をやすやすと我が物顔で使うな、もっと悩め」と言いたいのだろうか。

《科学における道具主義の暴走》という言われ方もよくわからない。科学者たちも、自分が用いている理論概念はたんなる道具だと割り切れているわけではない。概念が指しているところの正体はなんだろうか？正体というものがあるのだろうか？というような疑問を引きずっているのが我々の心情である。ちなみに私の共同研究者で電子顕微鏡が専門の方がいるが、電子が粒子のようにも波動のようにも振る舞うことがどうしても心底からは納得できないという旨のことをときどき言っている。実在に関する問いへの配慮を促していただかなくても、程度は人によるが我々は実在についても心を悩ましている。

道具主義というのは、科学哲学者たちが科学者につけたレッテルであり、決めつけであり、カリカチュアであると思う。マッハのように、かつては物理学界に大きな影響力をもち、科学哲学的態度の先駆者と目される人が、「思惟の経済」という道具主義的な言葉を著したかもしれないが、それは科学の目的を先鋭化した宣言のようなものであって、大多数の科学者の態度を正しく捉えてはいない。

《使えるならなんでもありというような、悪しき実用主義に反省を迫る》と言われるほど悪いことをしている実用主義者はいるだろうか？ 佐金氏は《実用主義》という言葉を特別な哲学用語として規定していないので、私は日常語としての「実用主義」の意に解する。実用主義とは、狭い意味では、工業・商業などに利用され実利を生むことのみをよしとする態度のことだろうし、広い意味では、扱っている対象自体に興味関心を抱かず、なんらかの目的達成を助ける用に使えればよしとする価値判断を指す言葉だろう。《悪しき実用主義に反省を迫る》とは、特定の個人ではなく、観念体系としての「実用主義的価値観」に反省を迫るという意であろうか？ この発言の狙いもよくわからなかった。

佐金氏に知ってもらいたいことをもう少し述べる。一般相対性理論を理解している宇宙論物理学者は、「宇宙の年齢」という言葉を使うときも、どういう座標系で定義された時間なのか気にしているし、それが全空間で一律のペース

で進む時間を指しているわけではないことも心得ている。銀河間の距離がいくらとか、宇宙の半径がいくらだというときも同様である。現在の銀河系Aと現在の銀河系Bの間の距離をいうときには、なにをもって現在と呼んでいるのか、相当の注意が必要である。銀河系は物理学に依存せずに存在している（または存在していた）だろうが、「銀河系Aがいまある」という言明は、それはどのように定めた「いま」なのか説明を要する事項である。

　そして、物理的実体として生きる我々人間は、物理的観察と物理的操作によって世界と関わるしかない。原子時計もGPSも物理的方法で現在を定めるしかない。しかもそうやって見事に調整された時計群のおかげで、我々は便利・快適・安全な文明を享受している。あなたはスマホのGPS機能など頼りにしたことはないかもしれないけども、GPSのおかげで船も飛行機もトラックも安全・確実に運行し、あなたの生活に彩りを添える物品を運ぶことができる。いまでは工事現場の重機や農耕地のトラクタをGPS測位によって自動運転することも試みられているという。トラックの運転手は、原子時計とGPSの原理が量子論と相対性理論にもとづいていることなど知らず、ただカーナビを道具として利用しているだけだろう。これらの実用になにかいけないことがあるだろうか。

　科学と実在とが分かちがたく関わっている世界に包まれて生活していながら、「道具主義のコストを理解しているか」「道具主義の暴走に対する安全装置の役割も果たすべき」「実在に関する問いへの配慮を促す」「悪しき実用主義に反省を迫る」などと誰に対してかなにに関してか苦言を呈し反省を迫る哲学者は、嫌われる以前に、自分がなんの世話になって生きているのかまったく知らないか感謝もしないという無知と軽視を晒すことになるのではないだろうか。そのリスクの方こそ無視できないと思う。

　科学は原子時計やGPSのようなテクノロジーをもたらしたから科学者である自分も偉い、とは私は思わない。このような知恵を発揮した人たちを尊敬するのみである。GPSがもともとアメリカが軍用に開発したものであっても、偉大な発明であることに変わりはない。人類ができなかったことをできるようにしたという点は賞賛されるべきだと思う。もちろん民生用途への転用を許したからこそ、多くの人がGPSの恩恵に授かることができたのだから、民用に開放することを決意したアメリカ政府もその点では賞賛されるべきである。

哲学者たちを見ていて私が不思議に思うのは、彼らは自らの生活実践から切り離して哲学的議論をできることである。しかも現実から完全に遊離しているわけでもなく、また、現実感覚のすべてを疑うわけでもなく、端的な存在とか、私が熱いと感じ火を消そうと考えた時刻は火の粉が降りかかったときと火の粉を振り払ったときのあいだでなければならない（しかし、動物が天敵に出会って逃げ出した後の1万年後に恐怖の意識が生じることはありうる、らしい）とか、一部のことに関してのみ自分の感覚・経験をあてにしたことを言い出す。そのような器用な使い分けは私にはまねのできないことである。

　また、哲学者は言葉を大切にする人たちだと思っていたが、それにしては、誰に、正確に意図を伝えるために、言葉を選ぶ、ということについて注意深さが足りないように拝見したのは残念なことであった。同じことは私についても言える。反省すべきことである。

参考文献

[１]　谷村省吾「アインシュタインの夢 ついえる：測っていない値は実在しない」日経サイエンス2019年2月号 pp. 64-71。補足解説が日経サイエンスのウェブページに公開されている。ついでながら、この補足解説の中で、QBismがどれほどあてにならない学説であるかを詳しく論じた（http://www.nikkei-science.com/201902_064.html）。

[２]　谷村省吾「揺らぐ境界：非実在が動かす実在」日経サイエンス2013年7月号 pp. 36-45（別冊日経サイエンス No. 199「量子の逆説」pp. 66-75（2014年6月）に再録）。ウェブ補足解説あり（http://www.nikkei-science.com/?p=37107）。

[３]　谷村省吾「光子の逆説」日経サイエンス2012年3月号 pp. 32-43（別冊日経サイエンス No. 199「量子の逆説」pp. 6-17（2014年6月）に再録）。

[４]　戸田山和久『哲学入門』筑摩書房、2014年。とくに第6章（自由）に書かれていることが、私の考えに近い。

[５]　本稿に対する補足解説をウェブサイトに公開してある。「谷村、時間論、補足」などのキーワードで検索してほしい。2019年2月21日に掲載。森田邦久氏、青山拓央氏への再コメントも追加する予定である（http://www.phys.cs.is.nagoya-u.ac.jp/~tanimura/time/note.html）。

[６]　C. H. ベネット、R. ランダウアー「計算の物理的な限界はあるか」サイエンス1985年9月号 pp. 104-114。

[７]　C. H. ベネット「悪魔とエンジンと第二法則」サイエンス1988年1月号 pp. 72-82。

[８]　ランダウ、リフシッツ『場の古典論』（原著第6版）東京図書、1978年。第1節で相対性理論の原理が述べられている。

[９]　谷村省吾「時間とエネルギーの不確定性関係：腑に落ちない関係」素粒子論研究 電子版 Vol. 16, No. 3（2014）。

[10]　谷村省吾「21世紀の量子論入門—第15回：観測問題の基本概念」理系への数学（現代

数学社）2011 年 7 月号 pp. 56-61。

[11] 谷村省吾「波動関数は実在するか：物質的存在ではない。二つの世界をつなぐ窓口である」数理科学 2013 年 12 月号 pp. 14-21。量子力学における波動関数と実在との関係について論じた。

[12] 谷村省吾「量子論と代数―思考と表現の進化論」数理科学 2018 年 3 月号 pp. 42-48。数学と自然科学全般の関係についても論じている。補足解説記事がサイエンス社ウェブページに掲載されている（2019 年 3 月 12 日閲覧、http://www.saiensu.co.jp/index.php?page=support_details&sup_id=511）。

第2章　時間の問題と現代物理

筒井　泉

2.1　はじめに

　現代の物理学は相対性理論と量子力学という二つの柱によって支えられている。この両者において時間がどのように扱われているかは、その想定する範囲や深さによって、多種多様な議論ができるだろう。なぜなら、ブラックホールのような強い重力場の下で時空が歪む状況や、素粒子が生成消滅するような量子性が際立つ状況もあり、一筋縄ではいかないからである。しかし、ここでは特殊な場合に踏み込まず、一般的な立場から個人的な見解を交えつつ、現代の物理学では時間というものをどのように捉えているかについて述べてみたい。順序としては、まず時間という概念がどのように生じたかを論じ、古典物理、相対性理論、そして量子力学における時間と空間との類似性と差異について説明を行う。その後、時間の特殊性である「時間の矢の向き」について、古典と量子におけるエントロピー増大則や基本的相互作用における時間反転対称性の破れの観点からの物理的説明の試みを述べる。そして最後に、時間の向きを対称的に取り扱う量子力学の最近の取り組みについても手短かに触れたい。

2.2　時間と空間の異同

2.2.1　古典物理学における時空

　空間とは、古代ギリシアの思想では物が占有する場所として認識されたようだが、この素朴な理解の仕方は、おそらく時代や民族を越えて、人類が日常的な生活体験を通して共通してもっていたものであろう。それは容れ物としての空間であり、本、机、窓、庭の木々から数々の建物、そして空に浮かぶ雲や太陽まで、眼に映るものすべてを包含し、かつそれぞれに居場所を与えるものである。周知のように、この考えは近代になってさらに押し進められ、たとえばニュートンは空間とは絶対的な存在であり、その中に収まっている物とは独立な存在だと考えた。またライプニッツは物と物のあいだの相互的な関係によっ

て認識される対象として空間を捉えた。しかし素朴な観点からいえば、物理学は対象たる物がなければ始まらないから、ニュートン派であれライプニッツ派であれ、容れ物としての空間という理解には変わりがない。

　物理学は19世紀まで英国では自然哲学と呼ばれていたが、この古典物理の時代には、粒子やその集合体としての気体、液体、固体、地球、天体といった物から、光、熱、音響、そして電気や磁気にまつわる現象をその対象としていた。これらの物はいずれも形態の異なる物質であるが、電磁気現象の中から物質とは別の属性をもつ場——電場や磁場——という概念が提出され、しだいにその実在性が認識されるようになった。そして20世紀になると、場と時空との関連が認識されるとともに、究極的には物質との同質性さえも示されていくことになる。しかし古典物理においてはあくまでも空間は物質の容れ物であり、粒子がどの位置にあるかについて、原理的にはどこまでも精確に測定できる、そういった基本的な前提があった。

　物理学が扱う対象は、それが物質であれ場であれ、物理系あるいは単に系（system）と呼ばれる。物理学の使命は、第一義的にはこの系の状態とその変化を記述することにあるといえよう。そもそも系の状態が変化しなければ、それは静謐な死の世界であり、物理学の必要性はない。状態が変化してこそ物理学に意味があるのだが、さてこの変化はどのように記述されるのだろうか。

　たとえば系が粒子の場合、その状態を記述するには、いま粒子はどの位置にあるか、そしてそれがどのように変化するかをいう必要がある。一方、系が気体の場合には、体積や気圧がどのような状況にあるか、そしてそれらがどのように変化するかが重要になるだろう。振り返れば、このような物理学の枠組みを持ち出さずとも、元来我々が自己の置かれた環境の中で生存していくためには、まずは周囲の現状を把握し、それが今後どのように変化するかを知ることが必須であり、種々の人間の能力はこのために長大な年数をかけて獲得され、高められてきた。つまり、現況の把握と今後の推移の予測が生存競争にとり重要であり、生物が生きるということは、この刻一刻変化する状況の絶え間ない認知と予測の作業にほかならない。我々は、この変化を認識する上で、基本的な物指しとして「時間」というものを発明したと考えられる[1]。

　数の概念と同様に、最も原始的な「時間」は、たんになんらかの現象の「前」と「後」といったものであっただろうが、そのなかば、またそのなかばという精密化を繰り返し、加えて「前」よりもさらに「前」、「後」よりもさら

に「後」といった延長を繰り返せば、行き着く先は無限大の過去から無限大の未来に通じる連続した「時間」、すなわち実数 t によって指定される「時間」の概念である。これが古典物理の世界における、現在の我々にもなじみのある時間という概念となった。

これは、空間内の位置の指定に三つ組の実数（ベクトル）$\vec{x}=(x,y,z)$ を用いることにも対応する自然な概念である。さて状況の変化の記述として、たとえば粒子の空間内の位置の変化は、時間を指定するパラメーターの値 t に対応するベクトル $\vec{x}(t)$ を与えることによってなされる。一般的に、ものごとの状況の変化、科学的にいえば物理系の状態の変化は、この時間パラメーター t を通して変化の様子を規定することで記述されることになる。

物の容れ物としての空間と、このようにして形作られた時間とは、本質的には異質なものである。しかしながら、ひとたび時間から変化のパラメーターとしての役割を開放し、あわせて四つの実数の組 (t,x,y,z) で表すことで、時間と空間とを共通の土台に置くこともできる。これらは時空座標と呼ばれ、次の相対性理論での取り扱いの上から重要な視点を与えるものになる。

しかしその話の前に、時間と空間の異質性について、一言付け加えておこう。歴史的には時間概念は空間から生じたといえる[2]が、系の記述の上では、空間はかならずしも3次元的でなければならないわけではない。たとえば粒子の自転（スピン）や、デジタル的な自由度（情報量ビットの単位で数えられる）のような場合には、空間の位置といった状態の指定の仕方をしないことから、系の記述には3次元的な空間のかわりに、系の状態に特有な空間を用いる。つまり、より一般的には、系の状態空間の座標と、変化のパラメーターとしての時間によって系の記述を行うのであり、つねに3次元的な空間が必要なわけではない。

2.2.2 相対性理論と時空

少なくとも粒子の運動や場の変化を考える上では、先に述べた時間と3次元の空間を用いるが、アインシュタインの特殊相対性理論が登場してからは、古典物理のおける両者の異質性の根拠が揺らぐことになった。それ以前のニュートンの古典力学では、二つの慣性系のあいだの座標変換の中には、空間内の2点 $\vec{x}_1=(x_1,y_1,z_1)$ と $\vec{x}_2=(x_2,y_2,z_2)$ のあいだの距離

$$|\vec{x}_1-\vec{x}_2| = \sqrt{(x_1-x_2)^2+(y_1-y_2)^2+(z_1-z_2)^2} \qquad (2.1)$$

を変えないような、いくつかの変換が考えられた。空間の並行移動、時間の並行移動、空間回転といった時間と空間それぞれに独立な変換が、その例である。またこれらの変換の前後では、時間の間隔 $|t_1-t_2|$ は変化しない。物差しをずらしても、また回転させても、空間内の距離が変わることはないし、時間間隔も変わらない。

しかし相対性理論では、これらの変換に加えて、古典物理にはなかった新しい時間と空間を取り混ぜる形の時空の変換が許されるようになる。これは、(特殊) 相対性理論が光速度 c が慣性系によらず一定であることを前提としていることから、2点間の距離として空間のみに限定せず、時空間の4次元的な2点 (t_1, x_1, y_1, z_1) および (t_2, x_2, y_2, z_2) 間のミンコフスキー距離 (世界間隔)

$$\Delta s = \sqrt{c^2|t_1-t_2|^2-|\vec{x}_1-\vec{x}_2|^2} \qquad (2.2)$$

を考えることになることに起因する。これを用いると、光の発生した時空点とそれが測定器で傍受される時空点の距離は、そのあいだを伝わるのが光速だからちょうど $\Delta s=0$ となる。したがって、もし光速度が慣性系に依存しないなら、慣性系の間の変換としては $\Delta s=0$ の性質を保つことが要請される。より一般的には $\Delta s=$ 一定 の条件が要請されることになるが、二つの慣性系 S, S' の、それぞれの時空の座標を (t, x, y, z) および (t', x', y', z') とすると、上で述べた空間の並行移動、時間の並行移動、空間回転はこの要請を満たす。これらに加えて、さらにローレンツ・ブースト変換と呼ばれる慣性系間の速度 v での移動の変換

$$t'=\frac{t-vx/c^2}{\sqrt{1-v^2/c^2}}, \quad x'=\frac{x-vt}{\sqrt{1-v^2/c^2}}, \quad y'=y, \quad z'=z, \qquad (2.3)$$

の下でもやはり $\Delta s=$ 一定 の性質が保たれる。この変換 (2.3) の下では、空間や時間の距離が時空が混ざり合う形で複雑に変化することから、時間や空間はもはや独立なものではなく、互いに入り交じる同質的な意味を帯びることになる。

結局のところ、相対性理論では絶対的なものは時間と空間のどちらでもなく、それらが結合した4次元的な時空の中の世界間隔であり、それが慣性系に依存しない普遍性を保持していることになる。じつのところ、特殊相対性理論は

19世紀にマクスウェルによって完成された電磁気理論のもつ対称性にもとづくものであった。この対称性は、ローレンツ・ブースト変換 (2.3) の下での光速度の不変性を含めて、実験的には非常に高い精度で確認されており、科学的な事実として無視することはできない。

さて時空の混じり合いは、慣性系の間の変換よりも一般的な座標変換を扱う一般相対性理論になると、さらに密接になる。そこでは、(無限小) 世界間隔 (の2乗) が4次元座標 $(x^0, x^1, x^2, x^3) = (ct, x, y, z)$ と計量 $g_{\mu\nu}(x)$ を用いて

$$ds^2 = g_{\mu\nu}dx^\mu dx^\nu \tag{2.4}$$

と定義され、計量によって定まる4次元時空の描像が導入される。すなわち、一般相対性理論では時間と空間は4次元時空という幾何学的な対象として捉えられ、両者は不可分なものとされ、少なくとも形式の上では画然とした差異はなくなる。ただしその差異は、平坦な時空の極限におけるミンコフスキー距離

$$ds^2 \to \eta_{\mu\nu}dx^\mu dx^\nu = (dx^0)^2 - (dx^1)^2 - (dx^2)^2 - (dx^3)^2 \tag{2.5}$$

の中の時間と空間の符号の違いには見出される。

特殊相対性理論が電磁気現象を礎としていたように、一般相対性理論は重力現象をその礎とする。一般相対性理論の正しさは、現代生活においてはたとえば GPS(全地球測位システム)による位置測定において、重力差が引き起こす地上の時計と衛星の時計とのあいだの時間の進み方の違いを、一般相対性理論の予言通りに微調整しなければならないことが実証している。加えて、最近の重力波の測定も一般相対性理論の正しさを示すものであり、これらの理由から、上の4次元時空の幾何学的描像の科学的正当性は、少なくともマクロ的な領域では疑うことのできないものとなっている。

このような融合した時空の描像は、先に述べた状況の変化を記述するパラメーターとしての時間の役割にも、多少の変更をもたらす。すなわち、特別な「時間」という大局的なパラメーターの必要はなく、系の運動に付随する局所的なもの(固有時間)を用いることになるのである。しかし一般相対性理論の4次元時空の中においても、系の変化を記述するためのパラメーターの存在そのものには変更がない。

2.2.3 量子力学と時空

さてミクロ的な領域では、時間と空間はどのように物理学では扱われているのだろうか。

ミクロ的な領域の事象は量子力学によって記述される。歴史的には、量子力学は測定された電磁（黒体）輻射を説明するためにプランクが導入したエネルギーの不連続性に端を発する。その後、古典物理では説明のできなかった原子の離散的なスペクトル線を説明するために、ボーアらによって理論的な枠組が考案された。さらに、電磁波（光）が波動性のほかに粒子性を示すこと、すなわち「粒子と波動の二重性」という自己撞着的な性質を有することに加えて、同様の二重性が本来、粒子だと考えられた電子など物質にも成立することがド・ブロイにより明らかにされて、これらをすべて包摂する一般理論としてハイゼンベルク、シュレーディンガー、ボルンらにより理論的に整備され、物理現象への適用方法が定まった。その結果、量子力学は自然界の基礎理論としての性格をもつことになったが、それゆえ原理的には、量子力学の適用範囲はミクロ的な領域に限らず、マクロ的な領域にまで及ぶものと想定される。この考えにもとづいて、近年では高分子の量子干渉実験が行われるなど、その適用範囲の拡大の実証研究も進んでいる。

　このような古典物理との性格的な違いにもかかわらず、理論的な枠組みとしては量子力学は古典力学の形式を踏襲して構成される[3]。量子力学における「時間」も、基本的には古典力学における「時間」と同じ役割、つまり事象の変化を記述するためのパラメーターとして導入される。量子力学の対象とする物理系をとくに量子系と呼び、その状態を量子状態と呼ぶことが多いが、この量子状態は一般にヒルベルト空間のベクトル ϕ で表される。したがって、量子状態の変化は、このベクトルが時間的にどのように変化するかを表すベクトル関数 $\phi(t)$ によって記述される。古典力学では、粒子の状態は3次元ベクトル関数 $\vec{x}(t)$ で表されたから、その意味では両者に大きな違いはない。しかし、量子力学においては古典力学には存在しなかった測定に関する要素が混入する。それが次に述べる時間発展の2重性の問題である。

　量子力学には状態の変化（時間発展）に関して2種類の法則が存在する。その一つは、測定を行わない状況の下での時間発展で、シュレーディンガー方程式の積分形によって規定される。それは、時刻 $t=0$ での初期状態を $\phi(0)$、後の時刻 $t>0$ での状態を $\phi(t)$、そのあいだをつなぐユニタリー演算子（行列）を $U(t)$ とするとき、

$$\phi(0) \to \phi(t) = U(t)\,\phi(0) \qquad (2.6)$$

という形（線形変換）で表される。もう一つは、測定を行った結果、状態に生

じる変化を規定するものである。これは測定による状態収縮（state reduction）などと呼ばれ、理想的には、たとえば物理量 A の測定において測定結果[4] $A=a_n$ を得たとき、これに対応する特別な（固有）状態 ϕ_n に突然に変化する

$$\phi \to \phi_n \qquad (2.7)$$

とされる（フォン・ノイマンの射影仮設）。この変化が古典力学におけるニュートンの運動方程式の下での変化と決定的に異なる点は、変化後の状態が一般には確定せず、どの状態になるかの確率のみを予言できることにある。

　この意味で量子力学は確率論であり、原理的には初期状態から測定結果を確定的に予言できるという意味で決定論であった古典力学とは対照的に、非決定論ということになる。このことは、変化のパラメーターとしての時間の意味を変更するものではないが、測定後の状態が確率的になることは、のちに述べる時間の向きの考察にも影響が及ぶことになる。

　さて量子力学と時間との関連で触れておくべき点に、場の量子論における時間の問題がある。場の量子論は、量子力学という土台に特殊相対性原理を組み込むことで、粒子の発生と消滅といった、素粒子の相互作用を記述できるようにした理論的枠組である。この枠組は現在、観測にかかるあらゆる種類の素粒子間の相互作用を扱うことができ、かつゲージ対称性といった指導原理にもとづいて、重力相互作用以外の電磁気、弱い力、強い力の3種類の相互作用を不完全ながらも統一的に記述することに成功している。この場の量子論の枠組では、空間座標は状態に対応する自由度ではなくなり、時間と同様に場の4次元時空における位置を表すパラメーターとなって、時間と空間のあいだに区別はなくなる。相対論的な対称性は、このような時空の平等な扱いの上で適切に表現されている。

　しかしながら、実際の物理的な測定は、それがどのような物理量であれ状態の変化の測定を通して行うことになるから、その記述が量子力学の理論的的な形を規定する。つまり、ある量子状態が別の量子状態に変化する（状態遷移と呼ばれる）場合は、やはりその変化を記述するものとして時間が導入され、その時間パラメーターを通して実験結果と比較される。そしてこのことは、場の量子論においても変わらない。その意味で、パラメーターとしての時間は、その状態記述の対象が粒子であれ場であれ、量子力学においても決してその姿を消すことはない。

2.3 時間の矢

2.3.1 基礎方程式の観点

　古来より、時間はその進行方向が定まっていること、つまりつねに過去から未来に向けて時間は進み、その逆はないとされてきた。たしかに、空間の場合は左にあったものを右に移したり、逆に右にあったものを左に移し替えたりすることが自由にでき、かつその移動の早さも自由に変えられるが、時間の場合は現在から過去にさかのぼることはできず、また遠い将来に瞬間的に跳ぶこともできない。つまり、時間軸の方向には、移動の方向と速度が固定されていて自由に移動できない。

　この「時間の矢」の問題は、古典力学においても、また量子力学においても、基礎方程式の上からその理由を見つけることはできないという意味で非常な難問である。たとえば、古典力学において粒子の運動を規定するのはニュートンの運動方程式であり、質量 m の粒子の場合は、粒子にはたらく力を $\vec{F}$ とするとき、

$$m\frac{d^2\vec{x}(t)}{dt^2} = \vec{F}(\vec{x}, t) \tag{2.8}$$

で与えられる。粒子の軌跡 $\vec{x}(t)$ は、適当な初期条件の下でこの時間について2階の微分方程式を解くことで求められる。ここで特に、力 $\vec{F}(\vec{x}, t)$ が時間 t に依存しないか、あるいは時間の反転について対称的 $\vec{F}(\vec{x}, -t) = \vec{F}(\vec{x}, t)$ である場合には[5]

$$m\frac{d^2\vec{x}(-t)}{dt^2} = m\frac{d^2\vec{x}(-t)}{d(-t)^2} = \vec{F}(\vec{x}, -t) = \vec{F}(\vec{x}, t) \tag{2.9}$$

となるから、もし $\vec{x}(t)$ が運動方程式 (2.8) の解ならば、その時間反転 $\vec{x}(-t)$ もまた解となる。これは、時間が順行する運動と時間が逆行する運動の両者ともに許されることを意味し、したがって順行の一方向だけの解を導くことはできない。時間の矢はどちらの方向にも向くのである。

　もちろん、もし粒子の外部環境になんらかの時間反転対称性を破る要因があれば話は違ってくるが、宇宙全体を一つの系と見た場合は外部そのものが存在しないから、対称性を破る要因を想定することは難しくなる。また仮に、宇宙内部において局所的に一方向に時間の矢を定めるような領域があったとしても、原理的にはその逆方向に時間の矢が定まるような別の領域を想定することもで

きるので、結局、我々が経験する順方向だけの時間発展の向きづけは不可能だということになる。さらに、もし物理系の外部環境に時間の向きを規定する要因があるとすれば、それがどのように生じるかを説明しなければならないが、そのような明確な理由は見あたらない。そもそも、このような議論は方程式から環境に問題をシフトさせただけなので、時間の矢の向きの本質的な説明にはならないのである。

　同じことは、量子力学においても見ることができる。先に述べたように、量子力学の時間発展はシュレーディンガー方程式と測定による瞬間的な変化（状態収縮）の2本立てになっている。このうち、後者についてはあとで触れることにし、前者について述べれば、それは、時刻 t での量子状態 $\psi(t)$ の変化をシュレーディンガー方程式

$$i\hbar\frac{d}{dt}\psi(t)=H(t)\psi(t) \qquad (2.10)$$

の解として与えるものである。ここで $\hbar \simeq 1.05457\times 10^{-34}$Js は（換算）プランク定数、$H(t)$ はハミルトニアンと呼ばれる自己共役な線形微分演算子であり[6]、古典力学の場合と同様に、特殊な環境要因を考えないとすれば、系の時間発展を規定するハミルトニアンは時間 t に依存しないか、あるいは時間について対称的 $H(-t)=H(t)$ だと考えられる。

　さてニュートンの運動方程式（2.8）と違い、シュレーディンガー方程式（2.10）は時間について1階なので、そのままでは時間反転 $t\to -t$ の下で不変ではないが、ここで $t\to -t$ とした上で、さらに方程式（2.10）の左右両辺の複素共役を取ることを考える。上のシュレーディンガー方程式におけるハミルトニアンは微分演算子であり、そのエルミート共役 $H^\dagger$ は実効的には複素共役 H^* に対応し、したがってその自己共役性は $H^*(t)=H(t)$ を意味することに留意すると、右辺は H の自己共役性と時間反転対称性から、$H^*(-t)\psi^*(-t)=H(-t)\psi^*(-t)=H(t)\psi^*(-t)$ となる。一方、左辺には純虚数 i があって

$$i^*\hbar\frac{d}{d(-t)}\psi^*(-t)=i\hbar\frac{d}{dt}\psi^*(-t) \qquad (2.11)$$

となるから、結局、

$$i\hbar\frac{d}{dt}\psi^*(-t)=H(t)\psi^*(-t) \qquad (2.12)$$

を得る。これより、もし状態 $\psi(t)$ がシュレーディンガー方程式（2.10）の解な

らば、状態 $\phi^*(-t)$ もまた解となることがわかる。

　この状態 $\phi^*(-t)$ の物理的意味を探るために、量子力学では任意の物理量 A の測定結果は確率的であり、測定実験の実証の上で重要になるのはその期待値であることを思い出そう。物理量 A を測定したとき、状態 $\phi(t)$ の下での期待値の時間変化は、対応する自己共役演算子 A を用いた実数値関数

$$f(t) := \langle A(t) \rangle_\phi = \int d^3x\, \phi^*(t) A \phi(t) \tag{2.13}$$

で与えられる。それならば、時間反転状態 $\eta(t) := \phi^*(-t)$ の下での期待値の変化はどうなるのだろうか。上の定義式 (2.13) にこの状態を代入し、期待値が実数（演算子 A が自己共役）であることを使うと

$$\begin{aligned}\langle A(t) \rangle_\eta &= \int d^3x\, \phi(-t) A \phi^*(-t) \\ &= \left(\int d^3x\, \phi^*(-t) A \phi(-t) \right)^* = \langle A(-t) \rangle_\phi\end{aligned} \tag{2.14}$$

となるが、これは関数としては $f(-t)$ に等しい。すなわち、$\phi(t)$ の場合と $\phi^*(-t)$ の場合とでは、まったく逆の時間変化が測定されることになる。以上の理由で、量子力学においても時間順行状態が存在するなら、その逆行状態も（周囲の環境が許せば）かならず存在することが、測定の上からたしかめられるのである。

2.3.2　エントロピー増大則の観点

　古典力学でも、また量子力学でも、少なくとも状態の時間発展を支配する基礎的な微分方程式の上からは、時間を逆行する時間反転状態を排除する理由は見つからなかった。それゆえ従来より、物理学において時間の矢の向きが一定であることを示すためには、基礎方程式を用いるのではなく、エントロピー増大の法則との関連を議論することがなされてきた。ここでエントロピー増大の法則とは、外部とのエネルギー等の出し入れを行わない孤立した系において、時間とともに不可逆的な変化が生じた場合、系のエントロピーはつねに増大するというものである。

　歴史的には、エントロピーには熱力学的エントロピー（クラウジウス）、統計力学的エントロピー（ギブスおよびボルツマン）、量子力学的エントロピー（フォン・ノイマン）、情報理論的エントロピー（シャノン）などがあり、これらは

互いに類似するが概念的には異なる。ここでは古典物理と量子物理における時間の矢の問題を議論するのが目的であるから、古典物理についてはボルツマンエントロピー、量子物理についてはフォン・ノイマンエントロピーを用いて議論することにしよう。

まず議論の対象として、多数の分子から成る気体など、巨視的な状態をもつ熱力学的な系を考える。おのおのの巨視的状態には、一般に多数の微視的状態が存在する。このとき、統計的な観点から、与えられた巨視的状態を実現する微視的状態の数を W としたとき、ボルツマンエントロピーは

$$S_B = k_B \sum_i \ln W \tag{2.15}$$

によって与えられる（$k_B \simeq 1.38065 \times 10^{-23}$ J/K はボルツマン定数）。エントロピー増大の法則は、孤立系では S_B が時間ともに増大する（または変わらない）ことをいうが、大雑把にいえば、これは時間とともに微視的状態の数の多い巨視的状態に移行していくことを意味する。つまり、「特殊な」状態から「ありふれた」状態への移行である。

さて、このようなボルツマンエントロピーの意味でのエントロピー増大則は、時間の矢の問題になんらかの答えを提供するのだろうか。ここでただちに気づくのは、エントロピーという統計的な処理が可能な系は多自由度の系であるから、小さな自由度系にはうまく適用できないことである。そうだとすると、数個の分子が化学反応するような場合には時間は逆行する可能性もあるが、分子数が多くなると徐々に時間は順行するようになるのだろうか。

さらに、エントロピー増大則が孤立系に限定されていることから別の問題が生じる。宇宙全体は孤立系と考えられるから、宇宙のエントロピーの増大と宇宙全体の時間の矢は関係づけられるが、宇宙内部の部分系は厳密には孤立していないから、エントロピー増大則が成立しない。実際、人間を含めた生物は、生存のために周囲にエントロピーを放出することで自分のエントロピーを減少させることができるが、そのような状況にある非孤立系では、時間は逆行するといえるのだろうか[7]。

おそらくエントロピー増大則と時間の矢を結びつける最大の障碍は、宇宙のエントロピーが最大になって、それ以上増大しなくなった際の時間概念の問題であろう。そのような完全に混沌とした宇宙においては、もはや時間など存在しないのだろうか。たとえエントロピーが変化せずとも、局所的なゆらぎによ

って宇宙の微視的状態が変化することは可能だと考えられるが、その際にはこの変化を記述するためのパラメーターが必要となり、それはやはり「時間」と呼ぶべきものではないだろうか。

これらの問題は、基本的には量子力学においても継承される。これを見るため、古典的な場合と同様に、系が完全に特定された量子状態にはなく、複数の量子状態 ϕ_i が確率 p_i で混合した状態になっている場合を想定しよう。そのような混合状態は、ベクトル ϕ_i とその共役ベクトル $\phi_i^\dagger$、および p_i を用いて定義される自己共役演算子 $\rho = \sum_i p_i \phi_i \phi_i^\dagger$ により表わされる。より標準的なブラケット記法では、$\phi_i \leftrightarrow |\phi_i\rangle$, $\phi_i^\dagger \leftrightarrow \langle\phi_i|$ の対応を使って

$$\rho = \sum_i p_i |\phi_i\rangle\langle\phi_i| \tag{2.16}$$

となる。これを用いて、フォン・ノイマンエントロピーは

$$S_N = -k_B \mathrm{Tr}(\rho \ln \rho) \tag{2.17}$$

によって与えられる。ここで Tr は演算子の作用する全空間の基底ベクトルによる対角和[8]を意味し、とくに ρ を表現する状態の組 $\{\phi_i\}$ が基底ベクトルを成す場合は、フォン・ノイマンエントロピー S_N はギブスエントロピー $S_G = -k_B \sum_i p_i \ln p_i$ に形式上、等しくなり（ここで p_i は微視的状態 i の確率）、さらに等重率の原理 $p_i = 1/W$ を用いると (2.15) のボルツマンエントロピー S_B に等しくなるから、その意味で両者は類似の物理量であるといえよう。

ただし、フォン・ノイマンエントロピー S_N とボルツマンエントロピー S_B には決定的な違いがある。すなわち、後者は巨視的状態をもつ系でのみ定義されるが、前者にはそのような制限はなく、たとえば1個の電子スピン系に対しても定義されるのである。したがって量子力学では、ボルツマンエントロピーに対して課された古典統計力学の制限を外すことが可能になる。それでは、そのような少数自由度系を含めたエントロピー増大則は、量子力学ではどのように示されるのだろうか。ここにおいて、前に触れた量子力学における測定の状態変化、すなわち測定結果に応じた状態収縮が重要になる。

先に量子系の混合状態 (2.16) を導入したが、特定の i に対して確率が $p_i = 1$、それ以外は $p_j = 0$ $(j \neq i)$ となるとき、すなわち系の状態が特定の状態 ϕ_i に確定しているとき、系は純粋状態にあるという。この純粋状態に対しては、フォン・ノイマンエントロピーは $S_N = 0$ となり、純粋状態でない場合は $S_N > 0$ となる。さて量子力学の時間発展のうち、シュレーディンガー方程式に従うユニタ

リー発展 (2.6) は純粋状態から純粋状態への変化であるから、この変化の前後でフォン・ノイマンエントロピーは $S_N=0$ のままである。一方、測定を考慮に入れるとすれば、測定結果は確率的であるため、その結果を統計的に表す場合には、系の状態は混合状態として表現されることになる。つまり、測定を考慮に入れることによって、フォン・ノイマンエントロピーが増大することになる。

一般に、測定は系に対する外部からの操作によって行われるが、物理的には対象とする系と測定器の系との相互作用による。測定器系は巨視的な装置だと想定されるから、結局のところ、対象系と巨視的な環境系との相互作用の結果、対象系の最初の純粋状態が「干渉破壊（decohere）されて」混合状態になり、フォン・ノイマンエントロピーが増大すると考えられる。これは古典力学（統計力学）にはなかった新しい状況であるが、この場合は系は孤立系とはいえなくなる。

さらに、量子状態がなにを表しているのかという量子力学の解釈の根幹に関わる問題も重要になる。量子力学の解釈には、ボーアらのコペンハーゲン解釈をはじめ、多世界解釈、隠れた変数の解釈などさまざまなものが存在し、現在もそれらの是非に関する議論が続いているが、ここではコペンハーゲン解釈の流れを汲み、近年の量子情報科学の研究者らの多くが採用している「情報解釈」と呼ぶべき解釈の立場にもとづいて議論を進めることにしよう。

この立場は、量子状態は系の状態についての我々の知識（情報）を表現するものだと解釈するものであるが、同時に、量子状態そのものがなんらかの意味で実在する状態を表現しているかどうかは不可知であり、その実在性は問題としないとする。この立場の長所は、測定による突然の状態収縮 (2.7) を「測定者が測定を通して系についての新たな情報を獲得し、それまでの情報を更新した」結果だと説明できることにある[9]。この立場では、測定を通してエントロピーが増大することは測定者の知識の獲得に一定の方向性があることを示すものと解釈され、測定者である人間にとっての時間の矢は、この方向性の認識にすぎないと考えることができる。このような量子力学における時間の矢とエントロピー増大則との関係は、つとに渡辺慧が提案していた [2]。なお、量子力学におけるエントロピー増大則の研究は、最近、量子情報の視点を考慮に入れることで議論の精密化が進んでいる [3]。

しかしながら、量子状態の解釈がいまだに定まっていないという事実は、上

のようなエントロピー増大則による時間の矢の解釈が、かならずしも統一的な見解とはならないことを示唆する。実際、測定結果の確率性が自然界の物理法則の本質的な性質であるとしても、その確率とは頻度確率かベイズ（Bayesian）確率なのかによって、それが客観的なものであるか、それとも主観的なものであるかの解釈が分かれる。エントロピーそのものの客観性あるいは主観性は、確率概念の選択によるのである。

近年では、情報解釈の立場をさらに先鋭化させ、ベイズ確率の考えにもとづいて、量子状態は系の状態に関する測定者の主観的な確信度を表すとする量子ベイズ解釈（QBism: Quantum Bayesianism）という立場も提案されている [4]。このような主観的なエントロピーと時間の矢との関連を結びつけるためには、時間そのものを主観的なものとして理解することが必要になるが、物理学としてこれを正当化することは容易ではなさそうである[10]。一方、もし量子状態は多世界の状態を記述し、状態収縮（2.7）は起きないとする多世界解釈を採用したとしても、その場合のエントロピーとはなにか、またエントロピー増大則をどのように理解すべきかが問われることになる。結局のところ、量子力学においてエントロピー増大則にもとづいて時間の矢を説明する試みは、究極的には量子状態や確率概念の解釈に大きく依存することになり、これらについて一致した見解が得られていない以上、成功を得ることは現時点では難しいものと思われる。

2.3.3 基本相互作用の観点

時間の矢の問題は、なんらかの理由により時間順行方向の状態変化と逆行方向の状態変化の間に違いが生じることが、最も基本的な説明の根拠になりうる。先の基礎方程式のところでは、系と環境とのあいだに時間反転の対称性を破る物理的な原因がないことを前提としたが、この前提の正否は精密な実験を通して検証しなければならない。

あらゆる物理現象は、突き詰めれば素粒子の相互作用によるものと考えられており、その理論的モデルとして、素粒子の標準理論（Standard Model）と呼ばれるものが広く受け容れられている。この標準理論は、重力を除く3種類の相互作用（電磁力、弱い相互作用、強い相互作用）を記述するために考案されたもので、とくに電磁力と弱い相互作用の二つの相互作用は、一つの電弱ゲージ理論として統一的に扱われている。このモデルにはこれらの電弱相互作用に関

与する電子やニュートリノなどのレプトン、強い相互作用に関与するクォーク、相互作用を媒介する光子などのゲージ粒子、そして自発的対称性の破れによって素粒子に質量を与える役目を担うヒッグス粒子から成っている。現在のところ、この素粒子の標準理論で説明できない現象は知られていない。

素粒子の標準理論は、場の量子論の枠組を用いることで種々の素粒子反応の理論計算を可能にする。場の量子論には公理論的な構成原理があり、特殊相対性理論との整合性から要請されるローレンツ対称性やエネルギーの正定値性などを前提にすると、CPT変換の下での対称性が保証される（CPT定理）。このCPT変換とは荷電共役（Charge conjugation）、空間反転（Parity）、そして時間反転（Time reversal）の三つの離散的変換の積をいう。一方、実験的には空間反転の下での大きな破れと、これと荷電共役の積であるCP変換の下での小さな破れの現象が見つかっており、標準理論にはこれらの破れが組み込まれている。それゆえ、CPT定理から導かれる結論として、標準理論にはCPの破れを埋め合わせるような時間反転Tの小さな破れの効果が存在することになる。この考察にもとづいて、実験的に見つかったCPの破れから、間接的に時間反転対称性の破れが推測されていた。そして近年、直接的にもB中間子の崩壊現象の中から時間反転Tの破れが見つかり、その破れの大きさが間接的な破れの大きさとも整合的であることが確認されている [6]。

この時間反転対称性の破れの存在は、基本相互作用の上では時間の順行方向と逆行方向のあいだに違いがあることを示す貴重なものであるが、その差異はきわめて小さなものであり、ほとんどの現象においては時間反転対称性が成立しているといえる。したがって、この破れの事実にもとづいて日常の時間の矢を説明することには、大きな困難がある。

以上で紹介したいくつかの時間の矢の説明の試みのほかに、ミクロな基本相互作用の観点とは対照的な、マクロな宇宙膨張の観点からの試みも提案されている。これは一方的に膨張する宇宙がもたらす空間の拡大にもとづいてエントロピー増大則を理解し、その上で時間の矢を説明しようとするものであるが、今のところ萌芽的な試みに留まっているようである。

2.4 時間対称な量子力学

以上、縷々述べてきたように、時間の矢の説明はこれまでいくつか提案されてきたものの、まだどれも十分に説得力のあるものになっていない。古典

的には巨視的な系の導入が要請され、量子的にもなんらかの意味での確率概念にもとづく統計性を導入することが必要となったが、それぞれに解決の容易でない問題が伴っている。むしろ基礎方程式や基本相互作用の観点からは、時間反転の対称性が（近似的にせよ）成立する方が本来の姿であるかに見られる。そこで本章の最後では視点を変えて、時間反転に関して対称な理論構成の一例として、量子力学の時間対称な定式化とその意義について簡単に紹介しよう。

前節で述べたように、これまでの物理学においては、それが古典力学のニュートンの運動方程式であれ、量子力学のシュレーディンガー方程式であれ、与えられた初期条件、たとえば時刻 $t=0$ での粒子の位置 $\vec{x}(0)$ や量子状態 $\psi(0)$ の下で時間発展の方程式を解き、時間の順方向 $t>0$ における位置や状態を求めるものとされた。これは時間について一方通行の物理理論であり（仮に逆方向 $t<0$ に解いたとしても、一方通行であるということは変わらない）、究極的には宇宙開闢時に与えられた初期条件の下で、その後の時間発展を定めることにつながる[11]。一方、もし宇宙に終わりがあるとすれば、その終末時にはまた別の条件（終末条件）が存在することが考えられるから、一般に初期条件と終末条件の両者の存在の下で使える物理理論が構成できれば、それは本質的に時間対称な形式をもつものとなるだろう。1964年にアハロノフらは、この考えにもとづいた量子力学の時間対称形式（Time-symmetric formulation）を提案した[7]。

上述のように、この形式の重要な点は系の初期状態に加えて終状態も任意に与えることであり、それゆえ両者はかならずしもシュレーディンガー方程式によって定まるユニタリー変換によって関係するものではない。このため、初期状態を事前選択状態（Pre-selected state）、終状態を事後選択状態（Post-selected state）と呼ぶ。実験の上では、事前選択状態、事後選択状態ともにそれらに応じた測定実験を行い、それぞれの状態を選択する。なお、これ以外の点では標準的な量子力学の（時間順方向の）形式となんら変わりはなく、したがってこの時間対称形式は、従来の量子力学の内容を改訂したり変更したりするものではない。

さて時間対称形式において、ブラケット表示で事前選択状態を $|\psi\rangle$、事後選択状態を $|\phi\rangle$ とすると、系の遷移過程 $|\psi\rangle \to |\phi\rangle$ が定まる。その遷移過程の中で、物理量 A を測定することにしよう。通常の理想測定のように強く測定す

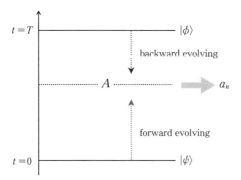

図 2.1 量子力学の時間対称形式。事前選択状態 $|\psi\rangle$ は時間的に順行し、事後選択状態 $|\phi\rangle$ は時間的に逆行すると考え、それらが出会う時刻に物理量 A が測定される。

ると、対応する自己共役演算子の固有値のどれか $A=a_n$ が得られる（図 2.1 参照）。ところが、もし非常に弱く測定した場合には、興味深いことに、その期待値は

$$A_W = \frac{\langle \phi | A | \psi \rangle}{\langle \phi | \psi \rangle} \tag{2.18}$$

という形で与えられ、これを A の「弱値」（Weak value）と呼ぶ（ここでは簡単のため、状態のユニタリー時間発展は無視する）。前に採り上げた期待値(2.13) と異なり、この弱値は事前、事後の両方の選択状態を対称的な形で含むものであり、時間について対称的な物理量としての意味をもたせることができる。弱値は一般には複素数であり、また事前、事後の状態選択をうまく選んで、その遷移確率が小さくなる $\langle \phi | \psi \rangle \to 0$ ようにすると、A_W を大きく増幅することが可能になる（現在、これを利用した精密測定への応用がさまざまな物理系に試みられている）。

　この時間対称形式では、文字通り時間を順行する事前選択状態の変化と、時間を逆行する事後選択状態の変化の両方を考慮することで A の弱値を理解することになるが、その概念的な御利益は、たとえば干渉計を用いた量子系の自由度の奇妙な分離や光子の存在の検証実験のパラドックス的な結果などを、極めて簡明に理解できる点にある。これらは量子力学の粒子と波動の二重性、あるいは相補性に深く関与するものであり、時間を逆行する過程を許すことで、これらの基本的な問題に新しい見方が与えられることを意味する（時間の逆行

と物理量の存在に関しては［8］を参照）。

　この量子力学の時間対称形式が示唆するのは、時間と空間との違いを際立たせることで両者の異同を探るよりも、むしろ非相対論的な枠組ながらもこの両者の等質性を重視して、そこから新しい知見を汲み取ることの重要性である。時間については、おそらくこれまでもそうであったように、心理学的、哲学的な観点からの空間との差異の議論と、物理学的な観点からの空間との等質性の分析の両面から、その本質の究明を進めていくことが有益な方法であるように思われる。

注
1) 物体から空間、そして時間概念の発生に関して、物理学の立場からアインシュタインが興味深い考察を行っている［1］。
2) 心理学的な観点での時間は、空間とは独立に論じられるであろうが、ここでは標準的な物理学的観点からのみ時間の導入を論じる。
3) 量子力学の構成法として最もよく使われるのは、ハイゼンベルクやディラックらによる正準量子化と呼ばれる構成法と、ファインマンによる経路積分量子化の方法であるが、これらはいずれも古典力学（解析力学）を基盤として構成される。
4) 数学的には a_n は物理量 A に対応する自己共役演算子の固有値であり、$n=0, 1, 2, \cdots\cdots$ はそれらを指定するラベル。
5) 現実には、力 $\vec{F}(\vec{x}, t)$ は外部環境によって定まるから、粒子の環境が時間とともに変化する場合には、当然ながら時間の向きは重要になる。したがって、時間の矢を問題にする場合には、そういう特殊な環境要因のない場合を想定する必要があり、基本的には $\vec{F}(\vec{x}, t)$ が時間に依存しない場合がこれにあたる。ここで時間について対称的な場合を含めるのは、その一般化にすぎない。なお、環境要因については、すぐ下に述べる量子力学においても事情は同じである。
6) 任意の演算子 A には対になるエルミート共役演算子 $A^\dagger$ と呼ばれるものが存在するが、この両者が等しいとき、演算子 A は自己共役であるという。なお、前に触れたユニタリー時間発展 (2.6) は、このシュレーディンガー方程式の積分形であり、対応するユニタリー変換は $U(t) = \exp\{-(i/\hbar) \int^t H(t') dt'\}$ で与えられる。
7) この孤立系の問題を積極的に採り上げて、これまで述べてきた物理学での「空間化された」時間ではなく、空間とはまったく別の「心理的な」時間の説明に使おうとする議論もあるが、いまだ抽象的な段階に留まっていて科学的な検討の対象にはなっていないようである。
8) 規格直交関係を満たす状態の組 $\{\phi_i\}$ で、任意のベクトルを線形和に展開できるものを基底ベクトルと呼ぶ。ここで規格直交関係は、ブラケット記法では内積条件 $\langle \phi_i | \phi_j \rangle = \delta_{ij}$ として表されるものであり、この左辺の内積は粒子系の場合には $\langle \phi_i | \phi_j \rangle = \int d^3x \phi_i^*(x) \phi_j(x)$ で与えられる。また、演算子 X に対する対角和は $\mathrm{Tr}(X) = \Sigma_i \langle \phi_i | X | \phi_i \rangle$ で定義される。
9) その一方で、量子状態の実在性について判断を留保することから、アインシュタインのような実在論者からは、量子力学が不完全なものと認める立場とみなされるだろう。

10) 最近、マーミン（Mermin）がこの立場にもとづいて時間の空間との異同や、アインシュタインやベルグソンが問題とした「いま」の問題について、興味深い議論を展開している［5］。
11) これは時間の矢の方向性と整合的ではあるが、その理由を説明することにはならない。

参考文献

［1］ A. Einstein（1936）"Physics and Reality", *Journal of the Franklin Institute*, **221**, 349.（＝井上健訳「物理学と実在」、湯川秀樹、井上健編『世界の名著66 現代の科学』中央公論新社、1970年、および『科学者と世界平和』講談社学術文庫、2018年）

［2］ 渡辺慧（2012）『時（復刻版）』河出書房新社。［エントロピー増大則と時間の不可逆性に関する、渡辺自身のオリジナルな考察が収められている。］

［3］ E. Iyoda, K. Kaneko, and T. Sagawa（2017）"Fluctuation Theorem for Many-Body Pure Quantum States", *Physical Review Letters*, **119**, 100601.

［4］ H. C. von Baeyer（2016）"QBISM: The Future of Quantum Physics", Harvard University Press.（＝松浦俊輔訳、木村元解説『QBism 量子×ベイズ：量子情報時代の新解釈』森北出版、2018年）

［5］ D. Mermin（2016）"Why Quark Rhymes with Pork: And Other Scientific Diversions", Cambridge University Press.

［6］ J. P. Lee et al.（2012）"Observation of Time-Reversal Violation in the B^0 Meson System", *Physical Review Letters*, **109**, 211801.

［7］ Y. Aharonov, P. Bergmann, and L. Lebowitz（1964）"Time Symmetry in the Quantum Process of Measurement", *Physical Review B*, **134**, 1410.

［8］ 筒井泉（2015）「量子力学と時間の逆行」『数理科学』2015年1月号48頁、サイエンス社。

[第2章◆コメント]
時間の「逆行」とはどのような現象か？

小山 虎

　本章で取り上げられている中心的な問題は「時間の矢」の問題である。2.3節で説明されているように、物理学では、時間が流れる方向をどちらか一方に限定する理由は、とりたてて見出されない、つまり、時間が順行する運動も逆行する運動も許容される。これは古典力学でも量子力学でも同じである。そして2.4節では、時間対称性（時間の順行と逆行が許されること）の意義が、時間対称的な量子力学の観点から説明される。
　ここで考えてみたいのは、この「逆行」が具体的にはどういうことを意味するかである。端的に述べると、異なる現象が同じ「逆行」という言葉を用いて言及されているために、どのような「逆行」を許容すべきなのかが見えづらくなっているのではないか、と思われるのである。
　運動方程式については、時間対称的であるがゆえに時間 t に関する解がある時はその時間反転 $-t$ に関する解もある、ということに尽きるように思われる。そしてこれの意味するところが、時間の逆行した運動だとされる（本書74頁）。しかし、それ以降で述べられていることは、厳密な意味では時間の逆行した運動のようには見えない。また、「逆行」の明確化は時間の矢の問題にとって必要ではないかと思われる。以下、エントロピー増大則と時間対称的な量子力学について、この点を説明する。

1　エントロピー増大則と「逆行」

　2.3.2節ではエントロピー増大則にもとづく「時間の矢」の説明が検討される。時間の矢の向きがエントロピーの増大と一致しているという話はよく耳にするが、本章では、エントロピー増大則にもとづいて時間の矢を説明することは現時点では困難だとされる。その理由として挙げられているのは、まず、統計力学的（ギブス）エントロピーに関しては、①自由度が小さい系には適用できない（マクロになればなるほど時間は順行する？）、②非孤立系ではエントロピーの増大則が成り立たない（時間が逆行する？）、③エントロピーが変化しなく

ても可能な、局所的ゆらぎによるミクロな状態変化を記述するためのパラメーターが必要（エントロピーの変化なしの時間？）の二つであり、量子力学的（フォン・ノイマン）エントロピーに関しては、量子力学の解釈問題に依存するが（主観確率か客観確率か、情報解釈か多世界解釈か、など）、統一的な見解がないということが挙げられている。

　このなかで「逆行」に関連するのは②である。もしエントロピーの増大と時間の向きを同一視し、エントロピーの減少する非孤立系では時間が逆行していると単純に考えると、次のような問題が生じるように思われる。まず、ある系を観測し、t_0 から t_1 まではエントロピーが増大したが、t_1 から t_2 までは減少して、t_0 と t_2 ではエントロピーに差はなかったとする。このとき、この系では t_0 から t_1 では時間は順行し、t_1 から t_2 では逆行したのだとすると、時間は t_0 から t_1 にかけて進んだあと、もとに戻っていったと解釈するのが自然なように見える（空間で考えると、道路を順行したあとに逆行すれば同じところを戻っていくことになる）。しかし、エントロピーの減少に転じたからといって、それ以前に起きたことが逆順に発生するとは限らない（おそらくそちらの方が稀である）。よって、あたかも動画を逆再生したようにもとに戻っていくことはない。つまり、時間は逆行していても、そのあいだに生じるプロセスは以前とは多少なりとも異なっているはずである。ということは、この系で起きた時間の「逆行」は、同じ道路を逆向きに進むのとはなにか異なるタイプの「逆行」だということになる。このこと自体に問題はないかもしれないが、具体的にどのような点で異なっているかは問題となる。

　一つ考えられるのは、新たな次元を追加し、t_1 から t_2 にかけては、その追加次元上での移動が行われているとすることである（これは、エントロピー以外のパラメーターを導入するという点で上記の③と類似している）。だが、これを「逆行」と呼ぶのは混乱のもとである。道路を順行したあと、逆行すると同時に上昇するのは、ある意味で「逆行」と呼んでもよいかもしれないが、純粋な逆行とは明らかに区別可能であり、同じ「逆行」と呼ぶメリットもとくに見あたらない（むしろ、円運動が次元を減らせば往復運動のように見えるのと同じように、次元を減らした結果として生じる、見た目だけの逆行とみなす方が適切であろう）。

　この「逆行」の問題が生じないようにするには次の三つの方法が思い浮かぶ。①孤立系だけに限定する、②時間の「逆行」にはかならず別次元における変化

が伴うため、文字通りの「逆行」（動画の逆再生のような現象）は生じない、③エントロピーの減少が生じないような量子力学の解釈だけを認める、しかし、①と②については、そのように限定する独立の根拠があるのかという疑問があり、③についても、具体的にそんな解釈が存在するのかという疑問がある（主観確率や情報解釈を採用しても、それだけではエントロピーの減少が生じなくなる理由はとくにないと思われる）。

　しかし、ここで注目すべきは次のことである。エントロピー増大則にもとづいて時間の矢の向きを特徴づけた場合、このようなエントロピーの減少が生じる（非孤立）系における運動は、上述の「時間の逆行した運動」と無関係である。エントロピーの減少は、測定器の系では時間が順行していることを要求する（もし測定器の系でも時間が逆行しているのであれば、エントロピーが増える方向と時間の矢の向きは一致するため、測定されたエントロピーは時間とともに増大する）。測定器の系では時間が順行しているのだから、問題の運動を記述するときは、測定対象の系でエントロピーが減少していることは無視して、測定器の系における時間を用いればよい（運動方程式は時間対称的なのだから）。つまり、エントロピー増大則にもとづいて時間の矢の向きの理論を作ったとしても、時間が逆行する運動を認める積極的根拠は与えられない。なぜなら、その運動はつねに時間が順行した運動とみなすことができるからである。

　以上の議論をまとめると、エントロピーの減少は、動画の逆再生のような「逆行」と同一視することはできず、エントロピーの減少と同じ向きの運動を、時間が逆行する運動とみなす積極的な理由もない。このことから、エントロピー増大則によって時間の矢の向きを説明するのが困難だと結論してよいだろう（本章で述べられていることとも矛盾しない）。しかし、上記の議論では、運動方程式が許容している「時間の逆行した運動」が動画の逆再生のような現象であることを前提としている。これ以外の解釈も当然可能である（実際、以下で述べるように、2.4節で取り上げられる時間対称的な量子力学では別の解釈がなされていると思われる）。よって疑問に思われるのは、エントロピー増大則によって時間の矢の向きを説明しようとするのであれば、まず運動方程式が許容する「逆行」を明確化する必要があるのではないか、ということである。

2 時間対称的な量子力学と「逆行」

2.4節で取り上げられる時間対称的な量子力学の定式化の興味深い点は、上述のような動画の逆再生とは明らかに異なる「逆行」が考えられていることである。時間対称的な量子力学では、事前選択状態は時間的に順行し、事後選択状態は逆行すると述べられている（図2.1）。これはエントロピー増大則によって説明されようとしていた「系の」順行や逆行とは異なる。むしろ、事前選択状態と事後選択状態という二つの状態がどちらも（逆向きに）時間発展するということであり、単一の系において順行と逆行の両方が一緒に（時間的な表現を使ってよければ、「同時に」）起きている、ということのように思われる。

この「順行と逆行の両方が一緒に起きる」を、「同時に」のような時間的な表現なしで的確に表現するのは困難だと思われる。しかし、因果を用いれば容易に表現できる。本章では因果に関する言及は（深読みすると意図的に）なされていないが、弱値は事前選択状態と事後選択状態の両方から因果的影響を受けるといってもよいように思われる（ここで考えているのは決定論的因果関係ではなく、非決定論的な確率にもとづく因果関係である [1]）。すると、ここで見られる順行と逆行は、時間の矢の向きではなく、因果の矢の向きとして解釈できる。

ここには二つの選択肢があるように思われる。一つは、時間の矢と因果の矢を区別し、時間対称的な量子力学では因果の矢の向きが対称的で、時間の矢の向きに対して順行する因果過程と逆行する因果過程の両方が存在するとすることである。もう一つは、時間の矢と因果の矢はつねに一致しており、ある一つの運動が時間を順行する運動でもあり、かつ同時に時間を逆行する運動でもあるとすることである。

前者の場合、時間対称的な量子力学は、じつは因果が時間対称的であるだけで、時間そのものは非対称でなければならない（そうでないと因果の矢の向きが対称的であるといえなくなる）。つまり、時間の矢の向きの非対称性は説明されないままとなる。

後者の場合、時間の矢の向きを因果の矢の向きによって説明するという方向が可能となる。哲学的時間論では、時間の矢の向きを因果の矢の向きから説明する「因果説」は古典的立場の一つである。ただし、哲学的因果論では、逆に因果の矢の向きを時間の矢の向きから説明するのが標準的であるため、因果説

を支持する論者はほとんどいないのが現状である。しかし、本章で述べられているように、時間の矢の向きを物理学的観点から説明するのが難しいのであれば、因果説には検討する価値があるのではないだろうか。

　因果は哲学の領域でしか扱えない不明瞭な概念だと思われているかもしれない。しかし、それは19世紀の話である。現代ではさまざまな社会科学の発展により、確率にもとづく因果理論が整備されている。なかでもよく知られているのが「因果ベイズネット（Causal Bayesian Network）」と呼ばれるものである（「ベイズ」という言葉が含まれているが、ベイズ主義や主観確率を前提しない理論であることには注意されたい）。

　因果ベイズネットでは、因果的影響関係は非巡回有向グラフで表現され、各ノードは確率変数と対応する。よって、弱値を事前選択状態であるノードと事後選択状態であるノードの両方から影響を受けるノードとして表すことができる。こうした手法がどの程度妥当かは判断しかねるが、少なくとも、弱値を逆行する因果発展によって説明されるとみなして因果ベイズネットで表現している論文をarXiv等で見つけることができるため、明らかに適用不可能ということはないだろう。

　注意すべきなのは、因果ベイズネットを用いるからといって、因果を確率に還元できるわけではないという点である。むしろ、確率への還元は不可能だと考える方が妥当に思われる［2］。つまり、因果ベイズネットは、適切な因果構造を仮定することが必要である。そして、時間の矢の向きが因果の矢の向きによって説明されるとするのであれば、この因果構造は時間の構造でもある。つまり、逆行する因果過程を許容する因果構造はどのような条件を満たす必要があるかが特定できれば、時間の構造に課される条件も特定できるということになる。

　健全な物理学者の態度としては、因果は直接考察の対象とするのではなく、距離を取るべきものなのかもしれない。しかし、因果理論が整備された現代では、むしろこうした成果を積極的に取り込むべきなのではないだろうか。少なくとも、上述のように因果ベイズネットを用いて時間対称的な量子力学を考えることは、時間の矢の向きを考える新たな観点を提供してくれるように思われる。

参考文献

[1] Hitchcock, Christopher, "Probabilistic Causation", *The Stanford Encyclopedia of Philosophy* (Fall 2018 Edition), Edward N. Zalta (ed.), URL=〈https://plato.stanford.edu/archives/fall2018/entries/causationprobabilistic/〉.

[2] 大塚淳（2010）「ベイズネットから見た因果と確率」、『科学基礎論研究』、38(1), 39-47, 2010。

[第2章◆リプライ]
量子力学での因果関係と哲学的視点

筒井 泉

　小山虎氏のコメントは、本章「時間の問題と現代物理」で触れたエントロピーの増大則と時間の逆行との差異、および時間対称的な量子力学における時間の逆行と因果の問題に関するものである。これらはいずれも興味深い点であり、以下、個別に私見を述べることにする。

1　時間の逆行とスケール

　本章で述べたように、物理学では物理系の状態変化を記述する物指し（パラメーター）として「時間」という概念が導入されており、それゆえ時間の逆行とは状態変化が我々が実際に観察する変化とは逆の方向に変化する場合を指すことになる[1]。ここで問題になるのは時間を論じる際に考察すべき物理系とはなにかということであるが、時間という概念が物理現象を記述する上で最も基本的な要素であることから、物理系としても考えうる最も基本的なもの、すなわち素粒子レベルのミクロな系を対象として想定することが多い。これは、それより大きなスケールの物理系は原理的には素粒子とその相互作用によって記述されるだろうから、素粒子レベルでの時間の概念がすべてを支配するという考えにもとづく。本章の時間の逆行の議論も、それが古典力学であれ量子力学であれそのようなミクロな系を念頭に置いたものであり、そしてその結論は、認識されるような通常の意味での時間の逆行については否定的なものであった。
　一方、時間が順行のみかそれとも逆行もありうるかという「時間の矢」の問題を論じるにあたり、本章では熱力学的な物理系に定義されるエントロピーとその増大則にもとづく議論をいくつか紹介した。この観点は（古典的な）物理系に対してマクロ的なレベルでの状態記述を行い、エントロピーという量を指標に、その状態変化の方向性と時間の経過の方向性とを関連づけようとするものである。しかし、これはミクロ的なレベルでの状態記述を捨象することでなされるから、もしこれに並行してミクロ的なレベルでの状態変化にもとづく時間の順行、逆行をも論じるとすれば、先のマクロでの結論とのあいだに齟齬が

生じる可能性がある。小山氏が「逆行の意味を明確化する必要がある」と書かれているのは、概してこの問題を念頭においたものだと推察されるが、これはもっともな観点である。

しかしこの観点を積極的に推し進めるには、「時間の矢」を定義するにあたり、現象を観察するスケールに応じてこれを行うという立場をより精密に規定することが求められる。あらゆる自然現象は、どのスケールで観察し記述するかによってその法則の表現が異なる。扱われる物理量はスケールに固有なものとなり（たとえば対象系が気体の場合、ミクロレベルではおのおのの気体分子の運動を扱うが、マクロレベルでは全系の気圧や体積の変化などを扱う）、さらにそれらの物理量の実在そのものもスケールに依存することになる。そしていずれかのスケールにおいて、人間の時間認識との調和が成立するかを論じることも考えられよう。それは畢竟、物理学の上ではスケールに依存した有効理論的な時間概念に、哲学の上では認識論的な時間概念につながることになるのかもしれない。

2　時間の矢と因果の矢

量子力学の時間対称形式における時間の順行、逆行の問題は研究者間においても論争が継続中であって筆者もこれに関与しているが、いまだ結論が得られる段階でなく、また技術的な面を含むので、ここでは論じないことにする。そのかわり、拙論において（小山氏が明察されたように意図的に）言及するのを避けた「因果」の問題について、少しばかり触れることにしたい。

小山氏のコメントでは、時間の矢の向きを因果の矢の向きから説明する「因果説」の最近の試みとしての『因果ベイズネット』が言及されている。引用された文献（小山氏のコメントの文献[2]）を瞥見した限りでは、複数の事象のあいだに個別に確率的な相関を割り当て、これらに条件つき確率の独立条件を援用し、導かれた独立性の性質を吟味することで因果関係を定めようとする試みのように見受けられる。その詳細は承知しないが、適当な「介入」を通して事象が因果関係にあると判定されるための（「直接原因」と呼ばれる）要件などは、まったく合理的なもののように思われる。そしてこのための「原因と結果を媒介する実在的構造」を必要とするという観察は、物理的にも穏当なものである。

しかし筆者には、これらの議論は時間をあらわに取り扱わないようにしてい

図2.2 連鎖的な因果関係。時刻 t_A と t_B との間の時間間隔の中の任意の時刻 t における事象 $X(t)$ が存在し、$t=t_A$ での事象 A とのあいだの完全相関が観測される場合には、t を連続的に t_B に移行させることで、$t=t_B$ での事象 B とのあいだの因果関係が確認できる。

るだけで、結局のところ、事象間の絶対的な時間的順序の存在を暗黙の前提としている[2]ように見える。これは連続的な意味での時間の矢ではないが、もし上で述べた「原因と結果を媒介する実在的構造」が、究極的には連続的なものにならざるをえないとすれば、それは時間の矢を定めることと等しくなるだろう。しかしこれらは筆者の誤解かも知れないから、これ以上は追究しない。むしろこの議論に意味をもたせるために、物理学で前提としている連続的な時間が与えられた場合の因果関係の確証の試みについて、少しばかり述べておくことにしよう。

まず図2.2にあるように、観測されうる事象 A と事象 B があり、それらは（簡単のため）完全に相関しているとする。すなわち、事象 A が観測されたとき、確率1でかならず事象 B も観測される。さらにこれらの事象間には絶対的な時間順序があり、A が観測される時刻 t_A は、かならず B が観測される時刻 t_B よりも前である $t_A<t_B$ こととする。したがって A は B の原因であった可能性がある。もちろん、これらに先立つ事象 C が存在し、実際はそれが A と B の両者の共通原因であった可能性もあるから、上の事実からのみ A が B の原因であったと結論づけることはできない。

ここで、A と B のあいだに連鎖的な一連の事象 X があって、それらが t_A と t_B で区切られた時間間隔の中の任意の時刻 t で連続的に指定され、かつどの時刻での事象 $X=X(t)$ に対しても、A との完全相関が観測によって確認できる場合を考える。A と B は時間間隔の両端にあって $X(t_A)=A$、$X(t_B)=B$ と書くことができるから、この場合は時刻 t を連続的に t_B に近づけることで、連続的に事象 A と B とのあいだの因果関係が確証できるとしてよいだろう。こ

れは前述の「原因と結果を媒介する実在的構造に対応するもの」を最も単純にモデル化したものである。実際、古典力学における粒子の運動にはこのような意味で因果関係のある中間状態が連続的に存在し、それらを（原理的には）相関に影響を与えずに観測することができることを暗黙の前提として、運動の始状態と終状態は因果関係にあるとみなしている。

　残念ながら、このような因果関係の成立する状況設定を量子状態に適用することはできない。なぜなら、中間時刻での完全相関の確証を行うための観測が量子系の状態に無視できない影響を与えてしまうために、その後の時刻の事象に影響を及ぼしてしまうからである。つまり、任意に選んだ時刻 t での事象 $X(t)$ と A との相関は確認できるが、その結果、時刻 t 以後の事象はこれに影響され、その結果、あるべき事象 B が観測されず、A と B との完全相関が成立しなくなる可能性がある。これは、量子力学における状態変化に対して厳密に因果関係を定義するためには、上の連続的な完全相関の確証条件を放棄しなければならないことを示唆する。代替案としては、実際は実行しないけれども、もし望めば任意の時刻で完全相関を確証することができるという、仮想的確証の条件に緩めることが考えられよう。量子力学ではこの仮想的確証の条件は満たされているから、この条件下では量子的にも A と B のあいだの因果関係は成立するとしてよさそうに見える。

　この考えの是非を議論するために、具体的な状況として、光子源 S から個別に生成された光子を検出器 D で観測する状況を考えよう。ここで S から D に至る経路の中間の任意の地点に検出器を置くことで、光子がどのような経路で検出器 D に到達しているのかを確認することができる（図 2.3 左）。つまり、先に述べた連続的な因果関係が確認できることから、S からの光子の発生と D での検出のあいだには因果関係が成立すると考えられる。ただし、経路の中間で実際に検出器を置いて観測すると、光子はその際に検出器に吸収されて最終地点の D に至らないから、この中間での確認作業は仮想的なものである。しかしこの仮想的確証の作業が光子という物理系とは独立に、観測者の「自由意志」において任意に行うことができるとするならば、この仮想的確証は実際の確証と等価であると考えてよいだろう。

　ここで、光子の経路の中間に光ビームを確率 1/2 で分配する分配器 BS を差し挟む場合を考えよう（図 2.3 右）。このとき、光子は検出器 D_1, D_2 のどちら

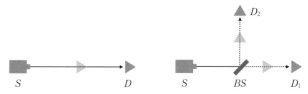

図 2.3 量子力学での状態相関の確認。光子源 S から射出された光子は、検出器 D を用いてたしかにその検出器のある地点に存在することが観測される（左図）。その光子が S から D まで直線的な経路を通って来たかどうかは、中間的な位置に検出器（薄く描いてある）を置くことで仮想的に確認できる。途中に光子ビームを確率 1/2 で二つの経路に分ける分配器 BS を差し挟んだ場合（右図）は、確率 1/2 で二つの検出器 D_1, D_2 のどちらかで光子が観測される。途中の経路上を光子が通ることを（仮想的に）確認することも同様に可能。

かで観測され、その確率はそれぞれ 1/2 となる。そして光子が分配器 BS を通過した後、右側か上側かのどちらの経路を通って来たかは、やはり中間に検出器を置くことで（仮想的にではあるが）確証できる。こうすればたしかに確率 1/2 で右側か上側のどちらかの経路を通っていることが確認できるから、確率的ではあるけれど、検出器 D_1 に光子が観測された場合は右側の経路を、検出器 D_2 に光子が観測された場合は上側の経路を通ったものとみなすことができ、したがってそれぞれの検出器での観測事象と光子源 S での光子発生事象とのあいだには因果関係があると結論づけることができそうである。

ところが周知のように量子状態には粒子と波動の二重性と呼ばれる奇妙な性質があり、これらの一見、もっともらしい結論が成立しなくなるのである。これを見るために、**図 2.4** のようにさらに分配器 1 個と鏡 2 個を追加して回路を組み、MZ（Mach-Zehnder）型干渉計と呼ばれる装置を作る。こうすると、二つ目の分配器 BS_2 に入射する光子は、下から来る場合と左から来る場合の二つの可能性（それぞれ確率は 1/2）があることになる。この二つの可能性によって量子力学的な干渉が生じるが、このとき装置の設定を調整することで、BS_2 を通過した光子はすべて検出器 D_2 に到達し、検出器 D_1 には到達しないようにすることができる。つまり、量子力学的な光子の波が D_2 の側では強め合い、D_1 の側では弱め合う干渉を起こさせるのである。さてこのとき、検出器 D_2 での光子の観測事象は、光子源 S での光子発生と因果関係があるといえ

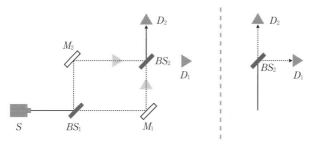

図 2.4 MZ 型干渉計での因果関係。途中に分配器 BS_1、BS_2、および光子を反射する鏡 M_1、M_2 を用意し、BS_2 を通過した光子を検出器で観測する。通過した光子は量子干渉の結果、検出器 D_2 でのみ観測されるが、これは中間状態として仮想的確証の可能な事象（右図はその一つ）とは矛盾する。

るだろうか。

ここで吟味すべき点は、中間状態との整合性である。図 2.3 の考察で、光子は右か上のどちらかの経路を確率 1/2 で通るものと判断した。もし下の分配器 BS_1 を通過した際に右側の経路から出たとすれば、その光子は鏡 M_1 に反射した後、下側から分配器 BS_2 に入るはずである（図 2.4 右）。そしてこのとき、光子は一度の測定に 1 個しか発生していないように実験装置を調整するならば、BS_2 に左側から入る光子は存在しない。このとき、BS_2 を通過した光子は上側か右側のどちらかに確率 1/2 で通過するから、二つの検出器 D_1, D_2 に等しい確率 1/2 で到達するはずである。一方、もし下の分配器 BS_1 を通過した際に上側の経路から出たとすれば、その光子は鏡 M_2 に反射した後、左側から分配器 BS_2 に入るから、このときも二つの検出器 D_1, D_2 には等しい確率 1/2 で到達するはずである。これらは仮想的確証の想定からの論理的帰結である。

ところが前述のように、実際の実験では量子干渉の結果、光子は検出器 D_2 のみで観測される。これは、分配器 BS_2 を置いたことが先に述べた仮想的確証の想定を無効にすることを示すものである。このため、中間状態として光子が BS_1 と BS_2 のあいだのど${}^\cdot$ち${}^\cdot$ら${}^\cdot$かの経路を通るという事象は仮想的なものに留まり、現実的なものではないということになる。仮想的な確証が現実のものではないならば、ここで述べた中間的な確証は不可能になるから、光子源 S での光子発生事象と D_2 での光子の観測事象とのあいだを因果関係で結ぶことはできなくなる。

以上で述べたことから、量子力学での因果関係については、少なくともここで試みた素朴な意味での中間状態の仮想的確証にもとづく議論では対処できないことがわかる[3]。仮想的確証の想定は観測者の「自由意志」の存在——これには観測者と物理系との独立性が必要になる——を前提とするものであるが、これはベル不等式が前提とする測定の自由選択の可能性とも関連し、量子力学における物理量の非実在性の根幹に関わる性格のものである。その意味でも、哲学的な視点から量子力学での因果関係を追究することには大きな意義があるものと思われる。

注
1) ブラックホールなど強い重力の関与する場合の一般相対性理論では、時間と空間に対する認識をあらためる必要が生じるが、ここではそれを論じない。
2) 『因果ベイズネット』では事象間の有向グラフを用いるが、これを構成するエッジは矢印で表現され、事象間に確率的相関を与えるだけでなく、その原因と結果の関係を（時間的順序を含意することで）定めている。
3) 物理量（の存在）は実験の状況に応じて議論すべしとするボーアの提唱したテーゼにもとづいて、量子力学的な因果律の整備などが試みられているが、はたしてそれらが納得できるものに仕上がるかどうかは未知数である。

第3章　現代物理学における「いま」

細谷暁夫

3.1　はじめに

　物理学者が書いた時間論としては、渡辺慧さんの『時』が古典です [1]。1948年出版なので私が生まれた頃に書き上げられたのでしょう。そのIV章に「物理的時間についての対話」があります。それは、常識人 A と物理学者 B の時間についての対話です。読み進むとわかるように、A の方がより知的で、B は対話を通じて物理的時間について、より整理された考えをするようになります。A はソクラテス的な意味で哲学者なのだと思います[1)]。この講演では、渡辺さんの「対話」を70年後の現代にタイムスリップさせたバージョンを物理学者として私が再現し、哲学者の皆様の突っ込みを誘おうと思います。

　「対話」は「我と観察」から始まっています[2)]。デカルトの「我思う故に我あり」に疑問を投げかける[3)]のですが、ここでは考えることも観察に含めて、我＝観察者と断じています。次に、実在するのは「いま」だけで、「過去」と「未来」は推定にすぎない、とする立場を表明しています。私も常識人としてそう思います[4)]。物理学者として、もう少し脇を固めた言い方をすると次のようになります。観察をして、その結果の情報処理をしたあとで原因を問うときに「過去」を推定しているのであり、観察の準備をし、その結果を推定するとき「未来」について予想しているのです。時刻は観察者のかたわらにある時計の読みのことです[5)]。このように物理的時間を整理すると、過去、現在、未来について混乱なく議論することができるとの指摘は70年経っても変わっていません。その意味で、「時空」という器を仮定して、その中で物質が運動しているという標準的な時空描像は、再考を要します。

3.2　「いま」について

　ジョン・ポーキンホーンが最近、「時間とは何か」という小文 [3] の中で、物理学には「いま」という概念がない、と指摘し、これは重大な欠点であると

述べています[6]。根拠は、たとえばニュートンの方程式においては、時刻 $t=0$ は特別な時刻ではない、というのです。70年前の渡辺さんの方がはるかに進んだ見方をしています。「物理的時間についての対話」で、渡辺さんは、いきなり「いま」の問題を、「観察」という「認識」の切り口から取りかかっています。情報理論と物理学の基本法則の統合を志した物理学者らしい時間論です。

3.3 古典論について

古典力学における時間について語る場合、ポーキングホーンのように、とかくニュートンの運動方程式、すなわち第2法則だけを取り上げるのはよくないと思うので、第1法則から第3法則まで含めて時間がどう扱われているか吟味しましょう。

時刻 t における質点の位置ベクトルを $\mathbf{r}(t)$ とすると、

第1法則 　質点は、力が作用しない限り、静止または等速直線運動する。

第2法則 　質点の加速度 $d^2\mathbf{r}(t)/dt^2$ は、それに働く力 $\mathbf{F}$ に比例し質量 m に反比例する。

$$\frac{d^2\mathbf{r}(t)}{dt^2} = \frac{\mathbf{F}}{m} \tag{3.1}$$

第3法則 　2個の質点1, 2のあいだに相互作用が働くとき、質点2から質点1に作用する力と、質点1から質点2に作用する力は、大きさが等しく、逆向きである。

第1法則は、力が作用しない限り等速運動するような座標系、すなわち慣性系の存在を宣言しています。ここには時間の向きはありません。第2法則は、その慣性系における運動方程式で、第3法則は少し微妙です。これは2体の衝突における運動量保存則にほかなりません。じつは、第3法則が物体の質量（比）を求める実験的手段を与え、第2法則の検証が可能になります。くわしくいうと、以下のように衝突後の速度から質量の比を割り出すことができます。

2体がはじめ1体として静止していたとします。力が働いて質量 m_1, m_2 の物体がそれぞれ速度 $\mathbf{v}_1$, $\mathbf{v}_2$ で運動したとしましょう。第2法則を積分すると、運動量保存則

$$m_1\mathbf{v}_1 + m_2\mathbf{v}_2 = 0 \tag{3.2}$$

となります。速度 $\mathbf{v}_1$, $\mathbf{v}_2$ を測定し比を取れば質量比 $m_1/m_2 = v_2/v_1$ が求まります。通常の教科書において、第3法則を検証公理とみなすことを書いているも

のは見あたりません[7]が、マッハの "The Science of Mechanics" [5] にはあります。それによると、ニュートンは実際に第3法則を用いて、物体の慣性質量を決めていったそうです。しかし、第3法則を使って質量比を決める手続きは時間を反転させても成立します。結局、運動法則のみならず実験検証の部分まで含めて古典力学は時間反転対称です[8]。あとで述べるように、量子力学の場合、測定に関する公理が時間反転対称を破っています。ある物理系において、時間反転した運動がもとの運動とまったく同じように出現するのであれば折り返し点である現在において、過去は確定的で未来は不確定であるという非対称は生じないでしょう。そのような場合に特別な「いま」はないでしょう。

3.4 動く時間

渡辺さんのいう「観測者」は、別の観測者から観測される対象でもあります。別の観測者から見れば、はじめの観測者は運動していて、彼の「いま」は動いているといってよいでしょう。この第二の観測者の存在はアインシュタインの特殊相対論において、異なる場所におかれた時計を合わせる思考実験では暗に仮定されています。後述するように、量子測定理論においてもそうです。そこでは、被測定系と測定器系が導入されますが、さらに測定器のメーターを読む存在を仮定しています。一般に観測者が複数あり、そのあいだになんらかの因果関係があるときに「我は動いている」という表現するのでしょう。

3.5 我の流れ

以下は『時』からの引用です。

A：第1に動く質点は自分の既に通った点をまた外に棄てて行きますが、「現在」は自分の通ったすべての変化を自分の内にのみこんで行きます。ですから、我にとっては過去は現在の内に蓄えられて行くのです。第2に動く質点は、これからさき自分の通るべき点をすべて定められているのです。ところが「現在」はこれから自分の通る変化を自分で自由に定めます。ですから、我にとって将来は自分の創造物です。こういうわけですから、我の流れの将来と過去とを逆転しようとすることは、全然性質の異なる2つのものをいれかえようとすることで意味のないことです。

B：もし、このように逆回転に映写して見られる現象が現実の物理現象にかなっていれば、かかる現象を可逆現象と申します。

私はこのやりとりにおけるBの回答は、「かなっていれば」の意味が定義されていないので、不十分と思います。映写して得られる動画は運動方程式の一つの解に対応しています。それを逆にまわした動画も運動方程式の解であれば「かなっている」ということになります。くわしく言いましょう。運動方程式が時間反転に対して対称であることは「ある解に対して時間の符号を変えたものも解となっていると」と言い換えることができます。この「動画の逆まわし」について、もう少し突っ込んで考えてみましょう。動画を逆まわしにすることが、時間を逆転することになるという言い方は時に見かけますが、変です。その横で奥さんが芋を煮ているという現実があるとします。動画の逆まわしをしている酔狂な物理学者（哲学者？）は、単に逆回しという非生産的なことをしているだけで時間を逆転させるなどという大それたことをしているわけではありません。事実、その間にも芋は茹であがるのです。穏当な言い方としては、動画を逆まわしして時間を逆転させた世界を想像している、というところでしょうか9)。

　一例を挙げれば、時間反転対称なアインシュタイン方程式を一様等方宇宙に適用すると、フリードマン方程式の解として膨張宇宙解が得られますが、収縮宇宙の解もあります。膨張解を選ぶのはハッブルの法則などの観測事実に根拠をおきますが、初期値がなぜ膨張解を選択したかはいまの科学では答えられません。一般に、一つの解だけを見ていれば、対称性が破れたかに見えることがありますが、それを対称変換したものも解であることが、じつは対称性の意味するところです。

　時間の一方向性を示すものとして渡辺さんを含めて多くの人が水槽にインクを一滴垂らす例を挙げます。インクは広がるけれども、それを逆まわしした現象、すなわちインクが再び集まる現象は起きないと。これについては、インクが再び集まる現象は「めったに起きない」、が正しい言い方と思います。もともとの基本方程式は時間反転に対して対称ですから、逆まわしした動画もあるはずです。ただ、その数がおそろしく少ないのです。ここで、物理現象を動画に撮ったときの本数をどう定義するかが問題になります。ビデオを初期値ごとに名前をつけましょう。ある粒子の初期値とは、その位置と速度によって決まります。連続値をとる初期値ごと連続的にビデオを撮影することは不可能ですから、初期値についてある幅をもたせてその範囲の初期値は同じ初期値とみなすことにします。位置と速度について、等間隔に区切り、碁盤

の目のような集合を想像してください。それを相空間といい、統計力学では重要な概念です。その碁盤の目一つひとつを初期値として粒子たちを運動させビデオに撮ります。このようにした、ビデオの膨大な集積の中から、インクが集まる動画を探すと1枚あるかないかである、というのがマクロな系の時間の一方向性の操作的な表現です。ここで、相空間における碁盤の目一つに対して一つのビデオを撮ることが仮定されています。この平等性は証明できることではないので、「等重率」という名前の統計力学の基礎的仮定になっています [7]。

このあたりで渡辺さんは、これまで論じてきた「現実的我」に対して（やや唐突に）「抽象的我」を論じています。アインシュタインの特殊相対論に関する 1905 年の論文のように、時計合わせのような操作的な論法によってローレンツ変換を導くやり方における観測者は「現実的我」で、一般相対論あるいは教科書的な相対論の教科書にあるような時空多様体を前提とした議論は、どこかに「神の視点」があり、「抽象的我」による議論なのかもしれません。

3.6　物理的時間

> A：……古典物理学的な時間というのは「時」と名をつけるのさえ僭越なくらい我々の直接体験する「時」とはかけ離れた別物です……古典物理学的時間は結局空間的な方法で定めるものですから、将来と過去の間に本質的な相違があるはずがありません。
> B：私の考えでは最近の物理学はちゃんと現在に相当する概念を持っております。それは一番最初に申し上げた「観測」という概念です。しかして、この観測というものが古典的時間の間に出て来て、そこにあなたの言われるような本質的な不可逆性を招来するのです。

渡辺さんは、この短い節に、この本の「時」についての論点を凝縮させています。当然ながら「観測」行為を正確に定義しないといけません。私は、物理の実験には「観測と記録」→「記録の消去」→「観測と記録」の繰り返しがあると思います。普通はまんなかの「記録の消去」は明示的に挙げませんが、暗々裏に入っています。さもないと自然の発展を記述するのにあっという間にメモリーパンクを起こすでしょう。「記録の消去」には、このような消極的な意味のほかに、次の V 章のテーマであるエントロピー増大と直接関係してきます。この記憶の消去、つまり「忘却」が不可逆な物理の根底にあり、情報科学と物理学の接点でもあるという現代的理解までは、渡辺さんは見抜いてはいなかっ

たようです。

　古典物理における時間概念が空間概念に頼っているというのは、単純には時刻が時計の針の位置を意味していることからもわかります。だからこそ「逆まわし」などという表現がありうるのです。さらに、アインシュタインの特殊相対論では、異なる場所に置いた2個の時計を合わせることを光の交信で行うことで、異なる慣性系のあいだの座標変換において時間と空間が対等に扱われること自体は（結果のローレンツ変換の式を見なくとも）予測はつきます。

3.7　古典物理学における不可逆性

　『時』V章で渡辺さんは、古典力学における熱力学第2法則すなわちエントロピー増大則を本質的なものではなく、たんに確率的なものであると述べています。私の意見では、これは勇み足です。渡辺さん自身が、頻度確率を拡張した「傾向確率」を提唱しているように、その確率の意味こそが、古典においても量子においても謎であることを強調しておきたいと思います。しかも、次章の「観測者の知識」は古典論の段階でも第2法則の要です。古典論というと前々世紀の問題であるように思うかも知れませんが、じつは最近その理解が「マクスウェルの悪魔」の文脈で進歩しましたので、渡辺さんの本をしばらく離れて解説します。

3.8　観測者の知識——古典論

　観測者はあらかじめ定められたプロトコルにしたがって実験をします。そのプロトコルは一般に測定と記録の連鎖からなります。ある物理量を測定しその値 X を記録し、その値 X 次第で次の仕事の作業を変えるのです。これの連鎖を熱機関に応用する場合には、1サイクルの作業を終えた段階で状態を始めに戻す必要があります。この始状態に戻すところが、微妙ではありますが、重要なポイントです。それは、作業に使ったメモリは1サイクルごとにリセットしないと、真の意味でもとの状態に戻ったことにならない点にあります。このメモリリセットの重要性は戦後にランダウアーとベネットによって認識されました。その当時、渡辺さんは彼らの仕事をIBMの研究所で聞いていたはずですが……。

　1ビットのメモリリセットのモデルを取り上げましょう。図3.1に示すように、それは温度 T の熱浴中のシリンダーで、まんなかに可動式の仕切りがあ

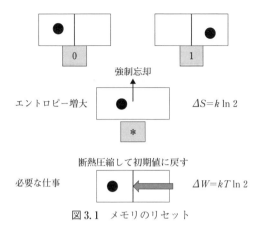

図 3.1　メモリのリセット

ります。シリンダーの中に分子1個が入っていて、仕切りの左にあれば表示を0、右にあれば1であるとして、1ビットの情報を記録します。そのメモリを測定して、結果が0か1かで、次の操作を変えるものとします。1サイクルの作業が終わってメモリをリセットします。具体的には0であろうと1であろうと、有無を言わさず0にするのです。このことは一見すると考えるまでもない簡単なことのように思えます。0だったら、そのままにし、1だったらメモリシリンダーを180度まわして0にすればよいではないか、と。これは駄目です。180度まわす作業をするのに、別のメモリに1が記録されていないと命令ができなく自動機械は動きません。この別のメモリを消す必要がでてきて、メモリの永久後退になりリセットはいつまでたっても完遂しません。測定結果を完全に忘却してから、0の状態にもっていく必要があります。

　その忘却として、中の仕切りを抜いてやります（このためには仕事をする必要がありません）。すると、分子はシリンダーの体積 V のどこにいるかは不明になります。これを忘却と呼びましょう。この忘却による熱力学的エントロピーの増加は

$$\Delta S = k_B \left[\log V - \log \frac{V}{2} \right] = k_B \log 2 \qquad (3.3)$$

です。ここに k_B はボルツマン定数です。次に、ピストンを左から押してシリンダーを半分にします。そのためには1分子ガスを半分に圧縮するのに必要な系に対する仕事はボイル・シャルルの法則から

$$\Delta W = -\int_V^{V/2} p dV = k_B T \log 2 \tag{3.4}$$

となります。

まとめると、観測者はメモリをリセットするのに $k_B \log 2$ だけエントロピーを増加させ、系に仕事 $k_B T \log 2$ をしなければならないのです。この $\log 2$ が1ビットの情報エントロピーと一致することは、情報理論との関係で興味深いことです。

3.9 シラードエンジンとマクスウェルの悪魔 [17]

1867年に、マクスウェルがテート（P. G. Tait）に宛てた手紙の中ではじめて言及し、1871年の教科書『Theory of Heat』の末尾で触れている熱力学第2法則を破るかもしれないかの有名なるマクスウェルの悪魔です。この悪魔についての理解が深まったのは、1929年のシラード（L. Szilard）の論文 [15] からです[10]。

シラードは、問題を簡単化して、分子が1個だけ入っている温度 T の熱浴と接触しているシリンダーを考えました。シリンダーのまんなかには必要に応じて仕切を取りつけることができるとします。その仕切にはひもを取りつけ、そのひもの先にはおもりがぶら下がっているとします。この設定のもとに、以下の操作を考えましょう。

① 温度 T の熱浴と接触している長さ V、単位断面積のシリンダーに分子が1個だけ入っている状態を初期状態とする。
② まんなかに仕切を挿入する。
③ 悪魔が、仕切のどちら側に分子があるかを観測して判定して記録する。左ならば0、右ならば1とメモリに書き込む。
④ そのメモリが1であれば、仕切を左の方向に準静的に左の端まで移動する。0とあれば、反対に仕切を右の方向に準静的に右の端まで移動する。いずれにしても、分子が仕切を多数回たたくことによる圧力が仕切を押し、重りを持ち上げる仕事をします。
⑤ いずれの場合にも、シリンダーの状態は①に戻る。

一見すると、上のサイクルを繰り返すと第2種永久機関ができるような気がします。熱源が一つしかないのにエンジンが外界に仕事をすることになり、ケルビンの原理に反し、第2法則を破っています。実際、等温過程④による仕事

図 3.2 マクスウェルの悪魔。悪魔は、左から速い分子が来たときだけ小窓を開けて右の部屋に通す。長時間後には右の部屋の温度が上がる。熱力学第 2 法則に反するように見える。

を計算すると

$$W = \int_{V/2}^{V} pdV = k_B T \log 2 \tag{3.5}$$

ここで、圧力 P に対する温度 T の理想気体の状態方程式

$$pV = k_B T$$

を用いました。

シラードは熱力学第 2 法則を救うためには、悪魔の操作が $k_B T \log 2$ 以上の仕事を要するはずだと考えました。その後、1947 年にブリリアン（L. Brillioun）[11] が、物理的なエントロピーとシャノンの意味の情報エントロピーを大胆にも同一視して、悪魔の行う観測にはエントロピーの増大が伴うという主張をして、賛否を含めて多くの物理学者に議論を引き起こしました。そのなかで、ランダウアー（R. Landauer）[10] とベネット（C. H. Bennett）[13] の仕事により、悪魔の行う左右の判定は可逆でありエントロピーの発生を伴わないけれども、判定を行った悪魔のメモリをリセットするためにエントロピーの発生が起きることを明らかにして、問題の核心がピンポイントされたことはすでに述べました。

メモリをリセットするために必要な仕事は、シラードエンジンが外界に対してする仕事を相殺します。同様に、シラードエンジンにおけるエントロピーの減少はメモリの消去（忘却）による増加と相殺します。これでマクスウェルの悪魔のパラドクスは解消しました。

悪魔が知的な作業をするときにも、仕事をする必要があるというのが、この思考実験の「落ち」になっています[11]。

このマクスウェルの悪魔のパラドクスの解消と時間の問題の関係を考えまし

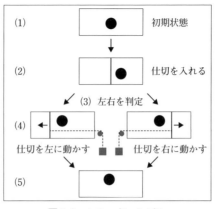

図 3.3　シラードエンジン

ょう。ポイントは「忘却」にあるように思います。忘却は明らかに普通語としても上に述べたモデルにおいても不可逆過程です。

3.9.1　マクスウェルの悪魔の「いま」

　物理学以前の常識として、過去は記録にすぎなく未来は不確定で、その分水嶺にあるのが現在です。ここで、マクスウェルの悪魔の枠組みで、「過去・現在・未来」の問題を考えてみましょう。それにより、心理的考察を排除した扱いができます。シラードエンジンの図 3.3 の中に悪魔のメモリ状態を書き込みましょう。A を現在とすると、記録された過去の状態は $|0\rangle$ であり、未来の状態については、エンジンのシリンダーの状態を観測する前には $|0\rangle$ か $|1\rangle$ のどちらかになるかわからないのでまさに上記の「過去・現在・未来」についての直観通りになっています。このメモリはそのまま残しておいて、その右に B の状態を書き込みましょう。すると分子が仕切の左にある場合は $|0\rangle|0\rangle$、右にある場合のメモリは $|0\rangle|1\rangle$ となります。B を現在とすると、設定により過去 A の状態が $|0\rangle$ と読み取れます。B' を現在とすると、メモリは $|0\rangle|0\rangle|0\rangle$ か $|0\rangle|1\rangle|1\rangle$ となり過去を読み取れますが、当然ながら B の状態に一致します。その未来は C における強制"忘却"によりまったく不定です。エンジンの場合、サイクルを閉じさせるために C でメモリをリセットしたものと A の状態とは同一視されます。

　渡辺さんのように、「いま」に観測の概念を含ませると、現在らしい現在は A だけで、B, B' はその惰性的延長であり、力学的時間発展と同質のものです。

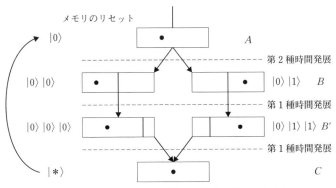

図 3.4　マクスウェルの悪魔の「過去・現在・未来」

C は振り出し A に戻すためのステップで未来は新規巻き直しです。このようにメモリを各ステップで上書きするのではなく、追加すると、メモリを消去するとき、余計にたくさん消去する必要がありそうですが、冗長になっているところをシャノンの意味で情報圧縮すればいままでの議論に変更はありません。

このモデルだと、現在の観測者にとっての過去とは、脇においた記録にすぎないことになります。記録自体は現在のものです。未来はそのデータからなんらかの仮説にもとづいて推定した想像上のもの、ということになります。これはほぼ歴史家の観点に近いように思います[12]。ここまできて、シラードエンジンと悪魔の時間発展に2種類あることに気づきます。一つは $B \to B'$ のように、運動方程式に従う「散文的な変化」です。第1種の時間発展と呼びましょう。もう一つは、$A \to B$ のように観測に伴うもので過去は確定しているが未来は未確定であるような状況の劇的変化です。これを第2種の時間発展と呼びましょう。量子力学においても、この2種類の時間発展があるので、これからそれを見ましょう。

3.10　観測者の知識——量子論

しばらく、対話を中断していましたが、『時』の IV 章から続けましょう。量子力学の公理は、記述が数学的なので、付録に掲げておきました。第4の測定公理が量子力学のハミルトニアン H に関する検証公理になっています。古典力学における第3法則が、力 F に関する検証公理になっていることと対応しています。

第3章　現代物理学における「いま」　109

3.10.1　純粋状態と混合状態

A：……古典物理学におけり時間の不可逆性は単に確率的なものだったのですね。何か後からつけ足したような制限ですね。

B：そうです。ところが量子物理学が発達するとともにエントロピー増大の法則は別の見地から理解されるようになりました。我々の観測の結果は我々が対象について持っている知識です。物理学者に言わせると、この知識には2種類あるのです。一つは細視的知識と申します。その細視的知識の内容を記号で Ψ と記します。（いわゆる波動関数、状態関数とよばれるもの）

　私が少し解説をしましょう。ここで、記号 Ψ で表される細視的状態は純粋状態とも呼ばれ、最も詳細な情報を含んでいます。それであっても、その位置情報と運動量情報にはそれぞれ広がりがあります。それぞれの標準偏差を $\sigma(x)$ と $\sigma(p)$ と書きましょう。それらには、不等式 $\sigma(x)\sigma(p) \geq \hbar/2$ が成り立ちます。じつは、このことが相空間の面積の最小単位を与えています。古典論だけでは状態の数を数えることができなく量子論を必要とすることは興味深いことです[13]。この純粋状態の時間発展はシュレーディンガー方程式に従います。

　一方、現実の実験設定では量子状態を一つの純粋状態に絞り込めない場合が多いのです。そのときには、たとえば Ψ_1 にある確率が p_1 で、Ψ_2 にある確率が p_2 ……などと表現するしかありません。このような状態を混合状態といいます。混合状態はかならずしも巨視的な状態とは限りません。実験上の制約を考慮にいれた状態の表現と考えるべきものです。この点において、混合状態を巨視的状態と渡辺さんが呼んだのは不適切と思います。さらに、密度演算子から定義されたフォン・ノイマンエントロピーそのものを状態の不確実さそのものとすると、知識量が操作的に定義されていないので、不十分です。

3.10.2　完全正写像

　量子力学の観測公理と確率解釈により、測定後の状態は一般に混合状態になります。現実には、実験前の知見は完全でありえないので、混合状態から始まり別の混合状態に終わるでしょう。数学的にいえば、密度演算子から密度演算子への写像を考えますが、その写像に対して「完全正値」という物理的な条件を課します。

　密度演算子 ρ の固有値は固有状態が実現する確率を意味するので正値です。

それが ρ' に写像されるとします。ρ' の固有値も正でなければなりません。正の固有値をもつ演算子から正の固有値をもつ演算子への写像を正写像といいます。現実の実験系にはかならずその外の世界があります。実際の物理操作に対応する写像は外の世界の状態を変えないはずです。完全正写像とは外の世界がどうであろうと上記の拡張された写像が正であることを要求するものです。密度演算子に対する物理的な写像が正写像であるのは当然であり、完全正写像の要求も自然と思えます。一見すると、このような自明なことからなにか非自明なことが導ける気がしませんが、じつはこのことから最も一般的な量子測定が性格づけられます。

最も一般的な量子測定は、①被測定系 S と測定器系 M を相互作用させ全体がユニタリー発展をする、②測定器系 M の状態を読み取る、③M の読み取りによる被測定器系 S の状態を確率的に予言することに帰着します。これを量子測定モデルと呼びます（図 3.5）。この完全正写像により、「すべての可能な測定の集合」が定義できることが重要です。小澤正直さんはこの量子測定理論にもとづいて、どんな測定をしても免れることのできない、被測定量 A の誤差とそれと非可換の量 B の擾乱のあいだに成り立つ不等式を証明したのです [19]。これは有名なハイゼンベルグの不確定性関係を、一般的な測定の場合に捉え直したものです。

念のために注意を喚起しますが、誤差とは測定器の読みと被測定量 A の測定行為以前（以後ではない！）の値の差の平均です。B の擾乱の方は、測定以前と以後の値の平均的な差です [19]。

観測には一定の時間がかかるわけですが、ここで「いま」とは観測開始の瞬間なのか観測終了時なのか気になります。どちらでもありうるのですが、終了

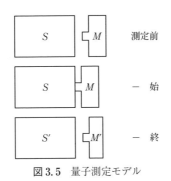

図 3.5　量子測定モデル

時と約束しておきましょう。その場合、注意しなければならないことは、測定器の記録は現在の値であり、それから推定する物理量の値は測定行為により乱される前の測定直前の過去のものであることです。

3.10.3 完全正値写像と時間

　一般量子測定における時間発展には2段階になっていることに注意しましょう。第1段階は被測定系Sと測定器系Mのユニタリーな時間発展で第2段階は測定器Bの読みに伴う被測定器系の"状態の変化"です。この"状態の変化"は物理的な変化というよりは、測定により知識の量が増えたために状態記述の設定が変わったためです。前に、密度演算子は現実にそこにある状態を記述しているのではなく、実験上の制約下での記述であると述べましたが、測定結果を知ったことによってその制約条件が変わったためです。短くいうと情報の追加が状態を書き変えたのです。その歴史は測定器の読みに記録されています。

　この時間発展の論理的構造は熱力学の場合のマクスウェルの悪魔のときと外形的にまったく同じです。

3.10.4 宇宙についての完全正値写像と時間

　前に、宇宙全体の量子的時間発展はない（ブロック宇宙描像）といいました。このことを完全正写像の関係で考えてみましょう。宇宙全体に対しては外の世界ははありえませんので、完全正写像は単なるユニタリー発展になり、一般相対論では恒等写像になってしまいます。少し考えると、この描像はまったく非物理的です。現実の観測に即して考えてみると、宇宙を二つに分割し、片方を被測定系Sと別の片方を測定器系Mとして、量子測定理論を適用します。したがって、その分割によって宇宙の時間発展は、その二者の相互作用により、生じます。たとえば、地球を測定器系としそれ以外の宇宙を被測定系とします。この点について、時間について哲学的研究をしているカレンダー（C. Callender）さんも指摘しています[14][18]。

3.11　エントロピーの変化

　渡辺さんは、第1種の時間変化であるユニタリー変化を知識の観点から「次の行う観測の結果に対する予想が変わる」と述べていますが、それは知識量の変化を示すわけではありません。第2種の時間変化についてくわしく見ましょ

う。そもそも、ここでいう「知識量」とはなにかを物理的に定義する必要があります。知識量とは、測定器の読みから得られる被測定系に関する相互情報量のことです。まず押さえておかなりればならないのは、ここでいう情報とはそれが0,1の配列で明示的に書けるような古典情報であることです。ボーアが繰り返し述べているように、実験結果の記述は古典的でなければなりません[15]。

その知識量は古典的な相互情報量 $S_{cl}(A:B) = S_{cl}(A) + S_{cl}(B) - S_{cl}(A,B)$ で、操作的に定義されています。

実験家はこの相互情報量を最大にするように装置、プロトコルなどを工夫します。ここにその上限についてホレボの定理があります。量子状態 $\bar{\rho} = \sum_i p_i |\psi_i\rangle\langle\psi_i|$ に対して、その最大値は $S(\rho) = -Tr(\rho \log \rho)$ はフォン・ノイマンエントロピーと呼ばれる量です。これは、シャノン情報量の量子版です[16]。現実の量子通信チャネルで、初期状態が適切な条件を満たせば、効率をこのホレボ限界に近づけることが可能なようです。

3.12 過去と未来

そろそろ「対話」に戻りましょう。

A：我の流れにおいては、将来は可能性、過去は既定性として理解されましたが、物理学においても似たことはありませんか。

B：物理学においても事情は極めて相似しています。量子物理学は決定論でありません。我々が1つの知識を持っていても、将来行う観測の結果は確定せられず、ただかくかくの結果が得られるためにはこれこれの確率があると言うだけです。

この意味で、量子物理学における将来は可能性の支配する分野です。それに反し、かくかくの観測を行った結果これこれの結果が得られたという事実、この確定的な事実はすべて過去に属します。……

A：……これで、我々の体験において直接知っている「時」というものの特性が、物理学者によっても再発見されたわけですね。これは驚くべきことです。しかし我々と独立に行われる外界の変化として得られる知識の発展としての物理現象に、このような特性が再び見いだされるのは決して不思議でないとも考えられますね。……

以上で、渡辺さんの「時対話」を終えて、そこで語られなかったことについ

て二、三触れましょう。その前に一言。

3.12.1 検証公理

アインシュタインは、「何が観測可能な量であるかは理論が決める」と述べています [22]。私は、古典力学でも量子力学でも、公理系の中に検証公理が含まれるべきだと考えます。古典力学の場合に、検証公理は第3法則です。量子力学の場合は観測公理、確率解釈です（付録2の (4)）。それぞれなにを検証しているか見ましょう。第3法則により、基準となる質点の質量からの比として、ある質点の質量が決まります。それを使って第2法則を使い力を検証します。量子力学の方は、与えられた初期状態からシュレーディンガー方程式にしたがって時間発展をさせます。終状態において物理量を測定しその確率分布を観測公理を用いて求めます。それにより用いたハミルトニアンが正しかったか検証します。

実験室での物理学では「いま」で初期条件を設定して、未来を予測します。その逆に「いま」得られた測定値から、過去の状態を推定することもあるでしょうか？　あります。その代表例が観測的宇宙論です。宇宙観測で遠方の天体からの光は昔の光です。したがって、観測しているのは昔の宇宙です。物理学以外では過去向き推定はむしろよくあることです。最も日常的な例は、医学検査をした結果から、原因の病気を確率的に推定することかもしれません。ときどき、直観を裏切る数値を出すので話題になります。やや非日常的な例としては刑事裁判があります。証拠品から犯人を推定するなどはまさに過去向き推定そのものです。

3.12.2 光子の裁判 [21]

いずれにしても、古典的事象についての過去向き推定は理解可能です。問題は、量子力学における過去向き推定です。

刑事裁判というものは証拠をもって過去の犯罪を裁くものですから、推定の時間の向きは過去向きです。光子の裁判において、証拠とはなんでしょうか。光子が門番のところで目撃されたことと壁際で逮捕されたという警官による証言です。それだけで二つの窓のうちどちらの窓から侵入したか、尋問されているのです。ところが、弁護士が提示した証拠は多数回の実験による干渉縞の有無です。それに対して光子の行為は1回だけです。議論はかみ合っているので

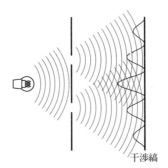

図 3.6 ヤングの 2 重スリットの実験

しょうか？ 弁護士の実証実験は「目撃者の存在如何に関わらず光子はどちらかの窓を必ず通ったはずだ」という検事の先入観を否定するのには充分です。しかし、光子が逮捕された壁の位置を詳細に調べれば、上の窓を通った過去向きの「確率」がしかじかということがいえる可能性は残っています（図 3.6）。

3.13 まとめ

物理法則を公理論的に述べるときに、検証公理が含まれるべきであると考えます。基本法則の場合は、古典であろうと量子であろうと、検証公理を除いて時間に向きはありません[17]。しかし、古典力学の検証公理は時間反転対称であり、量子力学においては非対称になっています。そのキーポイントは測定の「記録」の操作にあります。その観点で巨視的な物理である熱力学の第 2 法則を見ることもできます。私は、物理学における「認識」の側面をもっと重要視しようと唱えていますが、「記録」あるいはその消去が物理過程であることを強調してこの論文の締めくくりとしたいと思います。過去の既定性、かくかくの結果など知識はすべてメモリにある記録＝古典情報です。ここに「過去は不思議でない」という直観の根っこがあると思います。「未来」の記録はありえないのです。

3.14 哲学者に対して問題提起

(1) 物理学を公理化するときに、「検証公理」は必要か？
(2) 物理学の記述を「操作的」「演繹的」に分類する事は妥当か？
(3) 測定者あるいはマクスウェルの悪魔は自然界のどこにいるのか？ この問い自体が間違っているのか？

(4) 確率の意味はなにか？

3.15 付　記

　生物の時間に関して本川達雄さんのすぐれた時間論があります。本川さんは生物に個別的にある時間と物理的な時間を対比しています。私がここに述べた第2種の物理的時間は生物学的時間に近いと思います。とくに、マクスウェルの悪魔によるシラードエンジンのサイクルは、生物の世代交代を思わせます[23]。もちろん、熱力学と量子力学における「いま」に類似点があることは、生物分類学における収斂のようなもので、状況の類似によるものでしょう。そもそも物理学は自然を単純化して理解しようというもので、化学はては生物学のように自然の多様性と複雑性を所与と受け入れる学問と対極をなすものです。ときには、単純化しすぎて問題の本質を見誤る危険性もあります。地球の年齢を大きく間違えた話、飛行機の不可能性を証明した物理学者などけっこうあり、ヘーゲルの教授就任講演が「小惑星の非存在の証明」であったことを笑えません。

　しかし、自然を最も単純化する物理学においても「いま」という概念が測定を通じて現れるのですから、「いま」は巨視的な系に現れる相転移のような現象ではなさそうです。物理学よりも「高次」の化学、生物学、地学はては教育、社会学など人間を含む系にも繰り返し収斂として表われます。そのいずれも「他者」との出会いを含むことは興味深いことです。

付録1　相対論的時間における「いま」

　理論物理の記述の仕方には、操作的方法と演繹的方法があります。前者の代表が熱力学で後者のそれが力学と電磁気学です。熱力学では熱機関を考え、ピストンを等温的あるいは断熱的に操作してカルノーの定理を証明し、エントロピーを導入します。力学・電磁気学では基本方程式を問題に適した境界条件と初期条件の下に解きます。どちらの方法が上等ということはなく、物理学の発展段階での有効性によってどちらを採用するか決まってきました。興味深いことに、特殊相対論には歴史的に両方が採用されました。1905年のアインシュタインによる論文は操作的です。異なる場所にある二つの時計を光の交信によって合わせるところからローレンツ変換を導いています。しかし、その後の標

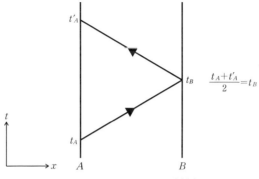

図 3.7　アインシュタインの時刻合わせ

準的な教科書（たとえば、ランダウ・リフシッツの場の古典論）ではミンコフスキー計量が慣性系によらないことから演繹的に導いています。「いまという時の問題」は、「いま」にいる者が過去を振り返り未来を予想することを前提とする以上、本質的に操作的な問題です。したがって、物理学における「いま」を考察するときには、操作的な記述の方を選ぶ必要があり、相対論的時間を考察するときにはアインシュタイン流である必要があります。そこでは、空間の各所に時計を配置し、それらを光の交信により合わせます（図 3.7）。相対論における操作的「時刻」とは、それらの時計の針の位置であり、それだけが実験的に検証できるものです。時空多様体はそれの数学的理想化であり、実在ではなく、ひょっとするとイリュージョンかもしれません。実際、時計は有限の大きさをもっていて、その動きは量子力学によって記述すべきものです。そこまで考えると時空多様体の記述に破綻が出てきて、操作的方法に戻らざるをえないだろうと私は予想します。したがって、相対論においても「今という時」を論じることができると思います。

付録 2　量子力学の公理

(1) 重ね合わせの原理

　状態 $|0\rangle \in \mathcal{H}$ と状態 $|1\rangle \in \mathcal{H}$ が物理的に実現可能な状態ならば、その重ね合わせ

$$|\phi\rangle = \alpha|0\rangle + \beta|1\rangle \in \mathcal{H}, \quad \alpha, \beta \in C \quad (3.6)$$

も物理的に可能な状態である（$\in C$ はその量が複素数であることを意味する）。

(2) 観測可能量

ヒルベルト空間 $\mathcal{H}$ に作用する演算子 $A \in B(\mathcal{H})$ が、$a \in R$ をその固有値とし $|a\rangle$ を規格化された固有状態として

$$\lambda = \sum_a a |a\rangle\langle a| \qquad (3.7)$$

と書ける場合に A を測定可能量あるいは物理量と呼ぶ（スペクトル分解）。これは、A が自己共役演算子であることと同値である（ここに $\in R$ はその数が実数であることを意味する）。

(3) シュレーディンガー方程式

状態の時間発展は物質の場合にはシュレーディンガー方程式

$$i\hbar \frac{\partial |\phi(t)\rangle}{\partial t} = H |\phi(t)\rangle \qquad (3.8)$$

に従う。ここに、H は（1粒子系の）ハミルトニアンと呼ばれる量であり、物理系を与えれば決まる。のちに定義する物理量の一つであるが、最も重要な物理量である。光子の場合にはマクスウェル方程式がシュレーディンガー方程式のかわりをする。

状態はユニタリー演算子 $U = e^{-iHt/\hbar}$ により時間発展する[18]。すなわち、

$$|\phi(t)\rangle = U(t)|\phi(0)\rangle. \qquad (3.9)$$

(4) 波束の収縮と確率解釈

重ね合わせ状態

$$|\phi\rangle = \alpha |0\rangle + \beta |1\rangle \in \mathcal{H}, \quad \alpha, \beta \in C \qquad (3.10)$$

にあるときに、状態を判定することのできる測定すると、状態は $|0\rangle$ か $|1\rangle$ のどちらかに変化し、その確率はそれぞれ係数の絶対値の2乗、$|\alpha|^2$, $|\beta|^2$ に比例する。$|\alpha|^2 + |\beta|^2 = 1$ と全体の大きさを1に規格化しておけば、それぞれ確率の意味をもつ。この項目が最も不自然とされ、量子力学の建設時から議論の的であった。

(5) 多粒子状態[19]

粒子が複数あると、それぞれに対応したヒルベルト空間 $\mathcal{H}_1$, $\mathcal{H}_2$ ……がある。2粒子の量子状態 $|\phi(1,2)\rangle$ は1粒子状態二つ、$|\phi_1\rangle \in \mathcal{H}_1$ と $|\phi_2\rangle \in \mathcal{H}_2$ のテンソル積（積の線形結合）になる。

注

1) 言うまでもないことですが、哲学者と哲学教授はまるで違います。ショーペンハウエルは『知性について』[24]の中で、前者を高潔な人、後者を前者を飯の種にする卑しい種族と述べています。
2) 観測、測定といわずに「観察」というのは、さすが寺田門下と、うなると同時に、渡辺さんの言葉についての感性の鋭さを感じます。
3) 「思う我」と「ある我」は同一人物だろうか、と小学生のころから疑問でした。
4) マザー・テレサの、「昨日は行ってしまった、明日は未だ来ない。今日を精一杯生きましょう」の言葉が好きです。これは多分、「告白録」の中の「時間論」において、アウグスチヌスが「現在」だけが実在すると述べたことに起源があるのでしょう。つまり、過去は現在における「記憶」であり、未来は現在における「期待」なのです。マザー・テレサの言葉が胸を打つのは、それが実践の中で発せられたからでしょう。
5) 7時に電車が駅に到着したということは、時計の短針が7、長針が0を指したときに駅に電車が到着した、というのが「物理的な」言い方になります。アインシュタインの1905年の論文参照[2]。
6) アインシュタインも晩年、"the NOW"について考えていたそうです[4]。
7) 戸田盛和(1982)『力学』岩波書店など。
8) ワインバーグ(S. Weinberg)は最近出版された、天文と物理学の歴史 "To Explain the World"[6]の中で、第1法則は第2法則に含まれ、第3法則は不要と書いていますが、明らかな誤りです。第1法則の慣性系の存在は特殊相対論でも一般相対論でも必要な仮定です。実験検証のための第3法則も維持されます。第2法則だけが修正を受けます。
9) この点を渡辺さんは「常識人」Aに言わせています。これは、まったく非科学的かというとそうでもありません。実際にはおきていない(counterfactualな)ことについての推論(inference)も条件次第で、検証可能という意味で、物理の対象になりうることはあとの量子力学のところで述べます。
10) アインシュタインと共同で冷蔵庫に関する特許を取得したこともあるシラードは、彼を説得してルーズベルト大統領宛てに原爆製造を促す手紙を書かせた人物としても歴史に名を留めています。
11) ゴミの分別収集が始まる前に賛否両論ありました。都内の某大学教授が「熱力学第2法則に反するから、よくない」という発言をして「専門バカ」のレッテルを貼られました。しかし、彼がマクスウェルの悪魔のことまで考えていたとすると慧眼と呼ぶべきです。分別をする住民がデーモンです。分別という知的作業をすると頭脳のメモリが使われて("ペットボトル""空き缶""紙""プラスチック"などと頭の中がゴチャゴチャになり)、それをリセットするには休養したり美味しいものを食べたりする。結局コストは住民にしわ寄せされます。そういう意味での反対論はありえます。
12) カー(E. H. Carr)は有名な著作『歴史とは何か』(岩波新書、1962年)の中で、歴史とは現在と過去との対話であると述べた。これは多分に比喩的な言い方で、現在残された過去の記録と現在を比較検討すると言うことでしょう。
13) この不確定性関係はある純粋状態における揺らぎのあいだの関係で、のちに述べる測定の誤差 δx と擾乱 δp に関する、ハイゼンベルグの不確定性関係とは区別すべきものです。最近、この意味の不確定性関係は見直されて、小澤の不等式 $\delta x \sigma(p) + \delta p \sigma(x) + \sigma(p)\sigma(x) \geq \hbar$ (あるいはその精密化)に置き換えられています。
14) 完全正写像をすべて物理的に実現できるわけではありません。たとえば、遠く離れたと

ころにある 2 物体を同時にユニタリー変換することは相対論的に不可能です。したがって完全正写像は広すぎるのです。さらに制約を加えた物理的な正写像があるはずなのですが、まだわかっていません。相対論的量子情報理論は発展途上です。

15) Phys. Rev. に量子情報を送りつけてもエディターレベルで拒絶されるでしょう。
16) 渡辺さんはフォン・ノイマンエントロピーを直接知識量と呼んでいるようですが、正確にはその上限です。得られる知識量は具体的に測定過程を指定してはじめて操作的に定義できます。
17) 摩擦力についてのクーロンの法則のように、ある種の粗視化を含んだ、マクロな現象論の場合の方程式は時間反転に対して非対称です。
18) $UU^\dagger = U^\dagger U = 1$
19) より適切には、多自由度系。

参考文献

[1] 渡辺慧（1948）『時間』白日書院（=『復刻新版 時』河出書房新社、2012）。
[2] A. アインシュタイン（1988）、内山龍雄訳『相対性理論』岩波文庫。
[3] A. コンヌ，S. マジッド，R. ペンローズ，J. ポーキングホーン，A. テイラージョン（2013）、伊藤雄二監訳『時間とは何か、空間とは何か』岩波書店、p. 211。
[4] D. Mermin, (2014) "Physico: QBism puts the scientist back into science", *Nature* **507**, 421.
[5] E. Mach, (1960) "The Science of Mechanics", p. 201, Cambridge University Press.
[6] S. Weinberg, (2015) "To Explain the World", Harper.
[7] 久保亮五編（1961）『大学演習 熱学・統計力学』裳華房。
[8] 田崎晴明（2000）『熱力学：現代的な視点から』培風館。
[9] A. Peres, (1995) "Quantum Theory: Concepts and Methods", Springer Science & Business Media.
[10] R. Landauer, (1961) "Irreversibility and Heat Generation in the Computing Process", *IBM Journal of Research and Development* **5** 183 ; C. H. Bennett, (1982) "The thermodynamics of computation — a review", *International Journal of Theoretical Physics* **21** (12) 905; T. Toffoli, (1981) "Bicontinuous extensions of invertible combinatorial functions", *Mathematical systems theory* **14** (1) 13.
[11] L. Brillouin, (1951) "Maxwell's Demon Cannot Operate: Information and Entropy. I", *Journal of Applied Physics* **22**, 334 .
[12] L. Brillouin, (1956, 1962, 2004) "Science and Information Theory", Dover, Mineola, N.Y.
[13] C. H. Bennett, (1982) "The thermodynamics of computation—a review", *International Journal of Theoretical Physics* **21** (12) 905.
[14] C. H. Bennett, (1973) "Logical Reversibility of Computation", *IBM Journal of Research and Development* **17** (6) 525.
[15] L. Szilard, (1929) "über die Entropieverminderung in einem thermodynamischen System bei Eingriffen intelligenter Wesen", *Zeitschrift für Physik* **53** (11-12) 840.
[16] C. E. Shannon, (1948) "A Mathematical Theory of Communication", *Bell System Technical Journal* **27**, 379; 623.
[17] H. S. Leff and A. F. Rex, (1990) "Maxwell's Demon: entropy, information, comput-

ing", Princeton University Press.
- [18] C. Callender, (2010) "Is Time an Illusion ?"; *Scientific American* June 2010.
- [19] M. Ozawa, (1984) "Quantum measuring processes of continuous observables," *Journal of Mathematical Physics* **25**, 79; M. Ozawa, (2003) "Universally valid reformulation of the Heisenberg uncertainty principle on noise and disturbance in measurement", *Physical Review A* **67**, 042105; M. Ozawa, (2004) "Uncertainty relations for noise and disturbance in generalized quantum measurements", *Annals of Physics* **311**, 350.
- [20] W. Heisenberg, (1927) "Über den anschaulichen Inhalt der quantentheoretischen Kinematik und Mechanik", *Zeitschrift für Physik* **43** (3-4) 172.
- [21] 朝永振一郎 (1997)、江沢洋編『量子力学と私』岩波文庫。
- [22] W. K. ハイゼンベルク (1974)、山崎和夫訳『部分と全体：私の生涯の偉大な出会いと対話』みすず書房、p.104。
- [23] 本川達雄 (1996)『時間：生物の視点とヒトの生き方』NHK ライブラリー。
- [24] ショーペンハウエル (1961)、細谷貞雄訳『知性について 他四篇』岩波文庫。

[第3章◆コメント]
物理学者からの問題提起に答えて

小山 虎

　本章では最終節（3.14節）で哲学者に対して問題提起がなされている。哲学者からの本章へのコメントとしてすべきことは、なによりもまずこれに答えることだろう。

　ただし、一つ前置きをしておきたい。おそらく提起された問題のどれについても哲学者一般の回答は存在しないため、私自身の見解を述べることになる。しかし私は、現代の細分化された哲学において関連する問題を扱う「物理学の哲学」の専門家でもなければ、それを包摂する「科学哲学」の専門家でもない。したがって、哲学内部での専門家のあいだで一致が見られることを無視してしまっている可能性は否めない。これは言い訳として述べているのではない。私は以下で述べることが正しいと確信しているが、それが哲学者の間で一般的に広く受け入れられたものだと誤解されるのは避けたいと思っているだけである。むしろ、これをよい機会として今後哲学者のあいだに広めようと思っている見解であるということを明記しておきたい。

　以上で前置きは終わりである。以下では、問題提起に順番に答えていく。

「(1) 物理学を公理化するときに、「検証公理」は必要か？」への回答
　最初に述べておくべきことは、「なんのための公理化なのか？」（公理化の目的）という点である。物理学の公理化は（少なくとも相対論と量子力学に関しては）ヒルベルトの影響を大きく受けていると考えられる。よく知られているようにヒルベルトは、公理化によって数学の無矛盾性を証明しようとした（ヒルベルトのプログラム）。しかしヒルベルトのターゲットは数学だけではなく、物理学も含まれていたことが歴史研究によって明らかになっている。ヒルベルトはアインシュタインと交流があり、一般相対性理論に取り組んでいた当時のアインシュタインに協力していた。また、彼の教え子である哲学者のライヘンバッハは実際に相対論の公理化を与えている。

　少なくともヒルベルトとライヘンバッハに関する限り、公理化の目的は「基

礎付け」である。すなわち、問題のある前提に依拠していないことを文句のない仕方で示すことである。もし物理学の公理化の目的が同様の「基礎付け」であるなら（おそらくヒルベルトやライヘンバッハたちはそう思って公理化に取り組んでいただろうが）、公理の中に「検証公理」が含まれることはかならずしも必要ではない。実際、ライヘンバッハの公理化では、古典力学の範囲で導出可能な公理から相対論が導出されるとされている。つまり、古典力学に問題がない限り相対論にも問題はない、という形で「基礎付け」が行われており、「検証公理」を要求しているとは考えにくい（哲学者による公理化で「検証」に訴えるものは少なくないが、直接的に「検証公理」を用いるものは、少なくとも広く知られているもののなかにはない）。

　ただし、こうした「基礎付け」の背景には、19世紀末から20世紀前半のヨーロッパ（とくにドイツ）で「新カント派」と呼ばれる哲学の学派が猛威を振るっており、その影響の下で、ヒルベルトのような数学者やマッハやヘルムホルツのような物理学者がこぞって「基礎付け」に取り組んでいた、という特有の事情がある。彼らがどうしてこのような「哲学的基礎付け」に熱心だったのかは研究に値するが、もはやその理由がわからなくなっているということは、「基礎付けのための公理化」には、とくに必然性がないということであろう。

　しかし、「基礎付け」を離れ、別の観点で考えると、検証公理の意義を見出すことができる。反証可能性はその例の一つである。

　科学の基準として仮説の反証可能性が挙げられることはよくある。これはもともとは科学哲学者のポパーの発案であり、のちに批判を受けて修正されているが、現代でも（とくに科学哲学の研究成果をフォローしていない人に関しては）科学の基準だと考えられることも少なくない。

　反証可能性のポイントは、たんに仮説の反証が可能であるというのではない。仮説にとって重要なのは予測を生み出すことであり、その予測が事実と一致しなければ、アド・ホックに修正するのではなく仮説を廃棄すべきだという姿勢が重要視される。これを、仮説は正誤が判定できるものでなければならない、と解釈するならば、検証公理との関連が見出される。すなわち、検証公理の役割を理論の正誤の判定に貢献するとみなせば、検証公理は物理学が反証可能になることに貢献していると考えることができる。

　上述のように反証可能生には批判も多く、現代の科学哲学では、科学理論は

検証も反証も容易にはなされないと考えられている。しかし、公理化の目的の一つが、その理論に修正が必要かどうかを判定可能にすることであれば、公理の形を取る必要はないが（そして、時間対称的である必要もないが）、「検証公理」と類似の役割を果たすものが必要であろう。その意味では、物理学の公理化には「検証公理」（もしくはそれに変わるなにか）が必要だといってよい。

「(2) 物理学の記述を「操作的」「演繹的」に分類することは妥当か？」への回答

　「操作的」のポイントが物理学における実験の役割に関するものであるならば、きわめて妥当だと考える。その理由は、物理学における数学と実験の位置付けに関わる。

　部外者の目からすると、物理学では当然のように数学が用いられており、とくに理論物理学に関してはもはや違いが見えなくなるほど、数学との距離は近いように見える。一方で、純粋な数学的観点からは物理学は不十分だ（物理的に意味のないことが無視される）という声も耳にすることがある。物理学がどれほど数学と近く、かつどの点で数学と異なるかを正確に見定めるのは難しい問題だが、数学で記述できるものを「演繹的」と分類することは妥当に思われる。演繹的推論の典型は数学であり、現代では数理的に扱うことができないものを演繹的と呼ぶことはもはや適切ではないとすら思われるからである。

　物理学の記述のうち、数学で記述されるものを「演繹的」と分類するのなら、それ以外のものは「帰納的」と分類するのが一見したところ自然なように見える。しかし、この名称が適切であるようには思われない。実際、たとえば本章の付録1で言及されている熱力学やアインシュタインの実験で帰納法が用いられているとは到底いえないだろう。しかし、物理学で数学（もしくは演繹）と最も遠いところにあるのが（おそらくは）実験であることを考えると、まったくの的外れとは言いがたいのではと思われる。実験に統計処理は不可欠だからである。

　「操作的」記述自体は統計や帰納と関わるわけではないが、実験（あるいは、「観測場面」と呼ぶ方が適切かもしれないが）と関わることは否定できないと思われる。このように、純粋に数学的に記述できる部分を「演繹的」、それと実験をつなぐ部分を「操作的」とするのであれば、物理学の記述をこのように分類

することは妥当である。ただし、「操作的」の部分が物理学においてどのような役割を果たしているかは明確化が求められると思われる。

「(3) 測定者あるいはマクスウェルの悪魔は自然界のどこにいるのか？ この問い自体が間違っているのか？」への回答

　ここで提起されている問題がどのようなものかを十分に理解できているとはいえないのが正直なところである。しかし、その上で答えるなら、測定という行為は自然界の中でしか生じえないのだから、測定者のいる場所は測定が生じている場所でしかありえない。

　測定には測定器が必要である。目や耳のような生物学的器官も測定器の役割を果たしうると考える限り、測定器はなんらかの物質でできた物体であり、非測定系からの物理的な影響が及びうる場所になければならない（物理的作用を一切含まない「非物理的な測定」はありえないと考えるが、さしあたりここでは無視するだけに留める）。よって、測定器を含む系（測定者の「体」といってもよい）は、自然界の中の、その条件を満たす場所になければならない。

　もし測定者の「体」は自然界の中にあるとしても、測定者の「意識」はそうではないのではないか、と考えているのであれば、それはたんに19世紀心理学のドグマを引き継いでいるだけの可能性がある。現在では、いかなる意味であれ、「意識」が存在するにはそれを実現する物質的な「相関物（correlate）」ないし「基盤」が存在しなければならない。これを否定する心理学者はもはや存在しないといってもよいほどである（実際にはさまざまな理由から否定する心理学者もいるが、まったくもって標準的見解ではない）。これを否定する哲学者を見つけるのはさらに難しい（物質の方が意識に従属すると主張する最も極端な立場ですら、意識があるところに物質があることを認めるため、相関物の存在は否定されない）。意識にはそれを実現する物質的相関物がかならずあるのであれば、意識はその相関物が存在する場所（もちろん自然界の中である）にあると考えてとくに問題はないように思われる。

　もちろん哲学的な問題は残る。たとえば、意識の相関物は宇宙全体であり、脳や人体など局所的なものではないと考える哲学者は、「意識はその相関物が存在する場所にある」は、場所の特定がなされない限り意味をなさないと考えるかもしれない。しかし、少なくともこれだけでは、自然界の中に居場所がな

いと考える理由にはならない。

「(4) 確率の意味はなにか？」への回答

　確率の哲学における標準的見解は、確率の意味（より厳密には確率概念（concept of probability））は一つではなく、複数だというものである。これだけではたんに回答を回避しただけのように思われるかもしれないため、もう少し付け加えると、日常的な、一般人が用いる「確率」は明確なものではない（そもそも明確である必要がないどころか、あまり明確だと日常的には使いづらいものとなるため、明確でないことが要求されると考えられるべきであろう）。確率の哲学の目標の一つは、そうした明確でない確率概念のかわりとなる明確な確率概念はどのようなものかを明らかにすることであり、いわゆる確率の主観解釈（確率を信念の度合いとみなす解釈）や頻度説は、そうした確率概念の候補とみなすことができる。

　では、そうしたさまざまな候補（確率の意味）のうち、どれが適切なのか。あるいは「正しい」意味はどれか。この問いについても、まずは「なんのための明確化なのか」（明確化の目的）と述べておきたい。目的が物理学の発展であれば、つまり、「物理学の発展にとってもっとも有益な確率概念はなにか？」という問いに対しては、物理学の現状を踏まえた上でどれかの候補を選ぶ、もしくは新たな候補を考案することが答えとなる。しかし、なんであれそうした個々の目的に先んじてあるような意味、あるいは「本当の」意味についての問いに対しては、そのような問いは不毛だと答えたい。少なくとも、競合する答えが提出されたときにいずれかを決定できる基準がない、という注意を要する問いであることは間違いない。

[第3章◆リプライ]
物理にも哲学にも伝わっていないこと

細谷暁夫

1 検証公理について

　自然科学として物理学に実証性が要求されるのは当然であり、どう実証するかが理論の中で明示されていれば、理論の成否が明快になる。(物理理論に対して「必然性」は不要で、利点があることで十分と思う) アインシュタインも「なにが測定可能かは理論が決める」といっている。

　たとえば、量子力学には、いわゆる観測公理(コペンハーゲン解釈)なるものがあり、シュレーディンガー方程式に出てくるハミルトニアンを検証できる公理が用意されている。それにあたるものが、それ以前の古典力学、電磁気学、熱力学のなかに用意されているだろうか、とあらためて問うのは自然だろう。一方、検証公理を理論のなかに入れることを要求することには積極的な利点がある。超弦理論はいまのままでは原理的にも実証しようがない理論なので、そこを改善すると新しい展望が出てくるかもしれない。

2 操作主義について

　操作主義の意味が物理のコミュニティーに浸透していなく、科学哲学の分野でも同様らしいと、最近感じている。一方、情報科学の論証のほとんどは、各ステップの入力と出力の手続きが明示されているだけで、操作的である。数学における操作的な論証の代表が、2の平方根が無理数であることの背理法による有名な証明である。熱力学に於けるカルノーの定理のところもよく似ていて、思考実験による議論は等温過程と断熱過程の組み合わせで、操作的に組み立てられている。また、アインシュタインによる1905年の特殊相対論の論文においても、異なる場所にある二つの時計の時刻が合っていることを確認するために光の信号をやりとりする操作的な方法が最初に述べられている。このように、個別の例を挙げることはできても、操作主義自体を定義して演繹的な議論をすることは(形容矛盾?)容易でない。たとえば、以下のサイトに長い解説がある (https://plato.stanford.edu/entries/operationalism/)。

たとえ話の方がいいかもしれない。

　私の地域ではゴミの収集の当番を、月ごとにノートの名簿順に回している。その月に都合の悪い世帯 X があれば、X を飛ばして次の世帯が当番になる。そして、そのまた次の月に X に戻る。このシステムは確実に機能している。ただし、自治会長が、その月の係が誰なのか把握できないという問題点はある。ア・プリプリオリな議論には見落としがちな点があるが、操作的手順は確実である。科学哲学の方たちは操作主義に対してもっと関心をもってよいと思う。

3　マクスウェルの悪魔

　マクスウェルの悪魔とは、思考実験にもとづいて（したがって操作的に）熱力学に導入された情報処理を行う仮想的な存在である。

　しかし、それが実在する場合を考えると面白いかもしれない。「系外惑星に生命体があるか？」という今日的な問題を例に考えてみたい。地球の酸素は植物の光合成の結果であることから発想した標準的なアプローチはその系外惑星の大気中の酸素を探査することである。一方、酸素は金属酸化物（たとえば酸化チタン）の形で地球に大量に存在するので、仮に系外惑星に見つかっても、たんに金属酸化物から出たものかもしれないという反論もある。次の再反論において、植物が悪魔の役割をしている。植物がないと地球の金属が錆びついて、大気中から酸素が消えるだろうというストーリーでは、植物が化学平衡を逆転させて、大気中に酸素をもたらしていることになる。ほかにも面白い例がありそうだ。

第4章　客観的現在と心身相関の同時性

青山拓央

　本章は、2005年出版の拙論（青山 2005）に大幅に加筆したものである。哲学研究者向けであった原著をより読みやすく手直ししたほか、新たに追加した〈補遺〉の4.5節にて、4.1節から4.4節までの議論――すなわちもとの論文での議論――へのメタ的な考察を行っている。そこでは、シンポジウム「『現在』という謎：時間の空間化とその批判」（本書の執筆陣による2016年開催のシンポジウム）にて筆者が気づいた論点についても、必要な範囲で述べられている。

4.0　4.1節から4.4節までの概要

　心と身体との相関関係――とりわけ心と脳のあいだの――を見るとき、ある心的な（mental）出来事とある物的な（physical）出来事との同時性は、重要な意味をもつように思われる。だが、そのような同時性の承認はいかにして為されるのだろうか。また、現象的経験（主観的な意識における経験）が「現在」という時を捉えているとするなら、その「現在」は私と他者のあいだで共有されているのだろうか。

　心身（心脳）相関の説明として、哲学的に今日有力なものの筆頭は、スーパーヴィーニエンス概念とトークン同一性に訴えた説明である（詳細は後述）。しかし、現象的経験に関する本章の議論がもし正しいなら、その説明は前記の二つの問いに正面から答えることができない。そこで与えられるのはせいぜい、結論を前提とした返答、つまり循環した返答にすぎない。

　ところが、今日ほとんど支持されていない心身の素朴な二元論、すなわち、意識と身体（物質）を独立の存在とみなし、それらの相互作用を認める二元論は、意外にもこの二つの問いに明快な返答を可能とする（4.1節にあるように、主観的で現象的な――いわゆるクオリアに関わる――狭義の「意識」を、本章では「意識」と呼んでいる）。その返答をふまえるなら、素朴な心身二元論はむしろ、心身や自他の時間的な一元化を促すものとさえみなせる。

4.4節で記しているように、意識と身体の二元論は私にとっても疑わしく、それを擁護すること自体が本章を書いた狙いではない。二元論を称揚してしま̇う̇本章の論証が間違っているなら、私もぜひその間違いが知りたい。だが、心身相関の同時性や自他の「現在」の共有性（同時性）が後記の問題を抱えていることはたしかであり、そのことさえ精確に伝わったなら、本章の目的は十分に果たされたといえる。

4.1 「遅れ」の懐疑

　誰かと時間をともにしていても、その人物の表情や声が私のもとに届くには、わずかな時間の遅れが避けられない。光や音の伝達に微少の時間を要するためだ。ある作家はこれを嘆き、我々は現在という時を他者と共有できないのだと記した。

　科学的な知見に従うなら、こうした時間の遅れは個人の内部でも成立しうる。私の腕に針が刺さり、私がそのことに気がつくには、皮膚から伝達された刺激が脳に届くのを待たねばならない。さらに、皮膚からの感覚刺激が他の刺激と組み合わされて処理される時間が必要だろう。身体に関する私の知覚は、物理的身体の変化に対してつねに遅れているのである。

　現象的な意識について時間の遅れを考察するなら[1]、我々にはなにがいえるだろうか。たとえば「痛さ」そ̇の̇も̇の̇のような、主観的な質感をもった意識について。信号の伝達や脳内の情報処理といった物理的過程の探究が終わり、意識状態と対応する最終的な物理状態が明らかにされたとしよう。では、その物理状態がある意識状態を生̇み̇出̇す̇のに、さらなる時間は不要なのか（以下、たんに「意識」と記すときは、本段落の意味での意識を意味する）。

　ここで私は奇妙な可能性に思い至る。私のある物理状態が、それに対応する意識状態を生み出すために途方もなく長い年月、たとえば1万年もの時間を要するとしたらどうだろうか。もし、こうした生成の遅れが現実に起こっていたとしても、私の周囲の人々はもちろん、私自身でさえ、なにも気̇づ̇か̇な̇い̇のではないだろうか[2]。物質が、物質以外のなにか（たとえば霊魂！）から因果的に作用されないのだとしたら。

　天敵に出会った生物は、一連の物理的過程を経て危険を回避するだろう。この物理的過程自体に1万年もの時間を要するなら、その生物はまったくまともではない。危険回避の実行以前に、その生物はすでに死んでいる。だが、意識

の生成については、このような問題は生じない。天敵に出会った1万年後に恐怖の意識が生じる̇こ̇と̇は、十分に想像可能である。たとえ、出会ってすぐに動悸が高まり、叫び声を上げ、駆け足で逃げ出したような場合でさえ、そうした物̇理̇的̇反応ではなくそれに対応する恐怖の意識が1万年後に生じることはありうる。

4.2 同一性と同時性

　この奇妙な可能性は、物質が意識を生み出すという想定に起因するものだろう。「生み出す」という表現は、因果的な理解を我々に促す。しかし、物理主義的な観点から、因果の物理的閉鎖性を厳密に支持するなら——物理的な世界のなかで因果の連鎖が閉じているなら——意識から物質へと向かう因果作用だけではなく、物質から意識へと向かう因果作用もまた不可能となるはずだ。すなわち前節の論述は、前者の因果作用のみを退け、後者を受け入れた不徹底なものといえる。

　では、この不徹底を戒め、意識─物質間の因果作用を完全に否定してみよう。このとき、意識と物質との最終的な関係は、因果的な含意をもたないさまざまな言葉（随伴、スーパーヴィーニエンス、同一といった）で表現される。「生み出す」という表現を消し去ることで、前節で挙げた奇妙な可能性は一見退けられたように見える。対応する意識と物質は、同̇時̇に存在するように思われるのだ。

　だが、この解決は本物ではない。問題を比喩的に整理しておこう。物質は大地に位置し、互いに因果的な連関をもつとする。一方、意識は空に舞う凧であり、それぞれの意識は対応する物質と1本の糸でつながっているとしよう[3]。いま我々が行っていたのは、この糸を非因果的なものとみなすことでその時間的な長さをゼロにしてしまおうという試みであった。しかし、その試みは、実際には容易なものではない。

　いわゆる随伴現象説——因果の物理的閉鎖性を認めつつ意識は脳にただ随伴すると述べる学説——において、意識と物質との時間的距離をゼロとみなすのは、信念の表明であって説明ではない。そもそも、ここで想定されている「随伴」の意味は謎であり、ただその一方向的な関係（物的状態が心的状態を決めるのであり、その逆ではない）が「随伴」と呼ばれているにすぎない。さて、もしこのような関係が心脳のあいだにあったとして、なぜ両者は時間的に同時である必要があるのか。たんに決定性が重要であるなら、意識は物質に遅れるどこ

ろか、先立つことさえありうるだろう。あるいは心脳ははじめから比較不可能な時間に属していることさえありうる[4]。

スーパーヴィーニエンス（supervenience）の概念を用いた心脳関係の説明は、曖昧な随伴現象説に比べ、ずっと論理的に精密ではある。だが、この「スーパーヴィーニエンス」という凧糸がどれだけの時間的な長さをもつのかは、やはり未決定なままである。スーパーヴィーニエンス関係とはその定義上、タイプ間（性質間）に見出されるものであり、この関係からトークン間（個体間）の時間的距離が直接決定されることはない。少し専門的になるが、スーパーヴィーニエンス関係の定義の一例を以下に引いておこう（角括弧内は引用者による補足）。

> 性質の集合 A が性質の集合 B にスーパービーン［（スーパーヴィーン）］するのは、次のときであり次のときにかぎる。必然的に、任意の［個体］x と［個体］y について、もし x と y が B に属する性質のいずれによっても区別されないならば、x と y は A に属する性質のいずれによっても区別されない。（柏端 2002, p. 597）

慎重な考察が必要なのは、同一性を用いた説明である。心脳をつなぐ凧糸を「同一性」とみなすことは、結局、凧が物質とトークン同一であることを意味する。「トークン同一性」は「タイプ同一性」と対になる概念であり、前者は個体の同一性に、後者は性質（種）の同一性に対応する。いま私の手元にあるキーボードはその個体自身とのみトークン同一であるが、これとタイプ同一であるものは——Real force 91 という機種——世界に複数存在するわけだ。

冒頭で触れた、心脳に関する一つの「有力な説明」は次のようなものである——。相関する心と脳は、トークン同一であるがタイプ同一ではない。心脳間の法則性は、タイプ同一性ではなくスーパーヴィーニエンス関係をもとに理解される。すなわち、心的状態は脳状態にスーパーヴィーンするが、その逆のスーパーヴィーニエンスは要求されない。かみ砕いていえば、ある脳状態が成立するときいかなる心的状態が成立するかは決まっているが、ある心的状態が成立するときいかなる脳状態が成立するかは決まっていない（随伴現象説における「一方向性」が、ここではより明確化されている）。

さて、ある心と脳がトークン同一であるとき、それらが同時に存在すること

は自明であるといいたくなる。だが問題は、心脳のトークン同一性がいかにして承認されるのかだ。通常の物質同士については、時空的位置——時間・空間的な位置——の一致から対象のトークン同一性を導くのは、十分説得的である（これをトークン同一性の定義にすることさえ自然だろう）。ところが心脳に関しては、この推論は逆向きに働き、さらに要請のかたちを取る。すなわち「同一である心脳は、時空的に同位置であるべきだ」というように。この要請が妥当となるには、心脳の同一性を時空的位置の一致に頼らず確保できるのでなければならない（そうでなければ循環してしまう）。にもかかわらず一方では、そこで確保された同一性が、時空的な位置の一致を含意する証拠も必要となる[5]。この課題は非常に困難であり、私はその成功例を知らない。

　この課題の困難さを直観的に理解するには、意識の空間的位置について考えてみるのがよいだろう。物質が空間的位置と時間的位置をもつのに対し、意識は時間的位置のみをもつように見えることはデカルトの時代から気づかれていた。意識の空間的位置というのは謎めいた概念であり、トークン同一性の主張からそれが要請されたとしても、我々は、それがどのようなものかを直接経験することはできない（感覚の生じる身体の場所や、視野の開かれた原点が、意識の場所であるわけではない[6]）。このとき興味深いのは、心脳のトークン同一性もまた、直接的な経験によって知られるものではないという点だ。それゆえ先述した課題は、経験不可能な前提から経験不可能な結論を取り出す、悪しき意味での形而上学性を帯びている。

4.3　他者の現在

　4.1節で見た作家の嘆きは、他者から私へと伝わってくる情報の遅れに向けられていた。だが、我々はいまや、それとは比べ物にならないほどの嘆きの可能性に直面している。あなたの目の前の人物がさまざまな感情をあらわにしても、その感情が当人にとって現象的に捉えられるのはあなたの死んだ後かもしれない。その人物にとっての現在は、あなたにとっての現在から、数万年隔たっているかもしれないのだ。現在という時の存在を錯覚であるとみなさないなら、これは驚くべき事態である[7]。

　他者の意識と私の意識が同時に存在していることは——物理主義的な因果観の下では——二重の意味で確認できない。第一に他者の意識は、私の意識についてと同様、それが捉えている対象と同時に存在する保証がない。したがって、

他者の意識と私の意識が同一の対象を捉えていても、二つの意識の同時性は、そのことだけでは確定しない。そして第二に、他我問題の特殊なバージョンとして、他者の現在の意識は、私の現在の意識のなかに現れてくることがない。そのため私は、他者の現在が自分の現在と同時であるかを知ることができない。

『哲学的考察』におけるウィトゲンシュタインの比喩を引こう。

> ここで話されている現在とは、映写機のレンズの位置に丁度今あるフィルムの帯の像のことではない、——この像はそれの前後にあり既にそれ以前にレンズの位置にあったかあるいはまだレンズの位置に来ていないその他の像と対比される。そうではなく今問題となっているのはスクリーン上の像であり、それは不当にも現在と呼ばれているのである。
>
> （ウィトゲンシュタイン 1978, p. 100, 原著 p. 86）

この比喩を私は次のように語り直したい。——あるフィルムがスクリーンに映し出されているという事実は、まさしく現在の事実である。しかし、それを知っているのは、スクリーンを見ている私だけだ（ここでいわれる「スクリーン」を、私の意識の比喩と読むなら）。フィルムになにが刻まれているかは、誰にでも知ることができる。だが、どのフィルムが映し出されているかは、フィルムのどこにも刻まれていない——。

現在という概念が、こうした私秘的なかたちでしか意味づけられないのだとするなら、他者の現在と私の現在は比較不可能となるだろう。このとき他者の現在とは、そもそも矛盾した概念であるとみなされるかもしれない（とはいえ、他者の現在など理解できないとするなら、私は他者の意識というものをどのように理解しているのか。つまり、他者の現在なしの他者の意識ということでなにを考えればよいのか。これは重要な問いであるが、本章で扱うことはできない）。

4.4 素朴二元論の価値

心身——とりわけ心脳——の因果的な相互作用を認める素朴なかたちの二元論（以下、素朴二元論）は、すっかり信頼性を失っている。ある哲学の入門書では、もはや誰もそれを信じていない、とまで書かれるほどだ。ところが注目すべきことに、我々の目下の問題に解決を与えてくれるのは、この素朴二元論なのである。

次のようなケースを考えてみよう。私の頭に火の粉がかかり、私は猛烈な熱さを感じる。私は火を消そうと考え、慌てて両手で火の粉を払う。このとき、私の現象的な意識が身体と作用し合っているなら——素朴二元論がもし正しいなら——心身の時間関係はどのようなものとみなされるべきか。

　常識的な前提にならい逆向き因果（結果が原因に先んじる因果）を回避するなら、心身の時間関係はかなり限られたものとなる。「熱さを感じ、火を消そうと考えた」のは、頭に火の粉がかかった以後でなければならないし、火の粉を払う以前でなければならない。意識とそれに対応する物質（脳）は、複数の作用に挟み込まれることによって、ほぼ同時とみなしうるほど近い時間的位置関係をもつことになる（「挟み込まれる」ことが必要なのは、そのことによって「物質→意識」と「意識→物質」の両方の作用が関わるからである。もし「物質→意識」の作用しかないなら、4.1節で見た「遅れ」の懐疑は退けられないままだろう）。

　この考えを人間のあいだに適用するなら、我々は物質の時間的位置を通して、お互いの意識の同時性も確保することができるかもしれない。あなたがあなたの意識の力で私にコーヒーを手渡し、私が私の意識の力でそれを口に運んだなら——そして、あなたや私の意識もそのコーヒーからの作用を受けたなら——我々はコーヒーの時間的位置を通して、それぞれの意識の近似的同時性を承認する望みが得られるわけだ。

　もし、この望みが本物なら、時間論の中心問題の一つに光を投げかけることができるだろう。すなわち、それは前節でも見た、現在の客観性の問題である。私はつねに、ある世界を現在として受け止めているが、その世界が現在であることの根拠は世界の内部には現れていない。それは、現在与えられている、というまさにその事実のみによって、現在のものとなっている（前記のスクリーンの比喩のように）。それゆえ、他者と共有可能な客観的現在の獲得は、時間論に大きな利益をもたらす。

　心身の相互作用については、物理主義的な立場からもそれを説明する試みがある。だが、それらは先述した素朴二元論とは異なるものだ。私にはそうした試みの多くが、実際には因果性をもたない心に関して、因果的な語りが有効であるのはなぜかを解明するものに見える[8]。他方、本章の問題を解決するには、こうした語りが有効であるだけでは足りない。心身相関の同時性や他者との現在の共有を事実として保証するためには、心身の相互作用が実際に可能であることが求められる。

私は以上の論証に見落としがあるような気がしてならない。喧伝されている通り、素朴二元論は多くの欠陥を抱えており、私もまたそれを心から信じることはできないからだ。しかし、もし素朴二元論のほかに本章の問題への解決策がないなら、それは皮肉な状況をもたらす。というのも、心身の一元化（唯物論化）をはかる物理主義が心身の時間的結合に苦しむのに対して、心身の分離を認める素朴二元論は容易にその結合を果たすからだ。

　本章の議論を経たことで、私は次のようにさえ感じる。素朴二元論による心身の分離は、むしろ、心身の時間的な一元化を促すものではないのか、と。さらに強調すべきことは、この一元化が自他の時間の一元化さえも促すように見えることだ。仮にこれが事実であれば、素朴二元論の価値は著しく高まることになるだろう。すなわち素朴二元論は、素朴心理学（folk psychology）——我々が日常的に採用している心理学——をたんに焼き直したものではなく、素朴心理学をも包み込む、時間への強い直観を支えるものとなる。

4.5　再録にあたっての補遺

　今回の論文再録にあたりもとの論文を読み返してみたが、その執筆時点で筆者は、現在と意識のあいだに密接な関係を認めていたようだ。しかし、その関係がいかなるものかは明示されておらず、同論には欠落が生じている。本節では、この欠落を少しでも埋めるため、現在と意識との関係性を中立的に再考しておこう。

　現在−意識−存在のあいだには一種の三角関係があり、現在をめぐる議論は大概、意識と存在のいずれかと結びつく。すなわち現在は、ある議論においては意識の時間的な座として、ある議論においては存在の時間的な座として、規定される。もちろん、同時性に還元できるような——たんに「現在」という語の使用と同時であるという意味での——現在についてはその限りではない。

　形而上学説としての現在主義（presentism）によれば、存在するものはすべて現在において存在する。現在とは、なにかが存在することを許す唯一の時点であるとされる。ここでは明らかに現在が存在と結びつけられており、意識との直接のつながりはない。もし、ある意識が存在するならば、それもまた存在である以上、かならず現在に位置することになるが、それが意識であることはこの推論に関与していない。意識ではなく、岩石であろうと火花であろうと、それが存在するならばかならず現在にあることになるだろう。たとえばビッグ

バン直後のような、あらゆる生命体がない——意識がない——であろう時点でも、その時点が現在であったことは現在主義のもとで自然に理解できる。

　他方、現在と意識が結びつくとき、現在とは意識の存在する時点となるが、ここには多くの曖昧さがある。そもそも、その意識とはどの意識なのか。意識というものが複数あるなら——常識的にはそのようにいわれる——すべての諸意識は同じ現在に存在するのか。あるいは、「現在とは意識の存在する時点である」という規定の「存在する」の文法的役割も問題だ。意識が存在するとか存在しないとかいえるなら、そしてなにより、過去の意識や未来の意識は存在しないが現在の意識は存在するといえるような意味で「存在」という語が使えるなら、その「存在」性こそが現在を規定しているのであって、意識に言及することは現在の規定に不要ではないのか。

　意識ということで、もし、「私」の意識のみを考えるなら——むしろそれだけが本当に「意識」と呼ぶに値するものなら——たくさんの諸意識がいま同時に存在することの理由づけは当然不要となる。もちろん、現在を意識の座として理解しようとする論者がみな、この独我論的な道を行く義務はないが、参考までにこの道と観念論との合流を見ておこう。独我論的な観念論の下で、（「私」の）意識と（世界の）存在とが同化されたとき、世界は「私」の意識（原意識）によって構成されることで「存在」し、同時に、その構成された世界内に意識が位置づけ直されることで、それは通常の意味での「意識」となる——。

　これは一つの美しい答えだが、それを信じて生きられるかは各人各様といえるだろう。素朴だが厄介な論点を挙げれば、この回答の下で、「私」の誕生前の時間や「私」の死後の時間はどう理解されるのだろうか。「私」の意識のない世界が現在であることがありえないのなら、「私」の誕生前や死後の世界が現在であることもありえないが、現在であることが不可能な時間がどうして「時間」なのだろうか。観念論の道具立ての下で時間は巧みに構成されるが、この単純な問いかけに答えることは難しい（私は学生時代、カントやフッサールがこの問いにどう答えうるかを諸研究者から学んだが、結局、そこでの可能的返答に満足することはできなかった[9]）。そして、他者にとっての時間や、他者との時間の共有性に関しても、同様の疑問は避けられない。

　さて、冒頭で述べたシンポジウムにおいても前記の三角関係は生きており、発表ごとに存在と意識は、われこそが「現在」の規定者である、と互いの前に

出る。ただし、その「前に出る」とは、あくまで「現在」の意味づけにおける優先性のことであり、存在と意識の二者間の（存在論的な）優先性についてのものではない。それゆえ、以下の叙述において「意識が前に出る」と記すときに、いま見た観念論的な立場を指しているわけではないし、また、すぐあとで述べる通り、意識によって規定された現在が実在することも保証されていない。

　このことをふまえた上でシンポジウムへの私見を記すと、たとえば、形而上学的な現在主義とその対立説との比較においては存在が前面に立っていたのに対し、そもそも現在であること（現に在ること）の直観が表明される際には、もっぱら意識が前面に立っていた。ところで、ここでの直観を恣意的な主観的「直感」と同一視すべきではない。ここでの直観の表明者は、現に在ることの源泉を意識に求めており、それに反発する者は他の源泉を——あるいは現在などないことを——示すべきだろう。そして、現在主義をめぐる議論ではすでに知られているように、物理学の記述から「他の源泉」を見出すことはとても難しい（4次元時空の実在以外に現に在るものなど認めない——4次元時空のなかに現に在る部分とそうでない部分との差異を設けない——というのが、物理学をふまえた一つの有力な応答であるから[10]）。

　ここで、きわめて重要なのは、存在と意識のいずれかによって現在を規定することは、そのように規定された現在が実在するとの主張を含意しないことだ。たとえば現在を、現在主義が述べるような仕方で規定しつつ——つまり存在を意識の前に出しつつ——そのようなものは実在しないと主張することはもちろん可能である。また、「現在は主観的な錯覚であるから客観的な物理学においては消え去る」といった主張は——たとえばデイヴィッド・ドイッチュの著書で実践されているように[11]——現在をまずは意識によって仮に規定した上で、その実在性を否定するものであり、存在によって現在を規定することはしていない。

　さきほど私は、シンポジウムでの発表ごとに規定者の座をめぐる相克が見られた、と述べた。しかし、より興味深い——思考を触発される——のは、個別の発表のいくつかにおいても、その同一の発表内にこの相克を感知したことである[12]。これはつまり、意識と存在のいずれをもって「現在」を意味づけるべきかが、学問分野ごとで完全に定まっているとは限らないことを示す。現在－意識－存在の三角関係は、人間の思考の一般的な型に根深く入り込んでいるわけだ。いまからその一例を挙げ、本論を結ぶことにしよう。

「現在」の規定者をめぐる相克は、物理学においてもときに顔を出す。確率性をもった非決定論を認め、さらに、4次元時空の内容は次第に決定されていくと考えるとき、決定部分／未決定部分の境界がなにを意味するのかを論じる際などに――。先述の通り、現在は主観的錯覚であると物理学者が述べる際、その「現在」は意識によって仮に規定されていることがあるし、もしくは、シンポジウムで紹介されたデイヴィッド・マーミンの議論（いわゆる QBism の擁護）のように、「私の現在（my Now）」の体験（≒意識）に積極的な役割を与え、なおかつその「現在」を実在視する変わった試みも見られる[13]。しかし、そればかりではなく、いま述べた境界をめぐる存在論に関心が移るとき、論者が意図したかどうかにかかわらず、「現在」の規定や把握にあたって存在が前面に立つこともある。すなわち、決定部分／未決定部分の境界が、存在によって規定された意味での現在とみなされることも[14]。その際、「現在」という表現は直接使われていないかもしれないが、「次第に決定されていく」内容の最新の部分として、その「現在」は捉えられている。それはもはや主観的なものでなく、他方で、客観的に基礎づけることも――〈時間の哲学〉でよく知られているように[15]――きわめて難しいものである。

注
1) 意識の現象的側面は、今日ではしばしば「クオリア」と呼ばれる。だが本論ではロックウッドにならい、この語の使用を避けておこう（ロックウッド 1992, pp. 248-9）。この語の導入の背景には、「センスデータ」の身分をめぐる C. D. ブロード、C. I. ルイスらの論争があり、本論はその論争と距離を保っているためだ（[改訂版での加筆] この注はいささか衒学的であり哲学的にはとくに重要ではないが、あえて削除はしなかった）。
2) 脳科学に通じた読者は、リベットの実験を思い出すかもしれない（Libet 1985 等）。被験者は脳状態を記録され続けたまま、自由なタイミングで手を動かす。すると被験者が「手を動かすことを意志した」時点は、その行為に対応した脳状態の生じる時点に対し、0.4 秒ほど遅れるという。しかし本章で問題となるのは、こうした種類の遅れではない。なぜなら、この実験において被験者が意志をもった時点は、他の知覚との同時性に関する自己申告によって決められるからだ（たとえば被験者は回転状に点滅する光を見せられ、その光がどの方向にあったとき意志をもったのかを報告する）。本章で扱う「遅れの懐疑」は、この自己申告を行うための知覚全般をも脅かす。
3) [改訂版での注] この比喩が、一部の読者にとってむしろ理解を阻害するものであることを、私は認める。他方で、問題の本性上、よりよい比喩を挙げることも難しい（ここで「凧糸」に喩えられているものは、因果的なものでも非因果的なものでもありえ、また、その「時間的な長さ」は正の値でもゼロでもありうるが、そのような特性をもつものの具象例を私は挙げられない）。それゆえ、ここでは比喩そのものを用いないことが得策かも

しれないが、「凧糸」によるこの比喩が、十数年前に出版された元論文（青山 2005）に記されたものであり、一種の公共化を経ていることから、本章でもあえてそのままに残した。

4) 仮にこの立場を推し進めるなら、次の問いに向き合う必要がある。意識の属する時間には、あらゆる生物のすべての意識が比較可能なかたちで属しているのか。もし、比較不可能であることを根拠に物理的時間と意識の時間を分割すべきだと考えるのなら、私の意識とあなたの意識も独立の時間に属すかもしれない。こうした議論は結局のところ、時間的な独我論へと導かれるように見える。「行為者因果説」と呼ばれる主張を、ここで確認しておくのは有意義だろう。行為者因果説の支持者は、自由の担い手である行為者を時間の外に位置づける。つまり行為者は時間の外部から、物理的な因果系列に介入を行う（たとえば Chisholm 1964）。こうした主張は一般に異端的なものとみなされているようだが、彼らの主張を「行為者は、物理的時間の外にある別の時間のなかに位置する」と読み替えることが許されるなら、私はそれを一笑に付すべきではないと思う。なお、この見解における争点は、比較不可能な時点をまたぐ関係を因果関係と呼べるのか、というものであろう。興味深いことに、以上の哲学的論点はスピノザにまでさかのぼることができる。カーレイらのスピノザ研究者たちは、垂直的因果と水平的因果という二つの因果作用を区別した（ヨベル 1998, pp. 217-20）。その目的は、神による世界（絶対無限の存在者である神自身）の非時間的な生成と、世界内部での時間的な因果作用を区別することにある。両者の時間的なニュアンスを受け継ぐなら、行為者因果説の主張が垂直的であるのに対し、本章での「遅れの懐疑」は水平的であるといえるだろう。

5) 時空的位置の一致にもとづくトークンの個別化の主張は、心脳のトークン同一説と原理的には独立している。実際、心的出来事と物的出来事とのトークン同一説を提唱した当時のデイヴィドソンは、出来事のトークンを個別化する基準に因果関係の同型性──同じ原因をもち同じ結果をもつこと──を利用しており、時空的位置の一致をかならずしも要求していない（Davidson 1969; Davidson 1970）。のちにデイヴィドソンはクワインの提案に従い、時空的位置の一致にもとづくトークンの個別化を採用するが（Davidson 1985）、その議論は本段落の課題を克服するものではない。

6) 意識の空間的位置として最有力の候補となるのは、脳の空間的位置であろう。ところで脳の空間的位置が、感覚の場所や視野の原点と比較的近い距離にあるのは、人体の偶然的な構造による（とりわけ目や耳といった器官が、脳に近接していることが大きい）。それゆえ、論理的可能性としてはもちろん、今日の科学の枠内でも、前者と後者が空間的に遠く隔たることはありうる。私の視神経を引き伸ばして、顔から1メートル前方に眼球を置いたとき、私の視野はその場所を原点として開かれるはずだ。しかし、このとき私の視覚的な意識が、顔の1メートル前方に位置していると考える論者はわずかだろう（とはいえ私には、脳の空間的位置を視野の原点より重視する理由が定かではない）。

7) 自分と他者との現在のずれが検証不可能であることを理由に、この懐疑を退けるのは代償が大きい。検証不可能性に訴える議論は、第一に、現在という時点への言及自体を危うくする（自他の比較不可能性以前に、現在という時点の存在を検証できるかが問題となる）。第二にそれは、意識の現象的側面に関する疑問の多くを無化してしまう。だが今日、時間論や心の哲学の領域においてしばしば指摘されるのは、これらの論点を素朴な検証可能性から離れて論じることの重要性である。

8) ［これ以降の注はすべて、改訂版での注］デイヴィドソンの非法則的一元論（Davidson 1970）やその変種を代表として。

9) その際に私が感じた不満と基本的に同型のものが、中島（2016, pp. 304-5）に簡潔にまと

められている。なお、私が学生時代に前記の疑問をもったのは、「現在」が他時点に飛び移るという意味でのタイムトラベル——筆者が「テンストラベル」と呼ぶもの——の理解可能性を論じる過程においてであった。

10) 永久主義（eternalism）として広く知られている説を、ここでは念頭においている。永久主義と諸説（現在主義を含む）との対立状況に関しては、佐金（2015）の第1章が詳しい。
11) とくにドイッチュ（1999）の第11章。
12) ここでは「発表」ということで、各発表者によるパネルディスカッションでの発言も考慮に入れている。なお、「相克」を感知したのは、あくまで筆者に理解できた限りでの「発表」内容に関してであり、それは各発表者の意図したところではないかもしれないし、また、当然のことながら、シンポジウムに関する私見の文責はすべて筆者にある。
13) Mermin（2013）のとくに第4節・第5節。なお、この〈補遺〉では余談として独我論的観念論について述べたが、Marchildon（2015）にてQBismが批判される際、独我論的観念論との類比がなされている点は興味深い（同論文の第3節）。
14) この見解がどの程度、物理学の諸理論と整合的かについては、たとえばSimon（1996）にて詳細に検討されている。
15) 成長ブロック説（the growing block theory）への批判として。その批判の論拠はしばしば、相対論における同時性の相対性に求められる。

参考文献

青山拓央（2005）「客観的現在と心身相関の同時性」、『科学基礎論研究』、104号、pp. 25-9.
Chisholm, R. (1964) "Human Freedom and the Self," in R. Kane (ed.), *Free Will*, Blackwell, 2002, pp. 47-58.
Davidson, D. (1969) "The Individuation of Events," in Davidson (1980), pp. 163-80.
——(1970) "Mental Events," in Davidson (1980), pp. 207-25.
——(1980) *Essays on Actions and Events*, Oxford University Press.（＝服部裕幸、柴田正良訳『行為と出来事』勁草書房、1990）
——(1985) "Reply to Quine on Events," in E. LePore and B. McLaughlin (eds.), *Actions and Events: Perspectives on the Philosophy of Donald Davidson*, Blackwell, 1985, pp. 172-6.（＝柏端達也、青山拓央、谷川卓共編訳「出来事についてのクワインへの返答」、『現代形而上学論文集』所収、勁草書房、2006、pp. 127-39）
ドイッチュ, D.（1999）、林一訳『世界の究極理論は存在するか』朝日新聞社。(Deutsch, D., *The Fabric of Reality*, Allen Lane, 1997.)
柏端達也（2002）「スーパーヴィーニエンス」、永井均ほか編『事典 哲学の木』所収、講談社、pp. 596-9。
Libet, B. (1985) "Unconscious Cerebral Initiative and the Role of Conscious Will in Voluntary Action", *Behavioral and Brain Sciences*, 8, pp. 529-66.
ロックウッド, M.（1992）、奥田栄訳『心身問題と量子力学』産業図書。(Lockwood, M., *Mind, Brain and the Quantum*, Blackwell, 1989.)
Marchildon, L. (2015) "Why I am not a QBist", *Foundations of Physics*, 45, pp. 754-61.
Mermin, N. D. (2013) "QBism as CBism: Solving the Problem of 'the Now'", Preprint arXiv: 1312.7825.
中島義道（2016）『不在の哲学』ちくま学芸文庫。
佐金武（2015）『時間にとって十全なこの世界：現在主義の哲学とその可能性』勁草書房。

Simon, S. (1996) "Time, Quantum Mechanics, and Tense", *Synthese*, 107 (1), pp. 19-53.
ウィトゲンシュタイン, L. (1978)、奥雅博訳『ウィトゲンシュタイン全集 2 哲学的考察』大修館書店。(Wittgenstein, L., *Philosophische Bemerkungen*, Suhrkamp, 1984.)
ヨベル, Y. (1998)、小岸昭、E・ヨリッセン、細見和之訳『スピノザ 異端の系譜』人文書院。(Yovel, Y., *Spinoza and Other Heretics*, Princeton University Press, 1989.)

[第4章◆コメント]
哲学者に考えてもらいたいこと

谷村省吾

1 青山氏の論文を私はどう読んだか

　私は物理学者であり、青山氏は哲学者である。そのような専門カテゴリーだけで互いをラベルづけることは交流の場にふさわしくないかもしれないが、私としては、私の専門から遠く離れた分野を専門とする人たちが、なにに関心をもち、どのような考え方・話し方をするのか知りたいと思ってシンポジウムに参加した。とくにこのシンポジウムのテーマは時間や現在に関することである。私も物理学者として時間や現在の定義や役割については私見をもっているが、哲学を専攻する先生方には私の見解がどう受け止められるか、また、哲学者は時間や現在をどう捉えているかを知ることは、私にとっても興味深いことである。

　本書に収める青山氏の原稿を読ませていただいた。結果的には、私は青山氏が述べていることのかなりの部分について賛同できなかった。

　それでも青山氏の論文の大筋を私が言い表すとこうなる。青山氏は主に二つの問題を取り上げた。一つは、物質的な出来事と心的な出来事とが同時であることはどうやって認められるか、という問い（私流に言い換えると、物理的方法で規定される「現在」と、私が「いまだ」と思っている「現在」とが同時であることを保証することはできるのかという問い）。もう一つは、私が「いまだ」と思っている「現在」と、他人が「いまだ」と思っている「現在」とが同じであることは承認可能なのか、という問いである。そして、青山氏は、スーパーヴィーニエンスやトークン同一性などの哲学的概念を動員して、これら二つの問題を解決できるか検討し、解決にならないことを認めているようである。青山氏が一番よいとした解答は「物質と意識は別のことだと考え、物質的現象Aから意識状態Bへの作用と、意識状態Bから物質的現象Cへの作用があることを認めれば、意識Bの生起した時刻は、現象Aが起きた時刻と現象Cが起きた時刻の間にある、ということはいえるだろう」というような答えである。青山氏自身は、物質と意識を別のことと考える心身二元論を支持したくないらしい

が、心身二元論はこれら難問に明快な解答を与えてくれたので、不本意ながら心身二元論は優れた論だと認めざるをえない、という結論に達したらしい。

　私は、青山氏の問題の立て方にも解き方にも解答にも問題があると思う。青山論文を読んで私が感じた疑問や、私なりの見解を以下では述べる。

2　最終的物理状態はまだ意識状態になっていない？

　青山氏はこう述べている。《信号の伝達や脳内の情報処理といった物理的過程の探究が終わり、意識状態と対応する最終的な物理状態が明らかにされたとしよう。では、その物理状態がある意識状態を生み出すのに、さらなる時間は不要なのか。》（以下、青山氏の論文中の記述を原文どおり引用するときは《　》で挟んで記す。）

　私は、意識状態と対応する最終的な物理状態はなんだろうかという問いは、自明ではないと思う。しかし、人間も究極的には原子や電子からなる物理的なシステムであると私は信じる。物理状態ではない「なんらかの状態」が人間やその他の動物に備わっているとは私には思えない。

　《意識状態と対応する最終的な物理状態が明らかにされた》と仮定した上で、《その物理状態がある意識状態を生み出すのに、さらなる時間は不要なのか》という問いは、私には意味がわからない。

　もしも、その物理状態がある意識状態を生み出すのにさらなる時間が必要であるなら、そのような物理状態は《意識状態と対応する最終的な物理状態》と呼ぶべきではなかったと思う。「対応」という言葉はなにを意味しているのか？　「最終的」とはなにを意味しているのか？　この問いを立てるということは、そもそも「物理的なシステムの物理的性質・物理的状態ではない意識状態というものがある」と青山氏は考えているようだが、では意識状態の定義はなになのか？　なにのどのような状態のことを意識状態と呼んでいるのか？　私が「痛い」と感じるその質感のことなのか？

　「最終的な物理状態は達成されているが意識状態はまだ生じていない」という状況を想像するということは、「痛いという質感を感じている最中の脳神経細胞と、質感をまだ感じていない脳神経細胞とを比べて、細胞内のすべての分子・原子・電子たちが物理的・化学的にまったく同一の状態であり、ただ意識状態だけが異なっているということがありうる」というふうに青山氏の文章を

読むべきなのか？

　おそらくトカゲでもネコでも「痛い」という質感というか内観というか、内的な感覚をもっているだろうと私は想像するが、それが物理的なシステムの物理的状態ではないなにかであるとは私には思えない。

　おそらく、刺激物・有害物質に出くわして逃走しようとする単細胞生物でも「痛い」とか「臭い」とかのプロトタイプともいうべき物理化学的細胞内反応機構をもっているのだろう。むしろ、我々人間が感ずる「痛い」という質感は、太古の昔の単細胞生物が刺激を受けたときに発動していた細胞内の生化学的逃避反応機構が、進化を経てあれこれ修飾された結果の「なれの果ての姿」だ、と思う方が自然ではないかと思う。

　私はずぶの物理学者であり、物理的存在物が物理的状態以外のなんらかの状態を備えることはないと強く信じている。また、私は生物学や進化論を尊重しており、「痛い」という質感も生化学的反応の一つにすぎず、進化の産物の一つだと言い切ることに躊躇しない。そうすると、《意識状態と対応する最終的な物理状態が明らかにされたとしよう。では、その物理状態がある意識状態を生み出すのに、さらなる時間は不要なのか》という問いが現実世界のなにを指しているのか私にはわからない。

　しつこく言うが、《意識状態と対応する最終的な物理状態がある意識状態を生み出すのに、さらなる時間は不要なのか》という問いを青山氏が発していることから、「意識状態は物理系の物理状態ではない」という信念を青山氏は、少なくともただちに否定しないことはわかった。

　青山氏は、心的な出来事と物的な出来事の同時性の承認はいかにしてなされるのかという問いに心身二元論は明快な返答を可能とすると述べている。しかし、この問いは、心的な出来事は物的な出来事ではないとみなす心身二元論の立場からしか発せられない問いである。心的な出来事は物的な出来事の一種であるとする心身一元論の立場からは、こういう問いは立てられない。心身二元論の立場からしか発せられない問いを心身二元論の立場で回答して、二元論はよくできているなあ（二元論を称揚してしまう）と感心するという態度は、公平さに欠けている気がしてしまう。

　「心身一元論」「心身二元論」という概念をどう定義するかも問題ではあるが、私自身は、心と身体（物質）は、階層の異なる概念だと思っている。心的な出

来事は、物的な出来事を組み立てた高次の概念であるとでもいえばよいだろうか。たとえば、気象現象としての高気圧や低気圧は、空気の分子よりも高次の概念であるが、物理的な概念ではある。たとえば（適切なたとえではないかもしれないが）、「野球選手である大谷翔平のケガの状態」と「野球チームであるロサンゼルスエンゼルスの成績状態」は階層の異なる概念である。ただ、どちらもなんらかの物理的実体のありようについて述べている概念ではあるし、互いに無関係ではない概念である。そうだとしても、階層の異なる概念を一元にまとめようとしたり、対等の二元として並列させたりするのは、ものごとの適切な捉え方ではない。

3　1万年後の恐怖

　青山氏はこうも述べている。《ここで私は奇妙な可能性に思い至る。私のある物理状態が、それに対応する意識状態を生み出すために途方もなく長い年月、たとえば1万年もの時間を要するとしたらどうだろうか。もし、こうした生成の遅れが現実に起こっていたとしても、私の周囲の人々はもちろん、私自身でさえ、なにも気づかないのではないだろうか。物質が、物質以外のなにか（たとえば霊魂！）から因果的に作用されないのだとしたら。》

　簡単にいうと、私が「痛い」の物理状態になってから、私が「痛い」の意識状態になるまでに1万年の時間経過を要する可能性がある、とのことである。

　上のような文は、現実的な意味を抜き去った文として読むことはできるが、「物理状態」と「意識状態」という言葉を別のこととして規定したから構文としては成立するだけのことだと私は思う。

　「意識状態は物理状態とは別のことである、物理状態として記述しきれない意識状態がある」と主張することは、「物理的にまったく同一の状態であるが意識状態の異なっているものが存在する」と主張することだと思うが、そのような存在が科学的に発見・立証されたことはないと私は思う。単細胞生物でも哺乳類動物でも人間でも、その体は電子や原子でできていて、その活動はすべて電子や原子の配置の変化や運動状態の変化として記述できると私は信じており、物理状態以外のなにかを動物や人間が備える余地はないと私は信じている。なので、私は、青山氏の言う《奇妙な可能性》は、言葉として述べられるというだけの可能性であって、物理的実現可能性はゼロであると断言する。

《物質が、物質以外のなにか（たとえば霊魂！）から因果的に作用されない》という文は私には意味がわからなかった。これを「物質が、物質以外のなにか（たとえば霊魂！）から因果的に作用される」という文に書き換えても、私には意味がわからない。

引用が長くなるが、青山氏はこうも述べている。《天敵に出会った生物は、一連の物理的過程を経て危険を回避するだろう。この物理的過程自体に1万年もの時間を要するなら、その生物はまったくまともではない。危険回避の実行以前に、その生物はすでに死んでいる。だが、意識の生成については、このような問題は生じない。天敵に出会った1万年後に恐怖の意識が生じることは、十分に想像可能である。たとえ、出会ってすぐに動悸が高まり、叫び声を上げ、駆け足で逃げ出したような場合でさえ、そうした物理的反応ではなくそれに対応する恐怖の意識が1万年後に生じることはありうる。》

上の文には構文上の誤りはない、という意味で上の文が成立していることは私にもわかるが、恐怖の意識が物理的身体から離れたなにものかであるような説に私は同意できない。天敵に遭遇した動物が、すぐに逃走して、1万年後に（おそらく肉体は滅びているだろうが）恐怖の意識が生じるとは、どうすれば現実世界でそのようなことが達成できるのか私にはまったく想像できない。青山氏がそういう想像をなさっても私はかまわないが、「十分に想像可能である」という普遍的な言い方はしてほしくない。

4　心身二元論が青山氏の前提

青山氏はこう述べている。《この奇妙な可能性（1万年後の恐怖の可能性）は、物質が意識を生み出すという想定に起因するものだろう。「生み出す」という表現は、因果的な理解を我々に促す。》

私に言わせれば、そのような奇妙な可能性は、物質が意識を生み出すという想定に起因しているのではなく、物質と意識は別のことであるという想定に起因している。意識は物質の物理的状態ではないなにかであると仮定しているから、物質が意識を生み出すという語りが必要になり、1万年後に恐怖の意識が生まれるという語りも可能になる。

また、この議論の後に、「物質と意識のあいだの因果的関係」を悪者扱いし、その因果関係を排除しようという試みが行われるが、心身二元論を放棄する試

みもやってみる余地はあったのではないか。

5　物理主義

青山氏はこうも述べている。《しかし、物理主義的な観点から、因果の物理的閉鎖性を厳密に支持するなら——物理的な世界のなかで因果の連鎖が閉じているなら——意識から物質へと向かう因果作用だけではなく、物質から意識へと向かう因果作用もまた不可能となるはずだ。すなわち前節の論述は、前者の因果作用のみを退け、後者を受けいれた不徹底なものといえる。》

前節の論述というのは、かいつまんでいえばこういうことのようである。私の身体が外部から刺激を受けた結果として私の意識が恐怖を感じることはあっても、私の恐怖の意識が私の身体に因果的影響を及ぼさないならば、私の恐怖が1万年後に生じたとしても、誰もその遅れに気づかない可能性がある。

もちろん私ならこのような不徹底な態度はとらない。哲学者の言うところの「物理主義的な観点」というのが私には正確にわからないが、物質界で起こる出来事の関係性は物質界で閉じていると信じることを物理主義と呼ぶなら、私は物理主義者であろう。また、私は、私たちの身体は物質であるし、人々が「意識」と呼んでいることも物質であるところの身体内で起きている物理現象であると信じる。だから身体から意識への影響もあるし、意識から身体への影響もあることを私は認める。そうすると「生物が天敵に出会えば、すぐに恐怖を感じ、ただちに逃げる」という通常の記述が成立する。

もうちょっとつっこんだことをいうと、「天敵に出会って恐怖を感じたことが原因で、逃走することが結果である」とは断言できない。天敵との遭遇により、身体はただちにアドレナリンなどの神経伝達物質を分泌し心拍数や血圧を上げて逃走または戦闘の準備態勢に入るが、そのような生化学反応が脳内では「恐怖」というコードで解釈されているだけかもしれない。つまり、怖いから逃げるのではなく、敵に出会ったから逃げるし、ついでに恐怖も感じているだけかもしれない。そう考えると、恐怖の感情が生じるのは天敵に出会った直後である必要はないかもしれない。十分に逃走して敵が見えなくなったときにはじめて「あー、怖かった」という内観が生じているのかもしれない。そうだとしても、天敵・恐怖・逃走の間の因果的な連鎖を完全に否定するという議論は感心しない。

6　大地と凧は物質と意識のアナロジーか

　青山氏はこうも述べている。《問題を比喩的に整理しておこう。物質は大地に位置し、互いに因果的な連関をもつとする。一方、意識は空に舞う凧であり、それぞれの意識は対応する物質と1本の糸でつながっているとしよう。いま我々が行っていたのは、この糸を非因果的なものとみなすことでその時間的な長さをゼロにしてしまおうという試みであった。しかし、その試みは、実際には容易なものではない。》

　大地と凧が糸でつながっているように物質と意識が関係しているというたとえは、不適切なたとえだと私は思う。大地・凧・糸は同程度のスケールの物体であり、階層ギャップを表現していない。

　物理学者も物事を解釈し説明するために比喩やモデルを使用する。「比喩される概念」と「比喩する概念」には、対応する部分もあれば対応しない部分もある。抽象される部分と捨象される部分があるといってもよい。そして対応を妨げるような夾雑物の少ないたとえがよいたとえとされる。たとえば、「太陽の周りを惑星が周るように、原子核の周りを電子が周っている」というたとえがある。本当は電子は地球のように陸や海といった構造をもっていないし、量子力学に照らせばこのような描写は誤りなのだが、このたとえは、原子核と電子の相対位置関係を太陽系のミニチュア版として捉えるアナロジーを提供している。

　大地と凧と糸というものは、具体的な性質に富んでいる。凧と言われれば、まず「風を受けて飛ぶもの」を思い浮かべる。風による揚力で凧は空を舞う、というのが物理的因果的説明である。大地は凧の原因ではない。大地は凧にスーパーヴィーンしていないし、凧が大地にスーパーヴィーンもしていない。「糸は時間経過ゼロだ」と言ったとしてもなんのことだかわからないし、「糸は有限の時間経過を表す」と言ったとしても糸の幾何的物理的性質が時間のアナロジーになっていない。

　要するに、《物質は大地に位置し、互いに因果的な連関をもつとする。一方、意識は空に舞う凧であり、それぞれの意識は対応する物質と1本の糸でつながっているとしよう》というたとえは、大地と凧というたとえで物質と意識のどのような特徴を捉えようとしているのかさっぱりわからない。この記述は、問題を整理する以上に、問題を散らかしていると思う。

当該の章の注には、凧糸による比喩は十数年前に青山氏が論文に書いたことであり、一種の公共化を経ているので、本章にもあえてそのまま記したとの旨が述べられている。しかし、公共化とはそういうことなのだろうか？　私なら十数年前に書いたことを「公共化されている」として、万人が了承していることであるかのように再掲することはしないと思う。再登場させるにしても、もう少し反省を加味すると思う。

7　スーパーヴィーニエンス

　スーパーヴィーニエンスという概念は、私にとって目新しいものなので、きちんと定式化して吟味したい。

　2値集合 $\Omega=\{0,1\}$ を真理値集合ともいう。個体の集合 X 上の性質 f とは写像 $f:X\to\Omega$ のことである。$f(x)=1$ であることを「x は性質 f を持つ」という。$f(y)=0$ であることを「y は性質 f を持たない」という。$f(x)\neq f(y)$ であることを「性質 f は x と y を区別する」という。A, B を集合 X 上の性質の集合とする。以下の式が成り立つことを「A は B にスーパーヴィーンする」という。

$$\forall x\in X,\ \forall y\in X(\forall b\in B(b(x)=b(y))\Longrightarrow \forall a\in A(a(x)=a(y))).$$

　この定義自体に不思議なところはない。「B で見分けられないものは A でも見分けられない」「A の分解能は B の分解能よりも弱い」「A は B よりも粗い」「B は A よりも細かい」とも言える。たとえば、「図形 x は三角形である」という述語をたんに「三角形」と書くことにすれば、

$$A=\{三角形,\ 四角形\},$$
$$B=\{二等辺三角形,\ 正三角形,\ 非等三角形,$$
$$ひし形,\ 非等長辺をもつ四角形\}$$

は性質の集合になっており、A は B にスーパーヴィーンしている。

　スーパーヴィーニエンスは、性質の集合間の関係であり、論理的な関係である。A が B にスーパーヴィーンしていても、「B が起こると1分後に A が起こる」というような定量的な時間間隔が定まるわけではないし、「B の後に A が起こる」とか「A の後に B が起こる」とかいった物理的な時間順序関係が定まるわけでもない。図形 x は図形として定められた瞬間に、三角形であるか、正三角形であるか定まるのであって、図形の性質の論理的記述に物理的時

間経過を要するわけではない。

　青山氏は、心的状態（意識状態）は脳状態にスーパーヴィーンするという説を紹介している。私なりに例を考えると、性質の集合 A, B として
$$A=\{暖かい，涼しい\}$$
$$B=\{赤、オレンジ、ピンク、水色、青、白\}$$
を選んでみると、こじつけっぽいが、A は心の感じ方、B は身体的・物理的な信号と思えるだろうか。これも A が B にスーパーヴィーンしている例のつもりである。だからと言って、赤い色を見た瞬間に暖かいという質感を感じるのか、それとも赤を見てから暖かいと思うまでに 1 秒の時間を要するのか、はたまた、先に暖かいと感じた後に「ああ、赤ちょうちんの光か」と思うのか。スーパーヴィーニエンス関係を認めたところで、これらのどれが実際に起こることなのか決まるわけではない。

　心脳はスーパーヴィーニエンス関係にあるという説は、青山氏オリジナルのものではないようだし、青山氏はこの説を支持しているわけでもないようだ。そして、青山氏自身、スーパーヴィーニエンスという凧糸の時間的長さは未決定であると述べている。

　まさしくその通り、スーパーヴィーニエンスは述語集合に関する論理的関係であって、物理的な時間長さどころか時間順序すら規定しない。そんなことは、心と脳がどうだとか言わなくても、スーパーヴィーンの定義を読めばわかることである。

　「A が B にスーパーヴィーンしている」という関係は、性質群 B による分類が定まれば性質群 A による分類が一意的に定まるという関係なので、たんなる関数関係といった方がよいと思う。A が心の状態で、B が脳の物理状態だとすれば、心が脳にスーパーヴィーンしているならば、心の状態は脳の状態に完全に従属しているといってよいだろう。そういう説は、心は物理系の物理状態に還元できるとする心身一元論と違いがないように見える。

8　意識には空間的位置がないのか

　青山氏はこう述べている。《この課題の困難さを直観的に理解するには、意識の空間的位置について考えてみるのがよいだろう。物質が空間的位置と時間的位置をもつのに対し、意識は時間的位置のみをもつように見えることはデカ

ルトの時代から気づかれていた。意識の空間的位置というのは謎めいた概念であり、トークン同一性の主張からそれが要請されたとしても、我々は、それがどのようなものかを直接経験することはできない（感覚の生じる身体の場所や、視野の開かれた原点が、意識の場所であるわけではない）。》

　意識の空間的位置という概念は定義不可能・経験不可能な概念だと青山氏は言いたいらしい。意識は、人間の身体に束縛されない超越的なところにあるのだろうか？　私はそうは思わない。

　たとえば、私は、私の隣に座っている人の意識を感じることができない。東京に住んでいる人の意識を感じることもできない。私の意識を青山氏が感じることもないだろう。少なくとも私の意識は、私の身体の境界の内側に閉じ込められているように感じられる。また、食べ物や酒や薬物を摂取した人の意識状態が変化することがあるが、薬物を摂取した人の隣に座っている人の意識状態は変化しない。頭をぶつけて意識を失うのは、頭をぶつけた当人だけである。しかも、頭をぶつけて気を失うことはあっても、肩や足をぶつけて気絶することはめったにない。私の手足は私の意識どおりに動かすことができるが、私がいくら念じても目の前にいる人の手を動かして字を書かせることはできない。

　これらの観察事実から、意識の所在地は脳・皮膚・眼・胃などのどこだというようにピンポイントで指すことはできないが、意識は身体の境界によって空間的に仕切られていると考えるのは無理がない。このことは、トークン同一性を要請しなくても、経験からそう思えることであるし、身体における物質の移動や神経信号伝達のしくみなどを考慮しても妥当な主張である。「意識の空間的位置」という概念はそんなに謎めいた概念ではなく、経験的に、ある程度、限定できていると私は思う。

9　意識はそんなにも神秘的か

　青山氏はこう述べている。《4.1節で見た作家の嘆きは、他者から私へと伝わってくる情報の遅れに向けられていた。だが、我々はいまや、それとは比べ物にならないほどの嘆きの可能性に直面している。あなたの目の前の人物がさまざまな感情をあらわにしても、その感情が当人にとって現象的に捉えられるのはあなたの死んだ後かもしれない。その人物にとっての現在は、あなたにとっての現在から、数万年隔たっているかもしれないのだ。現在という時の存在

を錯覚であるとみなさないなら、これは驚くべき事態である。》
　このことは青山論文にはあからさまには書かれていないが、感情や意識がいつ生起しているかについての本人の自己申告はあてにならないと考えられているのだろう。つまり、「私はいまあなたが好きになりました」とか、「私は今日の午後3時に恐怖を感じ始めて、その恐怖感は3時10分まで持続しました」とかいった自意識にもとづく報告は正しい保証がないということを認めた上で、どうにかして意識の時刻や同時性を確認するすべはないか議論しているのだろう。
　たしかに私も自覚できることが意識のすべてではないと思う。むしろ、自分の意識状態を多少なりとも自覚できるのは人間の大きな特徴であると言ってよいと思う。他の動物も、意識状態に相当するものをもっているだろうし、自意識と呼べるものももっているかもしれないが、人間は自覚の程度がはなはだ強く、自意識が肥大しているとさえ言える。それでも人間には「無意識」と呼ばれる、自覚されない意識の働きがあるようだし、もともと動物の意識は「無意識」から始まったものだろう。
　意識状態について自覚にもとづく報告があてにならず、意識状態は物理的方法で同定できる物理状態でもないと信じている限り、意識の生起時刻は定められないだろうと私も思う。しかし、目の前にいる人物に対して数万年も意識の時刻がすれ違うほどまでに捉えどころのないものとして意識の概念を神秘視する必要があるとは私には思えない。物理的方法を用いて意識の時刻を便宜的に限定できることは、次節のような「挟み込み」の方法によって青山氏自身が説明している通りである。

10　心身一元論と心身二元論とを公平に比較しているか

　青山氏はこう述べている。青山氏の論考の中でもっとも肯定的に書かれている部分なので注目すべきであろう。《ところが注目すべきことに、我々の目下の問題に解決を与えてくれるのは、この素朴二元論なのである。(中略) 常識的な前提にならい逆向き因果（結果が原因に先んじる因果）を回避するなら、心身の時間関係はかなり限られたものとなる。「熱さを感じ、火を消そうと考えた」のは、頭に火の粉がかかった以後でなければならないし、火の粉を払う以前でなければならない。意識とそれに対応する物質（脳）は、複数の作用に挟

み込まれることによって、ほぼ同時とみなしうるほど近い時間的位置関係をもつことになる（「挟み込まれる」ことが必要なのは、そのことによって「物質→意識」と「意識→物質」の両方の作用が関わるからである。もし「物質→意識」の作用しかないなら、4.1節で見た「遅れ」の懐疑は退けられないままだろう）。》

青山氏は、意識は物理系の物理状態ではないとする素朴心身二元論の立場を採用し、物質と意識の相互作用においては「原因が先で結果が後」という時間順序の法則は守られると考えるなら、意識の生起時刻を物理的方法によってある範囲に限定できるという考えに達したようである。

私の常識は、人間その他の動物も物質だけで構成された物理システムであり物理的方法で同定可能な物理状態のみを備えている、と私に教える。また、私は、意識も「原因が先で結果が後」という因果律に従うと考える。つまり私は、徹頭徹尾、物理主義者であり、心身一元論者である。

青山氏は、「意識は物理系の物理状態ではない」という私に言わせれば非常識な考えをもちながら、「意識といえども因果律を破ることはない」という常識的な前提にならうことができるらしい。

私と青山氏の立場の違いは、意識は物理状態だとみなすかそうはみなさないかの違いしかないように思える。つまり、「頭に火の粉が降りかかり、猛烈に熱いという質感が意識にのぼり、火の粉を手で払った」という順序でものごとが起きたと言うだけなら、心身一元論でも心身二元論でも同じことを言えると思う。私は、猛烈に熱いという質感が意識にのぼることも物理現象だと認める。

青山氏は《心身の一元化（唯物論化）をはかる物理主義が心身の時間的結合に苦しむのに対して、心身の分離を認める素朴二元論は容易にその結合を果たす》と述べているが、心身の一元化（唯物論化）をはかる物理主義が心身の時間的結合に苦しんでいるところを青山氏が提示したようには見えない。青山氏は、はじめから心身二元論を前提として問題を立て、心身二元論の立場で答えを出し、心身二元論を称揚しているが、青山氏の議論は心身一元論と心身二元論とを公平に比較検討しているように見えない。

しかし、心身一元的物理主義の方が、虚構がないし、青山氏が推論したのと同じ答えを出せているように私には思える。物理実験でなんらか物理現象の時刻を測るというときも、たいていは、他の参照となる二つの物理現象で挟んで時刻を推定している。青山氏の方法は物理現象の時刻を決める方法となんら変

わりない。

　論点を付け足しておくと、動物なら熱さを意識する前に反射的に火の粉を振り払ってもおかしくないと私は思う。天敵との遭遇のくだりでも似たようなことを私は述べたが、たとえば、突然消しゴムを自分の顔に向かって投げつけられたら、「危ない！　目をつぶろう！」と意識したから目をつぶるだろうか。むしろ、目を開けておこうと意識していても目をつぶってしまうのではないだろうか。「火の粉がかかった・熱い・振り払う」とか「なにかが目の前に飛んできた・危ない・目をつぶる」とかいった出来事の順序は、素朴に想像される順序とは限らない。「熱い」と意識したことが原因で火の粉を振り払ったのではなく、急に頭に火の粉が降りかかれば、なにが起きたのかわからなくても人間は急いで避けようとしてしまうものではないのか。しかし、素朴な時間順序があてにならないと言っても、「熱い」の質感は火の粉が降りかかってきた1万年後に生じるかもしれないというのも極端すぎる想像だろう。意識は身体をモニターし身体に指図する身体的な機構であり、身体が完璧なメカではないのと同様に、意識も身体を完全に管理・支配しているわけではない、という理解でよいのではないか。

　要するに、青山氏が持ち出している例は、とくに心身二元論が一元論よりも説得力があることを示しているわけではない。一元論でも二元論でも似たような手がかりを動員して意識の時刻を決める方法を提案できるが、素朴に目につく物理現象で挟み込んだだけで意識の時刻を確定できるわけではない。

11　意識と存在の相克は普遍的か

　青山氏はこう述べている。《現在－意識－存在のあいだには一種の三角関係があり、現在をめぐる議論は大概、意識と存在のいずれかと結びつく。すなわち現在は、ある議論においては意識の時間的な座として、ある議論においては存在の時間的な座として、規定される。（中略）さて、冒頭で述べたシンポジウムにおいても前記の三角関係は生きており、発表ごとに存在と意識は、われこそが「現在」の規定者である、と互いの前に出る。ただし、その「前に出る」とは、あくまで「現在」の意味づけにおける優先性のことであり、存在と意識の二者間の（存在論的な）優先性についてのものではない。（中略）さきほど私は、シンポジウムでの発表ごとに規定者の座をめぐる相克が見られた、と

述べた。しかし、より興味深い――思考を触発される――のは、個別の発表のいくつかにおいても、その同一の発表内にこの相克を感知したことである。これはつまり、意識と存在のいずれをもって「現在」を意味づけるべきかが、学問分野ごとで完全に定まっているとは限らないことを示す。現在－意識－存在の三角関係は、人間の思考の一般的な型に根深く入り込んでいるわけだ。》

　私の講演や論文において、私は、この世界の自然物や時間などは人の意識に依存せず、人の意識に先立って存在しているという立場を徹底しているつもりである。物理学では「存在物が人間の意識に先立って存在する」というのは非常に強く支持されている考え方である。そうでないと、人類が発生する以前の生物や地球や宇宙の歴史や、何万光年も離れた天体について、なんらかの存在を信じて述べることができなくなるからである。また、自然物や時間の物理学上の意味づけを考える際も、他の自然物との関係における意味づけを優先するのが通例であり、人間の意識の観点からの意味づけを優先させることはまずない。人間の意識の観点からの意味づけが優先されることといえば、「美しい」とか「優しい」とか「勇気がある」とかいった価値判断のことを私は思い浮かべる。

　ちなみに、量子力学の観測問題において意思・意識をもった観測者が本質的な役割をもつと考える人がしばしばいるが、私は観測問題においてすら人間の意識が介在する必要はないと考えている。物理学でいう「観測者」は意識をもった人間である必要はなく、測定器と記録装置のセットのことを「観測者」と呼んでもさしつかえない。「量子力学の波動関数は観測者の心理状態を記述している」というのがQBismの主張だが、これはまったくの見当違いな説であると私は考えている。機会があればこれについても論じたい（フォン・バイヤー著『QBismキュービズム：量子情報時代の新解釈』に対する書評（日経サイエンス2018年6月号 p.108）および谷村著『アインシュタインの夢ついえる』（日経サイエンス2019年2月号）の補足解説で私の見解を論じた）。

　もちろん私は、「現在」という概念を規定することに関しても意味づけることに関しても「意識」よりも「存在」が優先すると考えている。講演においてもパネルディスカッションにおいても私自身の言葉の中に「存在と意識の相克」が顔を出したことなど一度もない。

12 マーミンやドイッチュが述べていること

マーミンは「My Now」に関する論文をいくつか書いているが、彼が述べていることのうち私から見て最も説得力があるのは、以下のような記述である（私なりの要約）。

「Now」の問題は新しい物理法則を発見することによって解かれるようなものではない。「世界の物理学的記述に Now がない（のはおかしい）」という結論へと導いてしまう我々の誤った前提を見出すことによって、「Now」の問題は解消するであろう。誤りの一つとして、我々は、主観（私）と客観（外界）という二分法にあまりにも慣れており、私は物理的世界の外にいるように思い込んでしまうものだ。もう一つの誤りとして、時空図という概念はあまりにも便利なので、4次元時空が実在すると思い込んでしまう。しかしそれは誤謬である。

マーミンの文章を原文どおりに掲載しておく。

> The problem of the Now will not be solved by discovering new physics behind that missing glowing point. It is solved by identifying the mistake that leads us to conclude, against all our experience, that there is no place for the Now in our existing physical description of the world.
>
> There are actually two mistakes. The first lies in a deeply ingrained refusal to acknowledge that whenever I use science, it has a subject (me) as well as an object (my external world). It is the well-established habit of each of us to leave ourself—the subject—completely out of the story told by physics.
>
> The second mistake is the promotion of spacetime from a four-dimensional diagram that we each find extremely useful into what Bohr calls a "real essence." My diagram, drawn in any fixed inertial frame, enables me to represent events from my past experience, together with my possible conjectures, deductions, or expectations for events that are not in my past or that escaped my direct attention. By identifying my diagram with an objective reality, I fool myself into regarding the diagram as a four-dimensional arena in which my life is lived. The events we experience are complex, extended entities, and the clocks we use to locate our experiences in time are macroscopic devices. To represent our actual experiences as a collection of mathematical points in a continuous

spacetime is a brilliant strategic simplification, but we ought not to confuse a cartoon that concisely attempts to represent our experience with the experience itself. (N. David Mermin, What I think about Now, *Physics Today* 67, 8-9 (2014))

　私なら、「4次元時空という概念は、現実世界の出来事を記録するための用紙であって、現実そのものではない、地図帳が現実世界ではないのと同類のことだ」というだろう（似たことを誰かが言っていた気がする）。地図に私の現在地点を記すことができるように、4次元時空図に「私の現時空点」を記すこともできる。しかし、相対速度がゼロではない2人以上の観測者にとっての現在は、客観的な方法で定める限り、一致しない。たとえば、地上に立っている人にとって、火星に探査機が着陸したことが現在であっても、宇宙ステーションの乗組員にとっては火星探査機の着陸は現在の出来事ではない。そうなってしまうのは、乗組員の意識の問題ではないし、人間の思考様式の問題でもない。相対論の帰結なのである。言い換えると、この宇宙に存在する物質を手がかりとして時間のありようを規定する限り、そうなってしまうのである。そして物理学者なら、時間であろうと現在であろうと、それらの物理的なありように合わせて時間を意味づけし解釈するのが普通の態度である。

　青山氏は、《「現在は主観的な錯覚であるから客観的な物理学においては消え去る」といった主張は——たとえばデイヴィッド・ドイッチュの著書で実践されているように——現在をまずは意識によって仮に規定したうえで、その実在性を否定するものであり、存在によって現在を規定することはしていない》と述べている。

　しかし、ドイッチュの「現在は主観的な錯覚である」という文中の「現在」という語は、「読者の皆さんが日常感覚として了解していらっしゃるところの、あの現在」を指しているだけのように思える。現在のなんたるかを意識の概念を用いて規定したのち、物理学を用いてそのような定義が無効であることを証明するという論法をドイッチュが実践しているようには読めない。引用されているドイッチュの『世界の究極理論は存在するか』は非専門家向けの本である。一般読者を相手に「現在」という言葉を用いる場面で、物理的な存在物のみを参照した（慣性系に依存する）現在の厳密な定義をいきなり述べるのは不親切であり、まずは「読者の意識によって思い浮かべられる現在」に言及する方が

親切であろう。そしてドイッチュは親切な語り口を選んだのであろう。

　物理理論は現実世界に関連づけられることがらを述べようとする体系なので、「現在」とか「時間」とか「光」といった、ある程度、人間の経験にうったえる用語を用いる。論理的には、経験によらない理論語の定義を述べた後にそれらを経験や意識と結びつけて解釈することもできるし、相対論や量子論はそのように理論構成ができている。ただ、いきなり「慣性系」とか「ローレンツ変換」とかいった専門用語を持ち出したら一般読者はついてこられないだろうから、ドイッチュは日常語としての「現在」の語義を参照しただけのことであろう。

13　哲学者は取り残されてもよいのか

　青山氏はこうも述べている。《「現在」の規定者をめぐる相克は、物理学においてもときに顔を出す。確率性をもった非決定論を認め、さらに、4次元時空の内容は次第に決定されていくと考えるとき、決定部分／未決定部分の境界がなにを意味するのかを論じる際などに──。》

　第1章において私は、量子的なミクロ系に関しては決定部分／未決定部分の境目は、境界線とか境界面といえるような薄っぺらな領域ではなく、厚みをもったグレーゾーンのように捉えるべきだという話をごく手短に紹介した（第1章末尾で参考文献を挙げた）。

　量子力学における不確定性関係や確率法則は、「測定を行うまでは物理量の値を観測者が知ることができない」と言っているだけではなく、「もしも測定していたならこれこれの値が得られていただろうという仮定法的な想定をしてはいけない」ということまで含意している。物理量の値の仮定法的実在性は、ベル不等式の破れという実験によって否定されている。

　また、量子論は、測定のやり方によっては物理量の値が永遠に不確定になってしまうことがあることも教える。そのような現象は量子消去と呼ばれ、実験実証も数多く行われている。場合によっては、未来に行う測定によって過去の物理量の値が不確定になることもあり、そのような現象は遅延選択量子消去と呼ばれる。

　測定結果によっては、物理系が過去のある時点である状態になっていた確率がマイナス1だと言わざるをえない事態もある。そのような現象が起こりうる

ことは、量子論の弱値概念を用いて予想されていた。間接的な方法ではあるが、「確率マイナス1」と解釈される事象は実験によってもたしかめられている。

つまり、「未決定だった未来が、現在を通過する瞬間に確定し、決定事項としての過去が累積・膨張する」という描像は、相対論を無視した古典物理学ではなんとか成立するが、相対論を考慮すると現在という境界線は客観的に定義できなくなるし、量子論を考慮すると過去はすべて確定事項だとは言えなくなる。量子論の確率性は、測定すればものごとは確定するというようなわかりやすい確率論ではない。また、4次元時空の内容は決定事項が単調増加的に蓄積されていくものでもない。未来に行われた操作によって永遠に痕跡が失われる過去の物理量もあるし、過去の状態であっても理論的に確率値をあてがおうとすると確率がマイナス1という不思議な値になってしまう状態もある。確率がマイナス1であることが決定した状態は、通常の言葉づかいでは確定事項とは呼ばれないのではないか。

しかも、これらの理論や実験には、観測者の意思や意識が関与する余地はない。物理学は、「原子や電子などミクロ系に対してマクロな測定器が働きかけると、これこれの実験結果が記録される」といったことを主張する（こういうことをいうと、「道具主義だ」というご批判（？）を受けかねないが、測定器に生起する物理現象を物理理論によって予測するのは、電子の実在を信じる・信じないの程度によらない、物理学の作法であって、科学哲学者たちの実在論論争とは関係のない話である）。測定プロセスに観測者の意識が必要だったわけではない。

《4次元時空の内容は次第に決定されていく》というイメージは、人間にとって手頃なサイズの現象の観察から作られたイメージだと私は思う。壮大な天体現象や光速に近い速さで動く物体や量子的現象などを視野に入れるなら、《4次元時空の内容は次第に決定されていく》という時空観や、《決定部分／未決定部分の境界》という現在観は、偏狭なイメージであったと言わざるをえない。

これらの事例は、我々人間が生まれ育つときに獲得した思考様式や言語体系は、極微の原子の世界や、遠大な宇宙のことを記述し解釈するのに適していなかったことを示している。心身二元論とかスーパーヴィーニエンスとか、我々の語義を現実世界の方に押しつけてなにかをわかった気になろうとするのは無理があると私は考える。

むしろ私が哲学者に期待するのは、新しい物理学や新しいテクノロジーが垣

間見せてくれる世界を適切に捉える新しい言語や概念体系を作ってくれることである。いまの哲学者がやっていることは、その真逆で、宇宙のことも原子のことも知らなかった人間の言葉の範囲で無理やり世界を解釈しようとしているように見える。

　普通は、ある学問領域で新しい知識が得られれば、ほかの学問でも問題の立て方や解き方の変化が起こるものである。顕微鏡が発明されて微生物・細菌が見えるようになると、医学は飛躍的に進歩した。放射性物質が発見されると地質学や考古学における年代測定方法は各段に進歩した。DNAが発見されると医学も農学も薬学も人類学も激変した。X線分光学やDNA鑑定が、毒物の同定や人物の同定など、犯罪捜査や裁判の証拠提供にまで使われている。裁判は学問とは違った意味で真実を厳しく追究する営みだが、物理学や生物学の方法はそれくらい高い信頼を得ているということだろう。いまや脳神経系の伝達物質や電気化学的信号機構もかなりの部分が解明されており、脳内の活動を観察するfMRI（functional magnetic resonance imaging）という装置も研究や医療の現場で使われている。fMRIは、血流中のヘモグロビン分子と酸素分子の結合の度合（活動中の脳細胞は酸素を多く消費するので、脳内毛細血管中の赤血球のヘモグロビンが脱酸化状態になる）を観察することによって脳の各部位の活動レベルを推定する装置である。fMRIは意識状態を直接観察はしていないが、意識・感情と脳の活動との相関を調べる方法を提供している。また、MRIは分子中の原子核のスピンの状態を測定する装置であり、その動作原理はもちろん量子力学である。また、原子の量子力学的性質を利用した原子時計は、人工衛星に搭載され、GPS（global positioning system）として飛行機や船や自動車を誘導するのに利用されている。もちろんGPSは相対論効果も計算に入れて運用されている。量子論や相対論は遠い世界の話ではなく、他の科学分野や現代文明に活用されている。これら現代科学の知見を活かして哲学も発展してほしいものである。

　近い将来に人間と機械の融合が進むだろう。当人にとっては腕を動かそうと考えただけで動くバイオニック・アーム（義手の一種）がすでに実用化されている（ユヴァル・ノア・ハラリ『サピエンス全史（下）』p.251, 河出書房新社, 2016年）。やがては、義手の触覚を脳に伝えることもできるようになるだろう。人体のサイボーグ化がありふれたことになったときに、哲学者はなお心身二元論

を真剣に取り上げるだろうか？　そのような時代になっても、「意識は物質とは別のことだ、意識は物理システムの物理状態ではない」と言っていられるだろうか？

　一方で、義手・義足が思考だけで遠隔操作できるようになって、遠方にあるカメラが捉えた映像やセンサーが捉えた触覚を脳が直接感じることができるようになったら、自分の意識の所在地を特定することは意味が薄れてくるかもしれない。地球に置いてある手と、火星に置いてある手の両方を動かせる体になったら、両手を同時に動かすとはどういうことか相対論を考慮に入れて考えるようになるだろう。さらには、巨大なコンピュータに複数の人間の思考を預けることができるようになったら、個人の意識の境界というものも雲散霧消し、複数の人間の間で同時性を共有することは難なくできるようになるかもしれない。そういうSFめいた世界を哲学的に考えることにどれほどの意味があるか私にはわからないが、科学とテクノロジーを知らなかった人間の語義の範囲でものごとを考えるよりは、ずっと刺激的で面白いと思う。

　校正時の追記：青山氏のリプライ稿を読んで再び疑問を抱く点があり、私のウェブサイトで改めて疑問点とコメントを公表しようと思う。

[第 4 章◆リプライ]
まず問いの共有を

青山拓央

1　機能とクオリア

　拙論の冒頭（〈概要〉や 4.1 節）で述べられているように、拙論でいう「意識」とは、主観的で現象的な——いわゆるクオリアに関わる——狭義の「意識」であり、それゆえ、機能主義ですでに説明が可能な心理的機能のことを意味しない（機能主義とは〈心の哲学〉における一つの立場）。D. J. チャーマーズの登場以来、「意識」という語のこの用法は哲学においてお馴染みのものだが、以下では「意識」ではなく「クオリア」という語の方を使っていこう。

　クオリアについて論じることは、もちろん、心理的機能が存在しないとか、それが心と無関係であるといった、馬鹿げた主張をすることではない。〈心の哲学〉の研究者はみな、心理的機能の重要性を知っており、その長所（唯物論的解釈が容易であり、また、生物学や進化論とも整合性が高いこと）も十分に認めている。そして、そのうえで、心理的機能に留まらない——あるいは、それがどのような意味で心理的機能とみなせるのか未解明である——ものが、たとえば、主観的な「痛み」の質感として存在することに注目し、それを「クオリア」と呼んできたわけだ。

　谷村氏がコメントで挙げた「痛み」「恐怖」等の物理的状態の例は、すべて心理的機能にあたる（下記に補足）。谷村氏には、拙論がクオリアの時間性を問うていることが共有されておらず、この理由から、コメントの内容も拙論とかみ合わないものとなっている。とはいえ、谷村氏の観点に立てば、それは無理もない面もあるだろう。たとえば、先記の「意識」の用法は〈心の哲学〉においては見慣れたものであるが、専門外の人々にとってはそうではない。「意識」と聞いて、心理的機能を真っ先に思い浮かべる方もいるだろうし、日常語としての「意識」についてなら、それは一つの正当な解釈だ。

　（補足：谷村氏のコメントには「質感」との表現もあるが——これをクオリアと同一視したとして——現象的な質感そのものについての物理的状態の例は挙げられていない。そして、コメント全体を見る限り、そのような例を挙げることがなぜ困難

か（同一説や機能主義等がどのような壁にぶつかってきたか）も、念頭におかれていないだろう。）

さて、「意識」という語の用法は、それ自体としてはたいした問題ではない。重要なのは、心理的機能を「意識」と呼ぶことを仮に認めたとしても、それのみで意識は構成されるのか、である。さまざまな心理的機能が三人称的な（特定の主観に依存しない）観点から因果的に説明されることをふまえると、一人称的で私秘的なクオリアは——たとえば、私だけに感じられ、三人称的には認識不可能なこの痛みそのものは——それもまた意識の構成に欠かせないものだと多くの論者が考えてきた。

このように考えることは、少しあとで述べる通り、二元論を前提とすることではない。たとえば、J. R. サールは著書『MiND』で、二元論をはっきり否定しつつ、こんなふうに書いている。「意識を消去的に還元することはできない。なぜなら、意識は実際に存在するからだ。〔……〕意識を神経的な基盤へと因果的に〔（ただし三人称的に）〕還元することはできる。だが、その還元は存在論的な還元を導くものではない。なぜなら、意識は一人称的な存在論を備えており、もし意識を三人称の用語で定義しなおせば、意識という概念をもつことの意義を失うからだ」（山本貴光、吉川浩満訳、ちくま学芸文庫、162頁、角括弧内引用者）。T. ネーゲルの表現を借りれば、コウモリの神経生理学について三人称的な事実をすべて知ったとしても、「コウモリであるとはどのような感じがすることなのか」はわからない。

谷村氏はコメントのなかで、「「〔……〕細胞内のすべての分子・原子・電子たちが物理的・化学的にまったく同一の状態であり、ただ意識状態だけが異なっているということがありうる」というふうに青山氏の文章を読むべきなのか？」と書かれているが、拙論での分析において、その答えはイエスである。この「ありうる」は、〈心の哲学〉の領域でたいへん重視されており、「現象ゾンビ」と呼ばれる有名な思考実験にもつながるものだ。現象ゾンビとは、クオリアをもつヒトと物理的にまったく同一でありながら、クオリアをもたない存在であり、それがどのような意味で可能（あるいは不可能）かについて多数の議論が交わされている（厳密にいうと、上記の「ありうる」に関しては可能性概念の分類が必要となるが、それについては下記文献に譲る）。

2　論点先取の危険性

　クオリアをめぐる長大な論争をこの場で振り返るのは適切ではない。〈心の哲学〉の解説書は大抵、クオリアの問題を扱っており——現象ゾンビもしばしば登場する——多くの優れた解説書が国内外で出版されているため、興味のある方はそちらをあたっていただきたい（前掲の『MiND』のほか、下記の補足でもいくつかの参考文献を挙げる。私自身も、『分析哲学講義』（ちくま新書）の第八章にて、〈心の哲学〉の解説を記した）。

　クオリアの議論の背景がある程度共有されているなら、本章掲載の拙論について簡潔にこう述べることができる。拙論は、クオリアの実在を認めた場合にその時間性をどう扱うかを論じたものであり、クオリアが実在するか否かを争点としていない。もし、読者がクオリアの実在を否定するなら、拙論での考察はほぼすべて無視してかまわない。ただし、読者はその場合には、クオリアの実在を否定することの重みを——否定者はその人自身がクオリアをもつことも否定すべきである——真剣に受け止めなければならないが。

　一つ注意が必要なのは、クオリアの実在を認めることが二元論の承認を含意しないことである。むしろ、私の見るところ、クオリアをめぐる今日の論争は主に唯物論の内部で行われており、そこでは、クオリアの実在を否定する立場のほか（この立場を明確にとる論者は意外に多くない）、クオリアの実在を認めた上でそれが唯物論とどのように整合しうるかについて、複数の立場が存在する。

　それゆえ、拙論がクオリアの実在を認めた上で二元論の優位点を挙げていくことは——二元論的前提から二元論的結論を導くような——議論の循環にはなっておらず、むしろ拙論では、クオリアの唯物論化を試みる諸説の存在を見据えた上で、その隙を突くような問題提起が為されている。クオリアの唯物論化の試みはしばしば論点先取の誤りをおかすものだが（下記に補足）、拙論では、時間性に関わるそうした論点先取の危険性が述べられているわけだ。

　（補足：この種の論点先取については、たとえば、『心の哲学入門』（金杉武司著、勁草書房）の71-73頁や、『意識の諸相〈上〉』（D. J. チャーマーズ著、太田紘史ほか訳、春秋社）の第5章等を参照。なお、クオリアの唯物論化に関する専門的な試みについては、『シリーズ　新・心の哲学 II　意識篇』（信原幸弘、太田紘史編、勁草書房）所収の諸論文に詳しい。）

　以上のことから、拙論はエッセイ的なその外観に反して、ある意味ではじつ

は専門家向けである。クオリアの唯物論化について多くの試みを知っている方ほど、拙論で提起された問題に対し、論点先取でない回答を与えることの困難を理解されるだろう。だが、拙論は別の意味で、とても素人的である。〈心の哲学〉を生半可に学んでいない者のほうが、先入観にとらわれず、問いを共有できる面がある。私はこのことを、現任校での初学者向け講義にて、質疑応答を繰り返すなかで実感した。〈心の哲学〉の初学者たちは、私が二元論の難点を講義し、さらに（クオリアについてはまだ説明せずに）同一説や機能主義について講義するのを聴くと、クオリアの議論に近似したものを独力で述べだした。そして彼らは、あるクオリアがある物理的状態と「同一である」といえるための条件を思考し、その同一性と時間性とについて、拙論での問いにつながる質問を発した。

　繰り返すが、クオリアの実在性の擁護は二元論を含意しないため、彼らが「素人の二元論者」だから先記の反応をした、というのはあたらない。ただし、彼らが素人であったことは、思考の柔軟性を高めただろう。考えてみれば、チャーマーズ、ネーゲル、あるいはS. クリプキらによるクオリアの議論を牽引した問いは、いずれもよい意味で素人的な——素朴だが高い公共性をもった——直観にもとづくものだった。なお、直観をもとに問いを発することは、その直観における措定物の実在性に固執することではないし、また、科学の進展によってその直観が改訂されることを拒むものでもない。重要なのは、まずは問いがしっかりと共有されることであり、そして、今日の知見によってその問いがどれだけ解消し、どれだけ解消しないのかを正確に見定めることである（現象ゾンビや、拙論での「意識の遅れ」のような奇妙な想定も、この正確な「見定め」のための思考実験として為されており、たんにそうした想定が可能であると断言したいのではない）。

3　〈現在〉への問い

　〈現在〉という時点の特権性はクオリアと並ぶ拙論のテーマだが、こちらについても素人的な直観の果たす役割は大きい。すなわち、〈現在〉の実在を認める立場と、その実在を認めない立場——J. M. E. マクタガートの影響のもと、前者は「A理論」、後者は「B理論」と呼ばれる——との対立が〈時間の哲学〉の中核を成すが、この対立を掘り下げる際、〈現在〉についての日常的直

観を吟味することは重要だ(なお、任意の時点との同時性に還元されない、A 理論的な意味での「現在」を、このリプライでは「〈現在〉」と表記する)。最終的にその直観を擁護するにせよ放棄するにせよ、〈現在〉への直観の詳細を、対立の両陣営は知っておかなくてはならない。そうすることで、はじめて両陣営は、〈現在〉への問いを共有できる(クオリアについても、そうであるように)。

　ここで付け加えるべきなのは、A 理論の支持者はなにも、素朴な直観をただ振り回して〈現在〉は実在すると言い張っているわけではないことである。彼らの大半は、もし説得的な議論が与えられたなら、自分の直観に反しても〈現在〉が実在しないことを受け入れるだろう。そして、その際は、〈現在〉という幻想がなぜかくも公共的なのかについて(諸科学とも連続的なかたちで)その幻想のメカニズムを探ろうとするに違いない。時間についての研究は、時間とはなにかだけでなく、人間にとって時間とはなにかを明らかにすることも含んでいるからだ。幻想としての〈現在〉が人間にとっての時間に必須であるなら、それを幻想と指摘するだけでは後者の課題は果たされない(心理学者や神経科学者はこの種のことを深く理解していると感じる)。

　A 理論の支持者は、今日、〈現在〉の実在性への直観をなぜ大切にしているのか。それは、彼らの分析によれば、諸科学を含めた今日の知見はこの直観をまだ消去することができず(地動説の知見が天動説の直観を消去したり、生物学の知見が生気論の直観を消去したりしたようには)、他方で、〈現在〉への直観は、多様な信念体系や生活実践と結びついているからだ。クオリアについて述べたのと同様、〈現在〉の実在を否定する者は、〈現在〉の実在を否定することの重みを真剣に受け止めなければならない。たとえば、いつが〈現在〉であるかは時間の流れとともに移り変わる、といった信念や、〈現在〉すでに死んでいる者と〈現在〉まだ生きている者は異なったあり方をしている、といった信念も、その場合には捨て去らねばならない。

　拙論で紹介した D. ドイッチュの論述について、谷村氏はこう記している。「ただ、いきなり「慣性系」とか「ローレンツ変換」とかいった専門用語を持ち出したら一般読者はついてこられないだろうから、ドイッチュは日常語としての「現在」の語義を参照しただけのことであろう」。〈現在〉を論じるにあたり、ドイッチュはたしかに一般読者にも配慮して、日常語が呼び起こす直観に訴えていただろう。だが、ここで本質的なのは、たとえ専門用語を使ったとし

ても、日常的な直観に頼らない語義を――そしてたんなる同時性に還元されない語義を――〈現在〉に与えられるかどうかだ。〈時間の哲学〉の研究者の多くは、まさにこの点にこだわっている。たとえば「慣性系」や「ローレンツ変換」の概念は、同時性が相対的であることの見事な説明に貢献するが（学生の頃、私はその数式を見て本当に美しく感じた）、日常的直観に頼らない語義をA理論的な〈現在〉に与えてはくれない。

　ドイッチュだけでなく、D. マーミン（拙論で挙げた Mermin（2013）等）、あるいは、アインシュタイン、R. ペンローズ、B. グリーンなどの物理学者も、日常的直観にも依拠して〈現在〉の存否を論じているが（D. ブオノマーノ『脳と時間』第9章）、そこには非専門家への配慮だけでなく、次の事情もあっただろう。「アインシュタインはかつて、〈現在〉についての問題が彼を真剣に悩ませていると述べた。〈現在〉の経験は、人間にとってなにか特別なもの、過去や未来とのなにか本質的な違いを意味するが、この重要な違いは物理学に現れていないし、現れえない、と彼は説明した」（Carnap, R. *The Philosophy of Rudolf Carnap*, ed. P. A. Schilpp, Open Court, 1963, p. 37. 拙訳）。「物理学に現れていない」以上、〈現在〉についての問題提起は他領域の語義を必要とするし、日常的直観もときに要請する。

　マーミンはマクタガート的な〈現在〉への問いを、かなりの程度、哲学者と共有している（そして、それが同時性への問いでないことも明記している）。〈時間の哲学〉の研究者として私はこのことを嬉しく思うが、ただし、その問いへの彼の応答は――彼の見立てに反して――問いを解消するものというより問いの置き場所を変えるものだ。その理由を簡単に述べて、私のこのリプライを締めくくろう。

　4次元時空図はきわめて有益なものであるが、それを「客観的な実在」と混同してはならない、とマーミンは述べる（下記に補足）。4次元時空図に記されたマーミンの「世界線」にはA理論的な〈現在〉が存在しないが、しかし、マーミンの経験によれば、「［伸長していく］私の世界線は、私の〈現在〉を表す輝く点のような何かを、その末端としているはずだ」（Mermin 2013, p. 3. 拙訳、角括弧内引用者）。そして、「〈現在〉の問題は、その輝く点の後ろで新たな物理学を発見することによっては解決しない」（同頁、拙訳、強調引用者）。

　（補足：この指摘は、H. C. フォン・バイヤーが著書『QBism』にて、哲学者 A. コ

——ジブスキーの警句「地図は土地ではない」をもとに為した指摘と軌を一にする（松浦俊輔訳、森北出版、35頁）。谷村氏のコメントにあった「地図帳」の比喩も、その由来は同書かもしれない。）

　以上の現状分析のもとで、マーミンは〈現在〉への問いに対し、次のように応答する。「QBism」（量子力学の主観確率的解釈）の精神に則った新たな科学観の下では、「輝く点の後ろ」にない——つまり〈現在〉を排除しない——物理学を構築することができる。なぜなら、その科学観は、経験される諸対象（それらは4次元時空図に記される）だけでなく、経験をする主体をも科学の埒内におくものであり、経験が増加するとともに「輝く点」としての〈現在〉が移り行くことを実在視するためだ。

　「主観的な」経験と「客観的な」諸対象という素朴な二分法を脱している点でマーミンの応答は優れているが、しかし、〈現在〉への問いは、4次元時空図から経験へとその置き場所を変えただけである。「輝く点」を末端とする私の世界線が、私の経験の増加とともに伸長していくことを認めたとして、その「経験の増加」とはなんなのか——、すなわち、ある〈現在〉の経験が〈現在〉のものでなくなり、かわりに新たな〈現在〉の経験が生じるとはいかなることなのかは、まったく謎のままだ。その「増加」を意味づけるために、より高次の〈現在〉の移り変わりを持ち出すなら、問題は先送りされたにすぎない（主観確率的解釈をされたデータの「増加」についても同様）。

　今日的な〈時間の哲学〉はマクタガートによって始動されたが、前段落での論点をマクタガートは当初から知っており、だからこそ、出来事だけでなく現象的な経験についても〈現在〉をめぐる矛盾が生じると記した（『時間の非実在性』、永井均訳、講談社学術文庫、50-51頁）。それゆえ、マーミンは〈時間の哲学〉の出口ではなく入口にいるが、それでも、彼が直観を軽視せず、〈現在〉への問いに正面から向き合っていることは意義深い。彼のような、〈現在〉への問いの共有者が科学の諸領域に増えていったなら、〈時間の哲学〉は科学からさらに多くを学べるだろう。

第5章　時間に「始まり」はあるか
——哲学的探究

森田邦久

5.1　序論：時間の経過と〈現在〉の存在

　時間に始まりがあるのだろうか、それとも時間には始まりがないのだろうか。この問いについては、いまや現代物理学もその答えへと迫っているが、本章では、哲学的な考察からこの問いへ迫ろう。

　ところで、このような世界に始まりがあるかどうかという議論は、本書のテーマである「〈現在〉という謎」とどのような関わりがあるのだろうか。本章の目的は、時間経過の実在の有無と世界の始まりの有無に密接に関わりがあることを示すことである。そして、時間経過の実在（以下ではたんに「時間が経過する」と書く）と、発話者と相対的な時点である現在ではない現在の存在が関係するのである。ここで、「発話者と相対的な時点である現在」のことを「指標的現在」と呼ぼう。つまり、「ここ」や「あそこ」が発話者と相対的な地点であるのと同様の意味で、発話者に相対的な時点のことであり、このような意味での現在の存在に異議を唱える者はいないであろう。それに対して、発話者と相対的でない現在のことを絶対的現在（以下では〈現在〉と表記する）と呼び、これは客観的で特権的な時点であるが[1]、〈現在〉が存在することはかならずしも自明ではない。そして、このような〈現在〉の存在の有無と時間が経過するか否かに関係があるのである。

　では、どのようにこれらは関係するのだろうか。ダウは「私は時間の『A理論』を、過去・現在・未来のあいだになんらかの形而上学的に深い重要な差異があるとする立場とみなす」と述べる。ここで「A理論」とは「時間が経過する」と考える立場の形而上学的理論である（ただし、もろもろの事情から本章ではこの術語を採用せず、時間が経過すると考える立場を「動的時間論」と呼ぶことにする）。つまり、ダウは時間が経過すると主張することは「過去・現在・未来のあいだになんらかの形而上学的に深い重要な差異がある」と主張す

ることになるというのである。同様の主張は多くの哲学者たちによってなされている[2]。

　しかし「過去・現在・未来のあいだに形而上学的に重要な差異がある」とはどういう意味なのだろうか。もし、現在が発話者と相対的な時点にすぎないのであれば、「ここ」と「あそこ」のあいだの区別は（発話の文脈から切り離すと）なんら特別な意味をもたないのと同様に、現在と過去や未来の差異にも重要性はないだろう。だが、もし〈現在〉が存在するならば、これらの差異は、いわば「世界の側」にある差異であり、したがって形而上学的に重要な差異となる。それゆえ、〈現在〉が存在するということは過去・現在・未来のあいだに形而上学的に重要な差異が存在するということであり、また逆も真である（過去・現在・未来のあいだに形而上学的に重要な差異が存在するということは〈現在〉が存在するということである）。

　だが結局、「過去・現在・未来のあいだに形而上学的に重要な差異が存在する」とか「〈現在〉が存在する」とはどういうことなのだろうか。それは「〈現在〉がどの時点であるかが世界の状態に影響を与える」ということである（ただし、この「世界の状態に影響を与える」とは経験的にわかるような影響ではなくあくまで形而上学的なものである）。なぜなら、もし〈現在〉がどの時点であっても世界の状態にまったく影響を及ぼさないのならば、そのような存在者を認めることは（形而上学的な意味でも）思考節減の原理に反するからである。一方で、もし世界の状態が、どの時点が〈現在〉なのかに依存するならば〈現在〉は存在するといってよく、それゆえ、過去・現在・未来のあいだに形而上学的に重要な差異があるといってよいだろう。

　だが、次の問題は、「どの時点が〈現在〉であるかが世界の状態に影響を与える」とはどういう意味なのかということである。ここで動的時間論にも、その存在論的な立場により三つの理論があるのでそれについて簡単に説明しておこう。まず、現在の実在性 reality は認めるが過去や未来の実在性を認めない立場を「現在主義」という。次に、現在と過去の実在性は認めるが未来の実在性を認めない立場を「成長ブロック宇宙説 growing block universe theory (GBUT)」という。この立場では、ブロック宇宙の「先端」が〈現在〉であるということになる。最後に、過去・現在・未来すべてが同等に実在すると考える立場を「永久主義」という。ここで、永久主義で静的時間論（時間経過は実在しないという立場）を取るという立場もあるので、動的時間論の立場に立つ

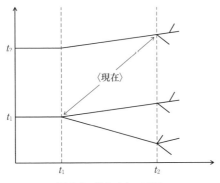

図 5.1　枝わかれモデル

永久主義を「動的永久主義」と呼ぶことにしよう。なお、のちに述べるように論理的には静的な現在主義や GBUT もありうるのだが、そのような立場を擁護する研究者は（おそらく）いないので、すべての現在主義と GBUT は動的時間論の立場に立っていると仮定する。また、積極的に擁護する論者は少ないが、未来と現在の実在を認め過去の実在を認めないという立場もありうる（縮小ブロック宇宙説）[3]。

現在主義では〈現在〉のみが実在するのだから[4]、いつが〈現在〉であるかによって世界になにが存在するのかが異なってくる。また GBUT は過去と現在のみが実在するのだから、やはりいつが〈現在〉であるかによってなにが世界に存在するのかが異なってくる。それゆえ、これらの理論はいかに過去、現在、未来が客観的に異なっているかを表現することができているといえよう（ただし、GBUT では過去と現在のあいだに認識論的な区別がない[5]）。次に動的永久主義であるが、動的永久主義の代表的なモデルとして「動くスポットライト説 moving spotlight theory（MST）」がある。時間軸上に並んだ出来事の系列の上を〈現在〉が過去から未来へと動いていくイメージである。だが、このモデルでは、どの時点が〈現在〉であっても世界に変化をもたらさない[6]。別のモデルとして、マッコールの枝わかれモデル（図 5.1）がある[7]。これはどの時点が〈現在〉であるかによって世界の形が変わるので、「どの時点が〈現在〉であるかが世界の状態に影響を与える」といえるだろう。ただ、このモデルを動的永久主義のモデルとみなすことができるかどうかである（つまり、このモデルは GBUT と同等なのではないか）。ノートンが指摘するように、そもそも「実在する」とはどういう意味かが曖昧である[8]。

第 5 章　時間に「始まり」はあるか　173

ただ、本章ではどのモデルをどの存在論的立場に分類するかはさして重要な問題ではないので、とりあえず、未来がいくつかの可能世界に枝わかれしているならば、そのような未来を実在しているとはみなせないという立場をとって（つまり「可能的に存在している」だけであるならば「実在している」とはいわない）、枝わかれモデルはGBUTに分類する。それゆえ、実質的には動的永久主義とはMSTのことであるとする。

さて、以上のようにして、〈現在〉が存在しているということはどういうことか、過去・現在・未来のあいだに形而上学的に重要な差異があるとはどういうことかが明らかになった。だが、それだけではまだ時間が経過するとはどういうことかは明らかになっていない。なぜなら、〈現在〉の存在は時間の経過を含意していないからだ。もし〈現在〉が動かないならばそれは時間が経過したとはいえない。たとえば、私は5秒前にパソコンの前に座って原稿を書いていて、そのときに「現在である」という感覚があった記憶があるが、しかし5秒前が〈現在〉であったことはなく、いまこの現時点のみが〈現在〉であるということは論理的には可能である。それゆえ、「時間が経過する」とは、なにが実在しているかが変化していくことである。別の言い方をすると、「時間が経過する」という言い方が（形而上学的に）有意味であるためには、なにが実在しているかが変化しなければならず、そのためには〈現在〉が存在しなければならないのである[9]。

ところで、「〈現在〉がどの時点であるかが世界の状態に影響を与える」という主張ははじめから「空虚な時間 temporal vacua」（物理的変化が存在しないが時間は経過している）を否定しているようにみえる。しかし、GBUTの場合、物理的変化はないがブロック宇宙が成長しているという仮定は可能であり、それゆえなにが実在しているかも変化している。それに対して、現在主義はたしかに空虚な時間を否定しているようにみえる（物理的変化と時間経過を同一視するので）。それゆえ、言い換えると、空虚な時間が存在するならば現在主義は否定されるかのように思える。実際、私自身はそうだと考えるし、タラントなどそう考える論者はほかにもいる[10]。一方、マーコジアンは現在主義者ではあるが時間経過と物理変化を同一視しないので、空虚な時間の存在可能性は現在主義の脅威にはならないだろう。

さて、前置きが長くなったが、本章での目的は、時間が経過するか否かと世界に始まりがあるか否かという問題の関係性を明らかにしようということであ

る。そして、〈現在〉が存在することは時間が経過することの必要条件であったから、〈現在〉の問題とも関わりがある。以下では、5.2 節において時間が経過するならば世界は無限の過去から存在しえないということを示す。次に 5.3 節では、時間が経過するならば世界は始まりをもつはずであることを論じる。

5.2 世界は無限の過去から存在しない

時間に始まりがない（無限に過去がある）という「証明」はこれまでいくつかのものが提案されてきた。たとえば、アリストテレス、カント（アンチノミーの証明の話ではない）、それに現代分析哲学者であるスウィンバーンによるものである[11]。そのなかでも比較的新しいスウィンバーンのものを取り上げよう。スウィンバーンによると、

> 時間は……論理必然的に境界がない。ある瞬間に始まりのあるどのような期間の前にも、別の期間が存在する。それゆえ、どの瞬間の前にも別の瞬間が存在する。というのも、ある期間 T より前に、白鳥はどこかに存在するかもしくは存在しないかのどちらかだからである。どちらの場合であっても、白鳥が存在するかしないかであるような期間が T 以前になければならない。

ニュートン゠スミスは、このスウィンバーンの証明を詳細に検討し批判しているが、ここではごく簡単にその批判を紹介しておこう[12]。P_- は過去時制を示す演算子とする。そして、「白鳥がどこかに存在する」という文を s で表そう。すると、「ある期間 T より前に、白鳥はどこかに存在するかもしくは存在しないかのどちらかだからである」という文には二つの解釈がありうることがわかる。すなわち、(A) $Ps \vee \sim Ps$ と (B) $Ps \vee P\sim s$ である。ここで、A の解釈をとると、$\sim Ps$ は過去の存在も含めて否定しているので、時間に始まりがあることと矛盾しない。一方で、B は時間に始まりがあるという主張と矛盾するように思えるが、そもそも B の主張は論点先取である。つまり、こう書くことで（どちらにも過去時制を示す演算子である P_- がついているので）すでに過去の存在を前提としており、それゆえ B は論理必然的に真である、とはいえないだろう（ある期間 T より前の時間が存在しないならば Ps も $P\sim s$ も真ではな

い)。ニュートン＝スミスは、アリストテレスやカントの議論も分析しているが、簡潔にいうと、これらも結局は、どのような任意の時点よりも前の時点が存在するということを前提とした議論をしているので有効ではない（それこそがまさに証明しなければならない命題であるから）。

ところで、カントが『純粋理性批判』において「世界には始まりがある」という命題も「世界には始まりがない」という命題のどちらも証明したことは有名であるが、しかし、上述のようにカントは時間には始まりがないと考えていた[13]。カントが「世界」ということで意味していたのはなんらかの変化が存在している世界のことであり、それゆえ、カントは変化がない「空虚な時間」の可能性については否定していないので、「世界に始まりがある」という命題を証明しておきながら、時間に始まりがないと考えていたことには矛盾はない。だが、本章では、時間が存在する限りで世界も存在するという定義をとる（時空間と世界を同一視する）。

さて、「始まり」に注目したとき、世界の時間的部分の形は次のいずれかになるだろう。すなわち、(a) 始まりのない（無限の過去から始まる）直線もしくは半直線、(b) 円環、(c) 自己原因型（始まりの部分が環状でそのあと線状）、(d) 始まりがある半直線もしくは線分（図5.2）の四つである。ここでは始まりにのみ注目するので、終端のあるなしや形状、枝わかれの有無は無視する。本節では、(a) の形はありえないことを示そう。

いま、無限の過去から存在し、円周率を毎日1桁ずつ数えている男がいるとしよう[14]。すると、現在までに無限の時間が経過しているのだから、その男は現在において「私はいま円周率の最後の桁を数え終えた。それは2である」と主張できるだろう。しかし、円周率の計算の仕方さえ知っていれば、その桁のさらに続きの桁を数え続けることができるはずである。したがって、現在までに出来事の無限の系列が終わることはない。だが、もし世界が無限の過去から始まっているならば、これまでに出来事の無限の系列が完結したということだから、世界が無限の過去から始まったことは不可能である。

しかし、この男が円周率の最初の桁である「3」を数えたのはいつか、という問いは可能であり、無限の過去から時間が存在するならば、この問いに対する答えはないように思える。したがって、そもそもこの男が円周率を数え「始める」ことは不可能ではないかという反論はもっともである[15]。だが、この疑問は、まさに「時間が経過する」という概念と「無限の過去が存在する」と

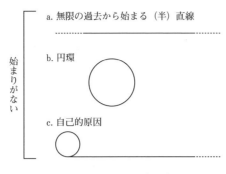

図 5.2　時間の形

いう概念の相容れなさを示しているのではないか。時間が経過するとは、5.1 節で述べたように、「なにが実在しているかが変化する」ということである。それゆえ、無限の過去から時間が経過しているということは、無限の過去から「なにかが実在し始める（そして現在主義の場合はそれが実在しなくなる）」という過程を繰り返しているということであり（「円周率を数える」ことに相当する）、そのような無限の過程が現在において完結しているということである。しかし、無限の過程が完了するのは不可能なのであるから、無限の過去から時間が経過し始まることは不可能である。

　無限の過去から現在まで時間が経過することが可能であるということは、次のように、円周率を逆から数えていま数え終わることが可能であるということと同等である。

> 人が近づいてくる。どうやら独り言を言っているらしい。近づくにつれ、「5、1、4、1、3、終わり！」という言葉が聞こえる。何をしているのか訊ねると、彼は円周率πを逆向きに暗唱していたという。「まさか、ありえない！」とわれわれは叫ぶ。「いつ始めたのですか？」彼はまごついた様子で、彼が始めた時点などないと説明する。もしそのような時点があったとすれば、特定の整数から始めなくてはならなかっただろう。しかし円周率πをどこまで続けても、最後の整数はない。つまり自分は数え始めはしなかったのであり、永遠の昔から数え続けている。どれほど時間を遠くさかのぼっても、自分は数え続けている。まさにそれゆえ、自分は無限の

系列を完結することができたのだ[16]。

　しかし、彼が現在において円周率を数え終わるにはどこかで数え始めなければならなかったはずであり、この引用で述べられているように、もしそのような時点があったとしたら、特定の整数から始めなければならなかっただろう（だが、それは不可能である）。同様に、時間が経過すると考えるならば、それはどこか特定の日が〈現在〉であったことがなければならない。しかし、それは無限に過去が存在するという仮定に反するし、仮にそのような特定の日が「無限の過去」に存在したとしても、今度は先の円周率を無限の過去から数え始める男の話と同様、（現在が〈現在〉であるということは）無限の過程を完了させることを意味するが、それは不可能である。それゆえ、時間が経過するならば、無限の過去はない[17]。

　一方で、時間経過を実在しないものとして考える静的時間論の立場では、無限に存在する過去の日々1日1日に対して、現在から始めて（過去に向かい）円周率を1桁ずつ付与していけばよいのでそれは可能である（実際に時間の中でそのような作業をするのではない）。ともかく、このように、動的時間論の立場では、世界が無限の過去から始まったということは否定されたので、以下では (b) – (d) についてのみ考えよう。

5.3　時間が経過するならば世界に始まりがある

　本節では、もし時間が経過するならば世界に始まりがあるはずであることを議論する。直接的には、時間が経過するならば、時間が円環状であることや自己原因的であることが不可能であることを示す。

　いま、時間が経過し、時間は円環的であり、円環状の特定のある時点 O が〈現在〉であるとしよう。すると、時点 O は、過去において何度〈現在〉であったのかという疑問が生じる。この問いに対する答えが有限であるならば、それは「始まり」があったということを意味する。一方で、無限回であることも不可能である。なぜなら、そうであるならば時点 O は〈現在〉でありながら過去であり未来であるということになるが、ある一つの時点が〈現在〉でありかつ過去であり未来であることは不可能であるからである。この議論を、〈現在〉の時点 O と過去の時点 O は別の時点であるということによって反駁することはできない。なぜなら、そのような仮定は時間が円環的であるという前提

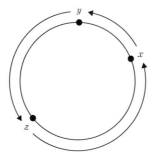

図5.3 円環的時間における因果

に反するからである。つまり、「〈現在〉の時点 O と過去の時点 O は別の時点である」ならば、それは時間が円環になっているのではなく直線上になっていて、（別の時点で）同じ周期で同じ出来事を繰り返しているということなのである。容易に明らかなように、同様の議論は自己原因的な場合にも適用できる。それゆえ、時間が円環的であるか自己原因的である（世界に始まりがない）ならば時間は経過しないので、時間が経過するならば世界に始まりがある。

また、上の議論と同様の議論は、レ・ペドヴィンによっても提起されている[18]。そして、レ・ペドヴィンは、時間が円環的であるならば、私たちが直感的に因果関係に帰している三つの性質が同時に成り立たないという問題点も挙げているので、それも見ておこう[19]。彼によると、因果関係には非対称性（x が y の原因ならば y は x の原因ではない）、推移性（x が y の原因で y が z の原因ならば、x は z の原因である）、非再帰性（x は x 自身の原因にならない）の三つの性質が同時に成り立つという。ところが、円環状の時間において、推移性が成り立つならほかの二つは成り立たない。たとえば、図5.3において、x は y の原因であり、y は z の、z は x の原因であるならば、推移性より x は x の原因となるが、これは非再帰性に反する。また、やはり推移性より、y は x の原因ともなるが、x は y の原因でもあったので、これは非対称性に反する。

ところで、いま、時間が経過するという前提で議論してきたが、このレ・ペドヴィンの議論は時間の経過とは関係がなく成り立つ——それゆえ、時間が経過しない場合でも円環的な時間はありえないということになりそうである。しかし、ここでは詳論を避けるが、そもそも、時間が経過するという仮定と因果関係にレ・ペドヴィンが帰したような性質を帰すことは関係している。それゆえ、もしこの推測が正しいとすると、時間が経過しない場合には時間が円環状

第5章 時間に「始まり」はあるか 179

でも問題がないということになるだろう（少なくともレ・ペドヴィンが指摘した因果の問題は避けられるだろう）。

5.4 結論

本章では、世界が無限の過去から存在することはないことをまず示した。次に、世界に始まりがない（円環的か自己原因的）ならば時間は経過しないことを示した。これは言い換えると、時間が経過するならば世界に始まりがあることを意味する。

もしこれが正しいならば、本章の議論より、世界に始まりがないことが、たとえば科学的な議論などで明らかになれば、「時間が経過しない」という形而上学的な命題が証明されることになるだろう。また、逆に、時間が経過することが形而上学的に証明されたならば、世界には始まりがあるはずだということが明らかになるだろう。

謝辞

谷村省吾、藤田翔、佐々木渉の各氏から本章の原稿に対し有益なコメントをいただいた。

なお、本章は、JSPS 科研費 JP26370021 の助成を受けた研究成果の一部である。

注

1) Bourne (2002) pp. 359-60.
2) Dowe (2009), p. 642. ここで「A 理論」とは動的時間論とほぼ同義だと思ってよい。以下の引用で出てくる現在主義は動的時間論（A 理論）の一種であり、本文でもすぐ後に説明する。メリックスは「現在主義は〔……〕過去・現在・未来のあいだの差異は形而上学的であり、主観的なものではないと述べる」といい（Merricks 2006, p. 103)、オルソンは「動的時間論を定義するいくつかの方法がある。〔……その一つは〕時間もしくは出来事を過去・現在・未来に分ける絶対的な区別がある〔とするものである〕」という（Olson 2009, p. 3)。またツィマーマンは「A 論者であることは、現在であるもの、過去であるもの、未来であるもののあいだになんらかの客観的な差異があると信じることである」と述べている（Zimmeman 2008, p. 212)。また、ディージーは少し異なる言い方であるが、動的時間論とは「絶対的で客観的な現在の時点が存在する」という立場だという（Deasy 2017, p. 378)。
3) Casati and Torrengo (2011) や Norton (2015) など。

4) Only the present is real. ここで「実在する」といっているのは、is real という意味である。
5) つまり、自分が実際は〈過去〉にいるのにもかかわらず、〈現在〉にいると信じているかもしれない。一方で、現在主義では、〈現在〉だけが実在するのでそのような事態は生じない。Bourne (2002); Merricks (2006).
6) 「はじめに」でも触れたように、近年は新しいタイプの MST が提案されており、それらではどの時点が〈現在〉であるかによって世界に差異が生じる。たとえば、Sullivan(2012)、Cameron (2015)、Deasy(2015) など。
7) McCall (1994).
8) Norton (2015, p. 103).
9) 以上の議論はもちろん、私の考え方であって、時間論の研究者に共有されている見方ではない。実際、この考え方では、(本章で定義する狭い意味での) MST は時間が経過しているといえないことになるが、MST の支持者には受け入れがたい主張であろう。
10) Tallant (2010, fn. 17).
11) Aristotle (1996), VIII, I, 251b19ff; Kant (2007), A32=B47; Swinburne (1968), p. 207 など。
12) Newton-Smith (1993/1980), pp. 169ff.
13) アンチノミーについては、Kant (2007), A426=B454 − A429=B457。
14) Wittgenstein (1975), p. 166 の思考実験を少し改変。
15) この点について谷村省吾氏と佐々木渉氏に指摘していただいた。
16) Le Poidevin (2010/2003), p. 82. レ・ペドウィンによると、これはウィトゲンシュタインが講義で語っていたものだという。
17) ただし、縮小ブロック宇宙説をとった場合は以下のような想定が可能かもしれない。縮小ブロック説とは、すでに述べたようにほとんどこの立場をとる論者はいないが、未来が実在していて過去は実在していないという立場である。そうすると、私たちはいま「この現在が〈現在〉である」と考えているがじつは未来にいて、〈現在〉(すなわちブロック宇宙の端) ははるか無限の過去にあるのかもしれない。そうすると、無限の過去から始まった時間はまだ無限の過去にあり、それゆえ無限の過程を完了しているわけではないのかもしれない。しかし、そもそも動的時間論をとる利点が私たちの「時間が経過している」という直感をよく説明する理論であることにあるのなら (Prior 1959)、このような想定は無意味であるといえる。
18) Le Poidevin (2010/2003), pp. 86-87.
19) *Ibid.*, p. 87.

参考文献

Aristotle (1996) *Physics*, R. Waterfield (tr.). Oxford: Oxford University Press.
Bourne, Craig (2002) When Am I? A Tense Time for Some Tense Theorists? *Australasian Journal of Philosophy* **80**, 359-71.
Casati, Roberto and Torrengo, Giuliano (2011) The Not So Incredible Shrinking Future. *Analysis* **71**, 240-44.
Cameron, Ross P. (2015) *The Moving Spotlight*. Oxford: Oxford University Press.
Deasy, Daniel (2015) The Moving Spotlight Theory. *Philosophical Studies* **172**, 2072-89.
Deasy, Daniel (2017) What Is Presentism. *Noûs* **51**, 378-97.

Dowe, Phil (2009) Every Now and Then: A-Theory and Loops in Time. *The Journal of Philosophy* **106**, 641–65.

Kant, Immanuel (2007) *Critique of Pure Reason*, M. Weigelt (tr.). London: Penguin Books.

Le Poidevin, Robin (2010/2003) *Travels in Four Dimensions*, Oxford: Oxford University Press.

McCall, Storrs (1994) *A Model of The Universe*. Oxford: Oxford University Press.

Merricks Trenton (2006) Goodbye Growing Block. In: *Oxford Studies in Metaphysics: Volume 2*, Dean Zimmerman (ed.), pp. 103–10. Oxford: Oxford University Press.

Olson Eric T. (2009) The Rate of Time's Passage. *Analysis* **69**, 3–9.

Newton-Smith, William (1993/1980) The Beginning of Time, Robin Le Poidevin and Murray MacBeath (eds.), *The Philosophy of Time*, Oxford: Oxford University Press, 168–82.

Norton, John D. (2015). The Burning Fuse Model of Unbecoming in Time. *Studies in History and Philosophy of Modern Physics* **52**, 103–5.

Prior, Arthur (1959). Thank Goodness That's Over. *Philosophy* 34, 12–7.

Sullivan, Meghan (2012) The Minimal A-Theory. *Philosophical Studies* **158**, 149–74.

Swinburne, Richard (1968) *Space and Time*, London: Macmillan.

Tallant, Jonathan (2010) A Sketch of a Present Theory of Passage. *Erkenntnis* **73**, 133–40.

Wittgenstein, Ludwig (1975) *Philosophical Remarks*, R. Hargreaves & R. White (tr.). Oxford: Basil Blackwell.

Zimmerman, Dean (2008) The Privileged Present: Defending an "A-Theory" of Time'. In T. Sider, J. Hawthorne, and D. Zimmerman (eds.), *Contemporary Debates in Metaphysics*, pp. 211–25. Hoboken: Blackwell Publishing.

[第5章◆コメント]
物理学者が哲学者の時間論を読むとこうなる

谷村省吾

1 わからないことは正直にわからないと言う

「時間に『始まり』はあるか：哲学的探究」と題する森田邦久氏の論説を読ませていただいた。正直に言うが、理解できない箇所が多々ある。しかも言葉づかいのレベルで文章の意味がとれない箇所がある。私は物理学者であるが、私の思考様式が凝り固まっているために哲学者たる森田氏の文章の意味が汲めないのかもしれない。「わからない」と言っている私が恥をかくことになるのかもしれないが、己の無知・無理解を認めることは誠実さの第一歩だと思うので、あえて書くことにする。

2 時間の始まりは世界の始まりか

森田氏の論説は、《時間に始まりがあるのだろうか》という語句で始まっている（森田氏の原文を引用するときは《 》で挟んで記す）。その次の段落には《世界に始まりがあるかどうか》という語句が見られる。

「時間の始まり」と「世界の始まり」は同一の事柄を指しているのだろうか？ 用語の定義の問題にすぎないのかもしれないが、「時間の始まり」と「世界の始まり」という壮大なテーマを扱うのであれば、もう少し慎重に言葉を選んで書かれた方がよいのではないか。

なお、森田論文の後述部分によると、カントは「時間の始まり」と「世界の始まり」を別のことと考え、森田氏は「時間の始まり」と「世界の始まり」を同一視しているらしい。

3 絶対的現在

森田氏の論文には《発話者と相対的でない現在、絶対的現在、客観的で特権的な時点》という概念が登場する。この概念は森田氏の論文中では括弧つきで〈現在〉と書かれているが、用語の定義を忘れないようにするため私のコメントでは絶対的現在と書く。

物理学の言葉で言い換えると、「観測者に依存せずに定められる現在」ということだろうか。そのような絶対的現在は、我々の世界においては操作的に定められないことを相対性理論は示したのではないか。つまり、一つの事象が、ある観測者にとっては現在であっても、別の観測者にとっては過去であり、また別の観測者にとっては未来であることがありうる、というのが相対論の結論の一つである。絶対的・客観的な現在が定められるという主張は、現代の物理学者には受け入れられないと思う。

　ただ、「絶対的・客観的な現在があると想定するだけであって、時計や電波を用いて絶対的現在を共有可能な方式で定めようとしているのではない」というなら無害である。ただ、そのような「ないかもしれないもの・共有できないかもしれないもの」を手がかりにして全世界の時間の始まりの有無という大問題を論ずるのは危ういと思う。

4　時間経過の実在

　《時間経過の実在の有無》という問いもわかりにくい。人間なら誰しも時間の経過を感じているし、時間が経てば空腹にもなるし、眠くもなるのではないか。自宅から職場に行くにも時間がかかるし、なにをするにも時間がかかることは、子供から大人まで誰もが経験していることではないのか。恐竜が地上を跋扈していた時代でも時間は経過していただろうし、地球以外のほかの惑星上でも時間の経過とともにさまざま出来事が生起しているだろう。時間の経過とはいったいなんなのかを問うことには多少意味があると私は思うが、時間の経過そのものの存在を疑う（時間経過は幻想だと思う）ことの意味が私にはわからない。時間の経過は実在しないと信じる人は、自分が生まれ、育ち、毎日生きて、やがて死ぬという変化はすべて錯覚・幻想だと信じて生きているのだろうか？

5　形而上学的に深い重要な差異

　ダウという人の言葉らしいが、《形而上学的に深い重要な差異》という言葉が私にはわからない。これが「形而上学的に浅くて取るに足らない差異」だったとしても私には意味がわからない。私は、「形而上学的に重要」という語句の意味がわからない。森田氏自身、《過去・現在・未来のあいだに形而上学的

に深い重要な差異があるとはどういう意味なのだろうか》と問うている。

　森田氏によると、もし絶対的現在が存在するならば、過去・現在・未来の差異は「世界の側」にある差異であり、したがって形而上学的に重要な差異となる、逆も真である、とのことである。つまり、森田氏は、「過去・現在・未来の客観的な差異」と「過去・現在・未来の形而上学的に重要な差異」とを同一視しており、それら差異の存在が「絶対的現在の存在」の必要十分条件だと述べている。私は、この推論をまったく理解できない。森田氏の文中には《ならば》、《したがって》、《それゆえ》、《逆も真》といった推論用の語句が出てくるが、論理は飛躍しているように見える。

　次の段落冒頭には、《過去・現在・未来のあいだに形而上学的に重要な差異が存在するとか〈現在〉（＝絶対的現在）が存在するとはどういうことなのだろうか》と書かれている。そうそう、私もそれが知りたい、と思って読み進めると、《それは絶対的現在がどの時点であるかが世界の状態に影響を与えるということである。ただし、この「世界の状態に影響を与える」とは経験的にわかるような影響ではなくあくまで形而上学的なものである》と書かれている。「経験的には感知されない、形而上学的な影響」と言い換えてよいだろうか。このあたりで私は脱落しそうになっているが、がんばって読み進めることにする。

6　現在主義・成長ブロック宇宙説・縮小ブロック宇宙説・永久主義

　現在の実在性は認めるが過去や未来の実在性を認めない立場を、現在主義というらしい。現在と過去の実在性は認めるが未来の実在性を認めない立場を、成長ブロック宇宙説というらしい。未来と現在の実在性は認めるが過去の実在性を認めない立場を、縮小ブロック宇宙説というらしい。過去・現在・未来すべての実在性を認める立場を、永久主義というらしい。

　現在主義や成長ブロック宇宙説が言及している「現在」は、絶対的現在なのか？それとも発話者に相対的な、指標的現在なのか？という疑問が湧く。

　未来はともかくとして、過去の実在性をことごとく認めないという主張はどうかしていると私は思う。実在性という言葉の意味を問い質す必要があるが、過去の出来事は「起きたこと」として確定し現在に痕跡をとどめているのであれば、「その出来事は実在していた」というのが普通の言葉づかいではないか。

たとえば、いま恐竜がいなくても、化石等の痕跡から恐竜が実在していたと認めることに私は抵抗を感じない。月の表面のクレータは過去の隕石衝突の痕跡だと認めるし、隕石が実在していたことも私は認める。

　また、現在主義にしても成長ブロック宇宙説にしても縮小ブロック宇宙説にしても、「過去から未来に向かって過去領域が膨張しつつあり、膨張の最先端（フロント・前線）が現在である」というイメージからそのように名づけられているようだが、何度でも私は言うが、相対論は全宇宙を覆う客観的な「現在のフロントライン」の存在を否定している。すべての観測者に共通であるような同時刻の時計合わせができないので、「現在のフロント」が客観的に定められないのである。「過去から未来に向かって膨らむブロック（もしくは風船）の先端・境界線」みたいなものをイメージしている人は、相対論をまったく理解していない。だから、絶対的現在やら成長ブロックやらをうんぬんする議論は、相対論を度外視した、空想の時空についての議論だと言わざるをえない。

7　相対論を無視してよいのか

　《動くスポットライト説》は、スポットライトが4次元時空上のどこにあるのかを明確に定義していないので、私なりに定義を補って解釈する。質点が時空中に描く世界線に沿って、各質点がもつ時計によって刻まれた時刻を「固有時」という。《動くスポットライト説》は、固有時によって定められる「現在の時空点」を「スポット」と呼んでいるのだろうか？　たしかに、世界線に沿う固有時は、相対論によって明確に定義される概念である。

　しかし2本以上の世界線（一般には曲線）が2回以上交差するときは、おのおののスポットライトが固有時に関して同時に出会う保証がないが、それでもよいのか？という問題がある。多数の世界線が固有時を刻みながら未来に向かって一斉に伸びていく、というイメージは誤解を誘導している。固有時に問題があるなら固有時以外の時計を使えばよいではないか、と言われるかもしれないが、ほかに頼りになる客観的な時計がないのである。

　結局、現在主義も成長ブロック宇宙説も動くスポットライト説も（くわしくは述べないが、枝分かれモデルも）相対論に反しており、客観的な現在の定義に失敗している。

　哲学者は物理学を度外視した議論をしても平気なのだろうか？　「あなたの

おっしゃっていることは相対論と矛盾しますよ」と言われても、哲学者は「ええ、相対論ではそうなっているということは知っています。でも私は光学的同時性だけが同時性だとは思わないのです」という言い訳が成り立つかのように振る舞っているように見える。物理学を無視することは、現実世界を無視することだと私は思うのだが、それでよいのだろうか？

　物理学者でも「非相対論的」な枠組みでものごとを考えることはあるが、光速に比べて遅いとか、天文学的な距離ではないといった条件の下で近似的に成り立つ話であることを踏まえて論を進めるものである。森田論文が、人間にとっての時間の近似的イメージを論じているのなら、目くじらを立てる必要はないが、全宇宙まるごとの時間の始まりはあるか？というような究極的な問いを突き詰める文脈であれば、相対論を無視することはありえないと思う。我々の宇宙には何万光年・何億光年も離れた天体があり、光速の数パーセントという相対速度で動いている天体も珍しくはない。また、超新星爆発は一つの銀河あたり 40 年に 1 回程度の割合で起きているらしい（川村 2018）。それぞれの天体事象にとっての現在は、まちまちであることを忘れないでほしい。

8　時間経過のために変化や絶対的現在があるのか

　森田氏は、《「時間が経過する」とは、なにが実在しているかが変化していくことである。別の言い方をすると、「時間が経過する」という言い方が（形而上学的に）有意味であるためには、なにが実在しているかが変化しなければならず、そのためには〈現在〉が存在しなければならないのである》と述べている。

　手短にいうと、時間が経過するという言葉が有意味であるためには実在の変化が必要であり、そのためには絶対的現在の存在が必要である、とのことである。これも私にはわからない。「時間の経過」という言葉が先にあって、その言葉に意味を与えるために「実在の変化」がある、という論は、どう考えても不自然である。私なら「実在が変化するためには時間の経過が必要だ」と述べるだろう。

　また、変化が起こるためには絶対的現在の存在が必要だ、という森田氏の推論は飛躍している。

　実在の変化がどのような定量的時間を経て起こるか、また、実在が現在どう

いう状態になっているか、という記述は、絶対的現在がなくても相対論的な慣性系に依存した現在概念を用いてできることである。たとえば、鉄片が錆びるという変化を考えるとき、1週間で錆びるとか、それとも10年見ていても錆びないとか、現在鉄片がどんな状態になっているとかいう記述は、絶対的現在がなくても慣性系ごとに述べられるし、どの慣性系で見ても鉄片は錆びる。つまり、慣性系ごとに定量的所要時間は異なるが、鉄片が錆びるという定性的な変化は共通して見ることができる。絶対的現在の存在を否定しても、実在の変化を否定したことにはならない。言い換えると、実在の変化を肯定しても、絶対的現在の存在は導けない。

9 スウィンバーンの議論の誤り

　スウィンバーンという人が述べた言葉だそうだが、《時間は……論理必然的に境界がない。ある瞬間に始まりのあるどのような期間の前にも、別の期間が存在する》という命題も私は信用できない。

　私の流儀で書き直すと、スウィンバーンは「任意の正の時間 ε について、時刻 T が存在するならば時刻 $T-\varepsilon$ も存在する」という命題を次のように証明したつもりになっているらしい。「$T-\varepsilon$ という時刻に白鳥は存在する、もしくは、存在しない。どちらかの命題が真である。だから、$T-\varepsilon$ という時刻が存在しなくてはならない」という推論である。

　これが詭弁であることは、「超中性子星 X に宇宙人は存在する、もしくは、存在しない。どちらかは真でなくてはならない。だから宇宙人が存在するかしないかであるような超中性子星 X が存在しなければならない」と言い換えてみれば、すぐにわかるだろう。

　この論証の形式は「A ならば（B または B ではない）」である。A には「$T-\varepsilon$ という時刻が存在する」があてはまり、B には「時刻 $T-\varepsilon$ に白鳥が存在する」があてはまる。「B または B ではない」は恒真命題なので、「A ならば（B または B ではない）」も恒真だが、だからといって A が真とはいえない。論証チェックはこれだけで終わればよい。

　森田氏が $\sim Ps$ と書いている命題は〈「時刻 $T-\varepsilon$ に白鳥が存在する」ではない〉であり、$P\sim s$ と書いている命題は〈「白鳥が存在しない」が時刻 $T-\varepsilon$ において真である〉である。形式的に B＝Ps とおくなら、B の否定は $\sim Ps$ と書

けばよい。なお、森田氏は $\sim Ps$ と $P\sim s$ は異なると解釈しているが、白鳥の例文に関しては〈「過去に白鳥が存在する」ではない〉と〈「白鳥が存在しない」が過去において真である〉という二つの文は、私には同義に読める。

10　円周率を読み上げる男の誤り

　原作はウィトゲンシュタインとされるストーリー、円周率を毎日１桁ずつ読む男が森田論文で紹介されている。森田氏は「円周率を数える」と表現しているが、たとえば「3.141592」に対して「数字が一つ、二つ、……、七つ、ここに数字が七つあります」という行いを「数える」というのが私の日本語感覚である。このストーリーで言いたいことは、「３点、１、４、１、５、９、２」というように小数の各位の数を発声して読むことであろうから、「読み上げる」という方が自然である気がする。それで私は「円周率を読み上げる男」ということにする。

　私は、過去が無限にあったとしても、「無限の過去の時点」で男が最初の「３」を読むことはできないと思う。このストーリーは「毎日１桁ずつ読む」としているので、日付は未来に向かって 1, 2, 3, 4, 5, …… という自然数列で数えられる（未来は無限にあるとしても有限であるとしても、以下の結論は変わらない）。もしも過去が無限にあれば、日付は 0, −1, −2, −3, …… というように際限なくさかのぼってカウントすることができる。つまり、日付は整数と対応する。ここで「0」は便宜的な日付の基点である。今日が「０日」ならば、負の整数が過去の日と対応する。さて、いくらでも絶対値の大きな整数は存在する。整数カレンダーには「マイナス１万の日」もあるし、「マイナス１億の日」もある。しかしどんなに遠い過去の日も、有限の過去である。「マイナス１億の日」に円周率の読み上げを開始したとしても、今日はまだ１億１桁目の円周率を読んでいる。未来が永遠に続くとしても、１億日後には１億桁しか読み進んでいないし、１兆日後には１兆桁しか進んでいない。有限の過去の日に読み上げを開始する限り、いつまで経っても円周率の読み上げは完了しない。

　「マイナス無限大の日に読み上げを開始すれば０日までに無限数列の読み上げを完了できるのではないか」と提案したくなる。「マイナス無限大の日」とは、直観的には過去の果ての日であり、それ以前の日は存在しない日であり、どんな日でもマイナス無限大の日よりも後の日である。「マイナス無限大」を

厳密に定義するなら「最小の整数」と呼ぶ方がよいだろう。最小の整数 p は、どんな整数よりも小さい（または等しい）という条件で定められる。言い替えると、どんな整数 n でも最小の整数 p よりも後に現れる。整数全体の集合を $\mathbb{Z}$ と書くなら、「最小の整数が存在する」という命題は

$$\exists p \in \mathbb{Z}, \quad \forall n \in \mathbb{Z}, \quad p \leq n$$

という式で書ける。「最小の整数が存在しない」という命題を式で書くと

$$\forall p \in \mathbb{Z}, \quad \exists n \in \mathbb{Z}, \quad p > n$$

である。

しかし、整数全体の集合の中に最小の整数はない。どんな整数 p に対しても、p よりも小さい整数 $n = p - 1$ が存在するからだ。「マイナス無限大の日」に円周率を読み始めれば、今日までに無限数列を読み尽くすことができるのかもしれないが、日付が無限の過去から続いているとしても、「マイナス無限大の日」がないので、最初の日に円周率の最初の数「3」を読むことができない。

もう一度確認しておくが、①整数は無限個あること、②任意の整数に対してそれより小さい整数が存在すること、③最小の整数が存在しないことは、どれも数学的に正しい。しかし「整数全体の集合の中には、最小の整数（マイナス無限大）がある」という命題は間違っている。

円周率を読み上げる男のストーリーはこういうものである。「時間が無限の過去から継続していたとしたら、そして無限の過去に円周率の読み上げをスタートできたとしたら、今日にでも円周率の最終位の数の読み上げを完了できるはずである。しかし無限数列である円周率の最終位は存在しない。よって矛盾である。だから、時間が無限の過去から継続していたという仮定は誤りであり、時間には始まりがある」というのが、この詭弁の道筋である。

しかし誤っているのは、「無限の過去に円周率の読み上げをスタートできた」という仮定の部分である。

「時間に始まりがある」という主張の証明が詭弁であることがわかっても、時間に始まりがないことが証明できたことにはならない。もちろん、時間に始まりがあることを証明したことにもならない。そもそもこのストーリーはあくまでも整数の集合という数学概念に関する議論であり、この議論が正しかろうと間違っていようと、時間の性質うんぬんとはまったく関係がない。したがって、このストーリーを時間のありように結びつけることは、何重にも間違って

いる。このことは《時間が経過するという概念と、無限の過去が存在するという概念の、相容れなさを示している》のではない。時間論と無限集合とを結びつけるやり方が詭弁論法になっていたというだけのことである。

　円周率を逆向きに読み上げる男のストーリーは、もっとひどい。小数表記で書かれた円周率に最終位の数は存在しない。なので、無限の過去があっても、なくても、男は円周率を逆向きに読み始めることができない。それは読むべき最後の数が存在しないからである。ウィトゲンシュタインゆずりのストーリーでは、円周率の最終位の数は「2」とされているが、それはなにか数字を書かないといけないと思ったから書いただけのことだろう。数学的に正しく言えることは、「もしも無限の過去があれば、円周率を逆向きに読み終わることは可能である」という命題である。

11　円環時間は難解

　森田氏の円環的時間に関する議論は非常にわかりにくい。この原稿を書く前に森田氏に説明を求めたが、やはりわからない。

　まず「時間が円環的」というありようがよくわからない。私は、「世界が丸ごとすっかり同じ状態になるような時間経過を繰り返すことを「時間が円環的」というのか？」と森田氏に尋ねたが、それは否定されなかった。ただ、「同じ状態を繰り返すとしても、それは異なる〈現在〉であることは可能」という説明をいただいた。「同じ状態だが、異なる〈現在〉」とはまた難解である。

　レ・ペドウィンのものとされる因果関係の3性質も納得がいかない。因果とはなにかということ自体、非常に難しいテーマである。原因と結果という用語は、物理現象を記述・解釈するときに使う語であって、物理理論自体には原因と結果という概念は出てこない、少なくとも先験的に原因と結果の割り当てルールが定まっているわけではない、と私は思う。

　たとえば、「万有引力が原因で、結果的に月が地球の周りを公転したり、海水の潮汐が起こったりする」という雑な言い方をすることはあるが、万有引力は四六時中作用しており、天体も海水もつねに運動しているのであって、過去のある時点の万有引力が、現時点の干満を引き起こしているのではない。また、去年の万有引力が今日の日食を引き起こしているわけでもない。我々の周りには、常時相互作用している系がありふれており、そういう系においては「この

事象が原因であの事象が結果だ」というような区別はあまり意味をなさない。また、レ・ペドウィンがいう因果関係の3性質（非対称性・推移律・非再帰性）も、原因と結果という言葉にこめられた直観を述べているだけであり、これらの性質が物理学的に証明・検証されたわけではない。

だからなにが言いたいのかというと、因果というのは、原子や電子に帰せられるような基本的な性質ではなく、おそらく人間による現象解釈用の概念であり、因果関係が備えていそうだと人が思う性質を基本原理として時間の性質を規定したり分析したりする議論には説得力がない、と私は言いたい。

森田氏は、《時間が円環的または自己原因的ならば時間は経過しない》とも述べているが、これも意味がわからない。おそらく、森田氏のいう「時間の経過」の意味を私が理解していないからだろう。森田氏によれば、時間の経過は《なにが実在しているかが変化していくこと》らしいが、この論文は《時間経過の実在》も議論しているので、さらに話は複雑である。「時間の経過」の定義要件としての実在はあっても、時間の経過は実在しないケースがあるのか？

12　これでは私は納得しない

森田氏は《世界が無限の過去から存在することはないことを示した》と結論している。この結論を導いたのは、「もしも無限の過去から世界が存在すれば、ウィトゲンシュタイン流の円周率を読み上げる男のパラドクスが生じるので、背理法により、無限の過去の存在が否定される」という推論だった。しかし、これは、整数に最小元が存在するという誤った仮定を滑り込ませ、無限集合を時間の存在様式にすりかえる詭弁であったと私には見える。

もう一つの結論として《世界に始まりがない（円環的か自己原因的）ならば時間は経過しないことを示した》と森田氏は述べている。しかし、私はそもそも、過去・現在・未来という時点が排反的であるとしながら円環時間説を述べられることに抵抗を感じる。また、原因と結果というのは、人間による直観的な状況整理用の概念のように思えるので、因果がもっていそうな性質を根拠にして全世界の時間のありようを限定するのは大胆すぎるように思われる。そもそも時間の経過があるとかないとかはどういうことなのか、もっと丁寧に説明してほしい。つまり、このような壮大な結論を導くにしては前提も定義も推論も頼りなさすぎると私は思う。

ここまで書いて私は、ひょっとしたら哲学的探求というものは、物理から課せられる制約を取り払って、たとえ結果的に不可能とわかることであっても目いっぱい可能性の幅を広げて想像し、もっぱら語義だけを頼りにして想像物を批判的に分析することによって、もっともらしい想像物を残すという行いなのかもしれないと思い直した。そうだとすれば、私があれこれ述べたことはすべて野暮な揚げ足取りだったのかもしれない。

　校正時の追記：私のコメント稿に対する森田氏のリプライ稿を読んで、私が誤解していたことや、私の記述が不十分であったことに気づいた。それらについては、私のウェブサイトで補足コメントを公表したい。

参考文献
川村静児（2018）『重力波物理の最前線』共立出版。

[第5章◆リプライ]
哲学者も物理学を無視しない――形而上学と物理学の関係性

森田邦久

谷村氏のコメントに対するリプライを、それぞれの節に対応して行う。

2　時間の始まりは世界の始まりか

たしかに、いきなり2段落目で「世界の始まり」になってしまっているのはおかしい。ここはミスである。

4　時間経過の実在（8とまとめて）

3は後回しにしてまず4から答えていこう。8も同様の議論なので8とまとめて応答する。谷村氏は「時間の経過とはいったいなんなのかを問うことには多少意味がある」といいながら、「時間の経過そのものの存在を疑うことの意味が私にはわからない」という。しかし、重要な点は「時間の経過とはなにか」を明らかにすることによって時間の経過が疑いうるということである。

さて、谷村氏は「絶対的・客観的な現在が定められるという主張は、現代の物理学者には受け入れられないと思う」と述べる。それはそれでよい。だが、絶対的な現在（〈現在〉）が存在しないということはどういうことか。本章の言葉でいうと、「指標的現在」のみが存在するということである。そうすると、現在や過去があらかじめ存在し、（私が存在している期間の）それぞれの時点で「いまがいまだ」と思っている私がいるわけである。なぜなら、世界の側に客観的で特別な時点は存在しないのだから、過去も未来も現在も同等に存在しているはずであるし、それぞれの時点に私は存在し、そのそれぞれの「私」どうしも対等であるはずだからだ。

このことをもう少し考えてみよう。この想定のもとで、たとえば2019年1月30日午前8時の時点（以下ではこの時点を t_1 と呼ぶ）に存在している私（その私は「t_1 が現在だ」と思っている）と2019年1月30日午前9時の時点（以下ではこの時点を t_2 と呼ぶ）に存在している私（その私は「t_2 が現在だ」と思っている）とはどういう関係にあるのだろうか？　物理学者にとってもっとも受け入

れやすい回答は、私は4次元的な対象として私が存在している全期間にわたって存在していて、それゆえ、t_1の私とt_2の私は、同じ4次元的な対象としての私の**2つの異なる**時間的部分だということになるだろう。すると「t_1に自宅を出た私がt_2に職場に着いた」とは、たんに私のt_1における時間的部分が空間的には自宅にあって、t_2における時間的部分が空間上では職場にあるというだけのことであり（それゆえ、t_1に自宅に存在する私の時間的部分とまったく同じ私の時間的部分がt_2において職場へと「移動」するわけではない）、ここにおいていったい「なにが」経過 pass しているのだろうか？

「自宅から職場まで1時間かかった」ということは、自宅を出発した私の時間的部分が存在する時点と職場に着いた私の時間的部分が存在する時点との時間軸上の距離が1時間分であったというだけのことであり、この期間に「経過」しているものなどない。また、「時間が経てば空腹にもなるし、眠くもなるのではないか」というが、これも、〈現在〉が存在しないならば、昼食を取った直後の時点に存在する私の時間的部分はお腹がいっぱいであるが、夕食前の時点に存在する私の時間的部分は空腹であるということである。「人間なら誰しも時間の経過を感じている」というが、（絶対的現在が存在しないならば）各時点の私の時間的部分がそれより前の各時点を「いまだ」と感じていたという記憶をもっているだけである（静的時間論の立場で時間経過を感じるメカニズムは本当はもう少し複雑であろうが、いまの議論ではそれは重要ではない）。

谷村氏は「時間の経過とはいったいなんなのかを問うことには多少意味がある」と述べるが、では、もし絶対的現在が存在しないというのならば、「時間が経過する」というのはどういう意味なのだろうか？　絶対的現在という概念を用いずにどのように時間経過という概念を説明しうるのだろうか？　それでも「変化」に関しては、「ある時点とそれとは別のある時点で、それぞれの時間的部分が異なる状態にあること」と定義できるかもしれない。しかし、これはあくまで静的時間論（絶対的現在の実在を否定する立場）から、私たちが「変化」といっているのはじつはこういうことだと説明しているだけで、むしろ、変化などないといっているとも捉えられる（というよりも、そう捉える方が自然であろう）。というのも、この変化の定義は私たちの直観的な変化という言葉の定義に反する（真理が直観的であるかどうかは重要ではないかもしれないが、言葉の意味が直観的かどうかは、少なくとも哲学においては重要である）。私たちが

「変化」というとき、それは「時間経過に伴った変化」を意味しているだろう。たとえば、時刻 t_1 では座っていた私が時刻 t_2 で立っているとき、静的時間論では t_1 における私の時間的部分が座っている状態にあり、t_2 の、t_1 における時間的部分とは異なる、私の時間的部分が立っている状態にあるということであり、これを「変化」ということには違和感があるだろう。本書「時間の空間化」という論点に沿っていうならば、これはあたかも、1本の鉄棒のある部分が曲がっていて別のある部分がまっすぐである状態を指して、変化があると述べているようなものである。そして、本章で意味している変化は時間経過に伴う変化なのだから（それは文脈から明らかであろう）、絶対的現在を否定するならば変化もない。

5 形而上学的に重要な差異

谷村氏は「形而上学的に重要な差異」というのがわからないというが、なにがわからないかが明確ではない。谷村氏自身が引用しているように、私は（それをほかの哲学者たちが認めるかどうかは別として）明確に定式化している。繰り返すと、絶対的現在がどの時点であるかが世界の状態に影響を与えるということである。ただし、この「世界の状態に影響を与える」とは経験的にわかるような影響ではなく、あくまで形而上学的なものである。ここで「形而上学的な意味で世界に影響を与える」ということの意味がわからないというかもしれないが、このあとに、現在主義や成長ブロック宇宙説といったモデルを用いて、それがどういう意味かも説明している。これでもわからないのなら、もう少し具体的になにがどうわからないのかを示していただかないと回答しようがない。

6 現在主義・成長ブロック宇宙説・縮小ブロック宇宙説・永久主義

谷村論文（本書第1章）への佐金氏のコメントでも触れられてはいるが、一つの誤解を正しておこう。谷村氏は「過去の実在性をことごとく認めないという主張はどうかしている」と述べる。ここで、「過去の実在性を認めない」という言葉で現在主義者が、たとえば「恐竜が存在した」ということも認めないと谷村氏は考えているようである（あとで述べるように、それは谷村氏の責に帰するべきことではないが）。しかし、現在主義者も「恐竜が存在した」ということは認める。では、「過去が実在しない」ということでなにを意味しているの

か。

　佐金氏とは別の言い方で説明してみよう。一般的な言葉づかいでは「恐竜は存在した」という。繰り返すが、現在主義者もこのような言い方をする——むしろ、このような言い方しかしない。だが一方で、おそらく物理学者は「時空間が存在する」というだろう。そしてその言い方を認めるならば、「恐竜は2019年1月30日を起点としたときに1億年以上前（この前・後というのは静的時間論の立場では規約によって決めるしかない）の時空点において存在する」という言い方をしてもよいだろう（もちろん、この「存在する」は現在形であるが「現在において」という意味ではない）。だが、現在主義者は、いかなる意味においても「恐竜が存在する」という言い方を（じつは現在においても恐竜が存在しているという仮想的な場合を除いて）認めない。

7　相対論を無視してよいのか（3とまとめて）

　3とまとめて答えよう。一言でいうと、「動的時間論者たちも相対論を無視してよいとは思っていない」。そして、相対論からは絶対的現在の実在が否定されるのではないか、という問題に対してさまざまな応答がある。これらの応答については佐金氏の『時間にとって十全なこの世界』（勁草書房、2015年）の第3章に詳しい。ちなみに、じつをいうと、私自身は静的時間論者であり、それゆえ絶対的現在の存在を認めない立場で、相対論による反論に対する動的時間論者たちの主張を認めた上でもやはり絶対的現在の実在を認めることは現代物理学に反するという論文を書いている（Morita 2017）。もうひとつちなんでおくと、その後、やはり抜け道がある（現代物理学に抗して現在主義を擁護しうる）かもしれないと最近は考え直しているものの、正直、このあたりまだ考えが定まっていない。

　ともかく、ここで、形而上学と物理学の関係について少し論じておこう。たとえば、動的な永久主義・成長ブロック宇宙説・現在主義の各立場どうしは、少なくとも一見して経験的に区別できない。それゆえ、（とりあえず相対論と両立するかの問題はおいておいて）これらの優劣は科学によって決められることではなく、哲学・形而上学によって決められるべきことである（最終的な合意が得られるかどうかは別として）。そして、そのような経験的に区別できない理論を考えることに意味があるのか、と問われれば意味があると答えるしかない。

そもそも「意味がある」とはどういう意味かというのも難しい話であるが、「世界のあり方」に興味があるのならば、過去・現在・未来すべてが存在しているというモデルと、現在しか存在していないモデルは、明らかに私たちが理解できるレベルで世界のあり方に関して異なるモデルである。それゆえ、これらのモデルのどれが最も優れているのかを論じることには意味があるだろう。もちろん、経験的に異ならないモデルのうちのどれが優れているのかをどのように判断するべきなのかは難しい（こういった基準はそれとしてしばしば独立に「メタ形而上学」という分野のトピックとして論じられることがある）。だが、実際に哲学者たちはこれらのモデルの長所や短所を日夜論理的に論じているのである。

さて問題は、なんらかの形而上学的モデルが科学的な知見と反するような場合である。ただ、この「反する」というのが、では正確にいってどういう意味なのかもまた難しい。谷村氏は

> 「あなたのおっしゃっていることは相対論と矛盾しますよ」と言われても、哲学者は「ええ、相対論ではそうなっているということは知っています。でも私は光学的同時性だけが同時性だとは思わないのです」という言い訳が成り立つかのように振る舞っているように見える。物理学を無視することは、現実世界を無視することだと私は思うのだが、それでよいのだろうか？

と問う。それに対して、哲学者の中には「それでよい」という者もいるだろうが、おそらくほとんどの哲学者はそうは考えていない。なぜなら、形而上学的主張とは基本的に必然的な主張であることを目指すからだ（この点について異論もある）。ここで「必然的な主張」とは、「どのような可能世界であっても成り立つ主張」という意味である。それゆえ、当然、現代物理学が成り立つ世界で成り立たなければならないので、哲学者たちは自らの主張と現代物理学の帰結が矛盾するのを避けようとする。しかし、同時にまさにここで谷村氏が述べたような答え方「私は光学的同時性だけが同時性だとは思わないのです」をするのもたしかである。だが、問題はそれが「相対論と**矛盾**しているのか」ということだ。光学的同時性以外の同時性がありえたとして、ではなにがどう相対

論と矛盾するのだろうか？　たとえば、量子力学では非局所相関があるという（解釈にもよるが）。この非局所相関は光学的同時性以外の同時性の存在を含意していないか？　そして、そうだとしても相対論とは矛盾しない（たとえば、Sakurai 1994, pp. 231-232）。それゆえ、私たちはたしかに経験的にどの慣性系が絶対的現在を定めるのかはわからないが、しかし、そのことは絶対的現在を定めるための特権的な慣性系が存在しないことを意味しない。

「そんなことを言ったらなんでもありではないか」という意見もあるだろう。だが、絶対的現在の実在を認めることにより生じるさまざまな哲学的問題（とその解決法）が提起されているし（つまり、科学に矛盾しないとしても形而上学的に問題があるかもしれない）、また、仮に絶対的現在を認めても、（先にも述べたことであるが）過去（や未来）の実在性を認めることによる難点、逆に絶対的現在の実在しか認めないことの難点（そしてそれらの回避法）なども論じられている。また、本章がまさにそうなのであるが、絶対的現在を認める（もしくは認めない）ことにより、経験的なレベルでなんらかの差異が生じる可能性を論じることもある。たとえば、本章の帰結が正しければ、絶対的現在を認めるならば時間に始まりがあるはずであるが、認めないならば始まりがあってもなくてもよいのだから、もし物理学が時間に始まりがないことを証明しえたならば（それが本当にできるのかどうかはわからないが）、絶対的現在がないということがわかるはずである。

なお3、4、6～8の疑念を出していただいたことは、ある意味で本書がうまくいっていることを示しているように私には思えた。哲学者どうしの議論ではある種の共通了解になってしまっているような事柄がじつは外部から見ると「なんでそうなるの」という疑問を抱かせるようなものであることを再認識させてもらえるからだ（相対論との矛盾に関しては、本節で述べたように、哲学者どうしでも議論があるのだが）。たとえば、たしかに、たんに「過去が実在しない」というと、「過去に恐竜が存在した」ということすら認めない（ラッセルの世界5分前創造説のような）議論をしているかのように思ってしまうのは自然であるから、本書のような読者層を哲学者に限定しない場で現在主義を語るときには慎重になるべきであろう。時間経過の必要条件として絶対的現在が必要であることも少なくとも一見して明らかなことではないだろう（が、ダウの引用だけでなく本章の注1）でも引用しているように、分析哲学的時間論のコミュ

ニティではほぼ受け入れられているといってよいだろう——ただし本章で述べたように十分条件ではない)。また、相対論に関しても、テーマがずれてしまうので書かなかったのだが、そこに引っかかるのもまた自然であるので、簡単にでもコメントしておけばよかったのかもしれない。

9 スウィンバーンの議論の誤り

谷村氏は $P{\sim}s$ と ${\sim}Ps$ が同義 (それゆえ、「$P{\sim}s \lor Ps$」と「${\sim}Ps \lor Ps$」も同義) だというが、これらは明らかに異なる。谷村氏の例でいえば、「宇宙人が存在する超中性子星があるか、宇宙人が存在しない超中性子星があるかのどちらかである」($P{\sim}s \lor Ps$) と「宇宙人が存在する超中性子星があるか、宇宙人が存在する超中性子星がないかのどちらかである」(${\sim}Ps \lor Ps$) となる。前者は超中性子星の存在が含意されているが論理必然的に真ではなく、後者は (排中律より) 論理必然的に真であるが超中性子星の存在は含意されていない。それゆえ、スウィンバーンは無限の過去の存在証明に成功していない (この結論については私も谷村氏も同じである)。いや、そのように2通りに解釈できない (一方の解釈しか可能ではない) というかもしれないが、それは重要ではない。むしろ、2通りに解釈できると考える論者がいる限り、そのどちらに解釈してもスウィンバーンの議論が成り立たないということを論じることが重要なのであり、(それ以外の可能性が生じない限り) スウィンバーンが本当はどちらのつもりで論じていたかは重要ではない。

10 円周率を読み上げる男の誤り

前半はその通りだと思う (そしてそれは本章でも認めている)。しかし「そもそもこのストーリーはあくまでも整数の集合」あたりからよくわからなくなる。なぜいきなり、「この議論が正しかろうと間違っていようと、時間の性質うんぬんとはまったく関係がない」ということができるのか? そもそも「この議論」がどの議論を指しているのか曖昧であるが、もしウィトゲンシュタインの議論のことを指しているならば、それが正しいならば無限の過去が存在しないということではないか? そのあと、「《時間が経過するという概念と、無限の過去が存在するという概念の、相容れなさを示している》のではない。時間論と無限集合とを結びつけるやり方が詭弁論法になっていたというだけのことで

ある」とあるが、なぜ「〜のではない」といえるのか。もちろん、時間論と無限集合とを結びつけるやり方が詭弁論法（こういう議論を「詭弁」と呼ぶべきなのか問題であるが）であるとしても、それはむしろ「時間が経過するという概念と、無限の過去が存在するという概念の、相容れなさを示している」からだというのが私の主張であり、それを否定できているとは思えない。その後も「円周率を逆向きに読み上げる男のストーリーは、もっとひどい」と一方的な価値判断を下しているが、結局のところ、なにがどう「もっとひどい」のかは明らかではない。ここで重要なことは、まず、数学的概念に無限が存在するからといって、現実世界の時間論に容易に無限の概念を持ち込むべきではないということである。この点に関する興味深い論考として Lock (2012) を挙げておく。次に、現実世界に無限が存在するとして、だからといって、時間が無限の過去から存在することが可能であるとはならない。すなわち、無限の系列が完了することが可能であるとはいえない。このあたりの論争に関する比較的最近の文献としては Puryear (2014) とそれをめぐる論争 Lock (2016)、Dumsday (2016)、Puryear (2016) を挙げておく。

11　円環時間は難解

円環時間についてはたしかにややその定義が曖昧であった。形式的に定義すれば、

> 任意の時点 t について、時点 $t=$ 時点 $t+P$ になるならば、周期 P の円環時間である（＊）

ということであろう（Dowe 2009 の定義も見よ）。しかし、これでは不十分だと私は感じる。というのも、永久主義か現在主義かでなにを円環時間というかが異なるからだ（成長ブロック宇宙説は少しおいておく）。

永久主義の場合、時間が直線的であるにもかかわらず（つまり、定義＊を満たさないのにもかかわらず）、時点 t の世界の状態と時点 $t+P$ の世界の状態とがまったく同じということがありうる。この場合、絶対的現在でありながら過去でもあり未来でもあるという難点はない。というのも、もし時点 t が絶対的現在だとしたら、$t+P$ は状態がまったく同じだというだけで t とは異なる時点

であるので絶対的現在ではないからだ。しかし、この場合において時間に始まりがないというのは、結局は無限の過去が存在するということと同じである（円環的時間ではなく直線的時間であるから）。したがって、永久主義の場合の円環的時間とは、本章の図5.3のように、実在する時間軸が実際に円環になっている場合のことを指す（それを示したのが上記の定義＊である）。すると周期がPということは円環状の時間軸の円周がPであるということであり、時刻tと時刻$t+P$で世界の状態がまったく同じになるというだけではなく、これら二つの時刻はまったく同じ時点を指していることになる。動的な場合は、本章で指摘したような問題が生じるが、静的時間論の場合は、ただ、円環的な時間軸が存在するだけであり、過去や現在には客観的な差異がない（絶対的現在が存在しない）のだから、なにも問題はない（「端」がないので「時間に始まりがない」といえる）。

　現在主義の場合は、永久主義のような円環はそもそも考えることができないので（時間軸が実在しないから）、（＊）のように定式化できない。つまり、tと$t+P$が同じ時点であるということはできない（そもそもそういう問いを立てることができない）だろう。それゆえ、現在主義の場合は「時点tの世界の状態と時点$t+P$の世界の状態とがまったく同じ」という定義の仕方（これを＊＊としよう）をするしかないだろう。すると、その「同じ状態」は何度繰り返すのか、という問いを立てることができ、有限回なら時間に始まりがあるということであり、無限回なら無限の過去が存在するということである。

　成長ブロック宇宙説の場合は、時間軸を実在すると仮定するモデルでありながら永久主義のような形で明確に円環時間を定式化できない。成長ブロック宇宙説の場合も、現在主義のように（＊＊）の定式化を用いるしかないだろう。すると結論は同じである。

　因果について。もちろん、レ・ペドウィンの述べている因果的性質が正しいとは限らない（そしてそのことは本章でもちゃんと述べている）。物理理論自体に原因と結果という概念が出てこないのもその通りであるし、哲学の因果理論でもそのことはしばしば議論されている。しかし、谷村氏のいう通り、因果の問題は難しい問題で、物理理論に出てこないから原因と結果という概念が客観的に存在しないとはいえない（むしろ、因果を原始概念と捉えることで物理法則の必然性を説明しようとする哲学理論もある）。それはともかく、本章中にも述べて

いるように、これは私たちが直観的に因果に帰している性質であり、実際、このような性質を帰して議論することが多いので、そう仮定した議論をすることには意味がある。また、紙幅の都合上くわしくは述べないが、動的時間論をとる限り、このような性質を因果に帰することは自然である。そして、それが正しいとすると、円環時間では問題が起こるという話をしているのである。また、ここで重要なことは、これだけを根拠に円環時間を否定しているわけではない。

12 これでは私は納得しない

ここは、これまでの議論のまとめであり、それぞれにはすでに答えたと思うので、とくにあらためて応答する必要はないだろう。

参考文献

佐金武（2015）『時間にとって十全なこの世界：現在主義の哲学とその可能性』勁草書房．
Dowe, P. (2009) Every Now and Then: A-Theory and Loops in Time. *The Journal of Philosophy* **106** (12), 641-65.
Dumsday, Travis (2016) Finitism and Divisibility: A Reply to Puryear, *Australasian Journal of Philosophy* **94** (3), 596-601.
Lock, Andrew Ter Ern (2012) Is an Infinite Temporal Regress of Events Possible? *Think* **31**, 105-22.
Lock, Andrew Ter Ern (2016) On Finitism and the Beginning of the Universe, *Australasian Journal of Philosophy* **94** (3), 591-5.
Morita, K. (2017) Presentism and the Multiverse Hypothesis. *Annals of the Japan Association for Philosophy of Science* **26**, 1-8.
Puryear, Stephen (2014) Finitism and the Beginning of the Universe, *Australasian Journal of Philosophy* **92** (4), 619-29.
Puryear, Stephen (2016) Finitism, Divisibility, and the Beginning of the Universe: Replies to Loke and Dumsday, *Australasian Journal of Philosophy* **94** (4), 808-13.
Sakurai, J. J. (1994) *Modern Quantum Mechanics* (Revised Version). Reading, MA: Addison Wesley.

第6章 「スケールに固有」なものとしての 時間経験と心の諸問題
——ベルクソン〈意識の遅延テーゼ〉から[1]

平井靖史

　アンリ・ベルクソン（1859-1941）の哲学、とりわけ彼の第二主著『物質と記憶』は、心をめぐる哲学的な諸問題を、「時間の関数で」(MM, p. 74[2])体系的に書き直す試みとして特徴づけることができるが、さまざまな困難によりその理論的な解明は現在ようやくその緒に就いたところである[3]。その基調的な方針は、多くの修正を加える約束で乱暴な第一次近似を与えるなら、物心の関係を、〈空間を占める物質とその時間的延長〉の関係として解明する、というものである。「遅延」を鍵としていることから、我々はベルクソンの〈意識の遅延テーゼ〉と呼んでいる。この考えによれば、心と呼ばれるものは、れっきとした客観的実在であるが、物体群からなる集合と並置されるようなものではない。本来「同時的」空間を埋めている物質が、あるシステムの下で時間次元方向にも延長しているとき、その時間次元への延長分を心的な実在とカウントする。この考えは、当然、〈各システムが、それ固有の特定の時間的延長を有している〉ことを前提している（そして本章で論じるようにそれは積極的に擁護可能であると私は考えている）。これは複数の時間スケールが互いに還元されず共存するという一種の時間多元論を採用していることを意味する。ただしこれは現在近傍に関する話で、時点を問わず4次元時空全域を等しく実在とみなす立場（永久主義的ブロック宇宙説）は取らない。ベルクソンの議論は大きくは2段階になっていて、別な根拠から過去の実在とそれに依拠する記憶の介入に関する主張が控えているが、本章では扱わない。

　本章の大半を占める6.1節は、この〈意識の遅延テーゼ〉の要点の解説に充てる。残りの6.2、6.3、6.4節では、この議論フレームに立脚すると、心をめぐる諸問題はどのように書き直され、どのような説明上のメリットをもつことになるかの全体像を示すため、以下の三つの論点についてごく概略的に示す。一つは、この宇宙の歴史で心がどのようにして生じたか、という発生論の

問題（汎心論 vs. 創発主義）。この論点は、（時間の客観的なあり方を論じる）「時間の形而上学」を（普通主観的なものとみなされる）「時間経験」についての諸議論へと架橋するものでもある。二つ目は、感覚質や注意などの心的経験の諸特徴の成立。三つ目は、決定論と自由の問題である。

6.1　マルチ・スケールの時間論——〈持続のリズム〉の多元論

まずは、戦略全体の要となる時間スケールの多元的共存のアイデアを確認するべく、『物質と記憶』から一節を引用しておこう。

> 実際のところ、唯一の持続のリズムなるものがあるわけではない。より緩慢であったり迅速であったり、様々に異なる多くの持続が考えられ、これらが意識の緊張と弛緩の度合いの尺度となり、これによって存在系列内での各々の場所が割り当てられるだろう。(MM, p. 232)

ここで登場する〈持続のリズム〉という概念についてであるが、これは「時間スケール」という概念——に還元できないとはいえ——を明確に含む。したがって、ここでベルクソンは、少なくとも、複数の時間スケールが共存しているという時間像にコミットしていることになる。彼によれば、我々人間の心的現象経験は、一定の規模の時間スケールをまって成立するものであり、異なる生物種の経験はまた別の時間スケールに随伴する。したがってシステム固有の時間スケールを適確に同定しなければ、事象をうまく描出できない。心をめぐる哲学的な諸問題、すなわち意識の発生、心身関係、自由の問題を扱う際には、スケールにセンシティブである必要がある、とベルクソンは考えているのである。

6.1.1　時間スケールとはなにか

ここで、「時間スケール」の概念について整理しておくことは有益だろう。物理学者アニック・レンがブートンとヒューネマン編纂の論集『自然の時間と時間の本性』に寄せた論文「自然システムとそのモデリングにおける時間変数と時間スケール」(2017) から、まずは認識論的なスケールと存在論的なスケールの区別を押さえておこう。レンは、前者を「認識スケール（epistemic scale）」、後者をシステム「内在的スケール（intrinsic scale）」と呼んでいる。

「前者は、システムが観察され記述される際のスケールである。後者は、観察者がいるかいないかから独立に、システムに特徴的な時間に関係している」（Lesne 2017, p. 56）。

次に、これが重要な点であるが、恣意的に設定可能な無数の認識スケールのなかに、システム固有の内在的スケールに応じて取られるべき適切な（relevant）スケールというものがある。「時間表象の適切さは、システム内在的な時間スケールとの比較で、どのような観察・記述の時間スケールをとるかに依存している」（*Ibid.*, p. 59）。なぜそうなるのかをレンが説明している箇所を引用しておこう。

> 動力学を記述するのに用いられるフレームワークの選択は、内在的スケールと記述スケールの相対的な大きさに依存している。これらの大きさが、例えば決定論的モデルか確率論的モデルかの選択を条件付けている。dt が相関時間よりもはるかに大きければ、ゆらぎは平均化されてしまい、進展は決定論的なものとして記述されることになる。あるいはもし dt がある分子が残りの分子と経験する二つの継起的な衝突のあいだの典型的な時間（平均自由時間）よりもはるかに小さければ、反対になる（可逆的分子動力学）。中間では、ゆらぎが無視されず、確率論的モデルがより適切となる。これらの時間表象と、モデル選択のあいだの相互関係を確立することは、ひとつの重要な課題である。（*Ibid.*, p. 60）

（括弧付きの）「同じ」事象が、スケールの取り方によって確率論的にも、決定論的にもなる。どちらかが真相でどちらかが虚像というわけではない。前者が後者に対して構成的な関係に立つのでも（もちろん逆でも）ない。諸々のスケールは、互いに還元できない。だがどのスケールも平等というわけでもない。目的の現象にとっては、とられるべき適切なスケールというものがある。

印象的な例は、レンが、システムの「平衡」状態というもの自体、スケール相対的にしか成立しえないことを示す以下のくだりに見ることができる。

> 平衡という概念は複合的である。これを操作的に定義する一つのやり方は以下のようなものである。すなわち、システムの諸特徴が時間に沿って進展しないとき、システムは平衡状態にある。実のところ、この定式化は、

平衡というものが相対的な概念であることを示している。すなわち、平衡状態にあるシステムは、一定の解像度（時間スケールの下限）において、一定の持続（時間スケールの上限）に亘って、検知可能な変化を経験しない。平たくいえば、速いプロセスは平均化されてしまっており、遅いプロセスはまだ始まっていない、ということだ。観察可能な諸特徴の解像度、すなわち、どの値の変化が観察者によって検出可能な意味のあるものであるか、もまた定義される必要があるのだ。平衡という概念は、このように時間と空間に深く関係づけられている。（強調引用者、*Ibid.*, p.61）

　どのような時間規模で事象を描き出すか。たとえば、〈取りうる最小の時間スケールこそがア・プリオリに「正解」の描像で、より大きなスケールは画素の荒い、質の低い世界像である〉といった、素朴な「時間スケールにかんする基底還元主義」には、少なくない反省の余地がある[4]。そんなことが正しければ、平衡状態一つとっても、世の中から意味のあるそれが消えてしまうことになる。肝心なのは、我々が描き出したいターゲット事象が要求する適切な時間スケールを尊重することである。

　さて、心を有した我々の世界経験がいかにして成立するかという哲学的な課題を考える上で、この時間スケールは重要である。我々人間の経験全般は、人間身体の備える特定の内在的時間スケールに随伴的に特徴づけられる。「経験」を、物理化学的な相互作用で説明できないのは、第一義的にはその点から理解できる。ミクロスコピックなスケールへと断片化してしまうならば、我々の経験の主要な特性は解消されてしまってもおかしくない。つまり「経験」としては把捉できない。それはちょうど、あるシステムの平衡状態を記述しようというときに、不必要に小さな時間窓で覗いておいて、そこにゆらぎを見出して「平衡などない」といっているようなものだ。これは空間で置きかえるなら、たとえば顕微鏡で覗いて「じつはでこぼこ」だからお肌はツルツルではないといっていることに相当する。むろん「ツルツルさ」は虚構でも非実在でもなく、れっきとした実在的状態の一つである。ただし、それが要求する固有の内在的スケールをもつ。これと同様、「経験」は、「スケールに固有」な存在者なのである。

6.1.2 人間経験における時間の構造性

　人間にとって有意味な経験や出来事の規模というものがある。たとえば大脳皮質ニューロンの電気生理がミリ秒のスケールで動いていても、一人の人として行うたとえば「会話」という現象を捉えようとすれば、より大きなスケールが要求される。我々の経験は、わざわざ「時間」経験と呼ばずとも、つねに、なんらかの「ペース」において運行している。1秒が「あっという間」で、100年が「気の遠くなるような」長さであることは、(1秒が「1ミリ秒より長い」とか、100年が「1万年より短い」という単なる算術的事実とは異なって) 我々人間存在がたまたま[5]有している固有の時間スケールに相関的な表現である。

　だが、当然のことながら「中程度」の時間スケールを取りさえすれば、なんでも「経験」というものになるわけではない。つまり、スケールの話は、人間の心的経験にとって必要条件ではあっても十分条件ではない。ベルクソン自身が網羅的・分析的に列挙しているわけではないが、散在する記述を総合し、適切な補足を加えるなら、生物のシステムが以下のような時間的特徴をもつことが、経験にとっての発生論的・構成的条件となっていると解釈できる。

(1) 【流れ】身体と環境の物理刺激と継続的な相互作用を行う。
(2) 【分業】刺激処理の経路が複線化しており、各経路が非同期的に、固有の内在スケールで動く。
(3) 【多層性】刺激処理の各経路が階層化しており、各層が非同期的に、固有の内在スケールで動く。そのため各経路全体としてはスケールが大きくなる。
(4) 【スケールギャップ】各経路およびそれらの各層間でスケールを跨いだ相互作用がある。

　こうした諸特徴にもとづき、以下のような複雑な時間的「構造」が立ち上がる。

A) 最小時間単位 (「瞬間」のサイズ)：ミクロな刺激入力がマクロな行動出力へとつながりうる最小時間長。生物種・知覚モダリティにより異なるこれを (ゼロの幅しかもたない「瞬時 instant」と区別して)「瞬間 moment」と定義する。

B）「現在の幅」のサイズ：想起を必要とせず一まとまりの経験として保持できる一連の刺激入力群の最大時間長。人間の場合、最小時間単位に対して十分に大きく、これがメロディ聴取や運動知覚といった「流れ」経験を可能にする。

C）（現象学的には、さらに遠隔的な過去や未来を志向する「時間地平」ないし「時間展望」のサイズがあるが、これは記憶の投射を含み本章の範囲を出るので扱わない。）

これに対し、身体を取り巻く空気や、机や文房具など（意識をもたないと考えられる）物体は、これに相応するほど複雑な時間的構造性を少なくとも同じスケールでは有していない。分業と多層化をひっくるめて「異質的 heterogène」と形容し、これとの対比で物質的環境の時間構造を「等質的 homogène」と形容する。そこで、（たとえば特定の器官が、ではなく）こうした異質的な時間的構造性そのものが意識の構成に寄与すると考えるのが、ベルクソンのアイデアである。脳という一器官が意識に関わっているとしても、それはあくまで脳がこのような時間構造性を実現する限りにおいて、である。

20 ミリ秒（ms）を最小の視覚時間単位とする人間にとって、実際には毎秒100 回（西日本では 120 回）点滅しているはずの蛍光灯は、点滅ではなく点灯しているように見える。他方、150 Hz 程度の「ちらつき融合頻度」をもつハエにとっては、同じ蛍光灯は点滅として知覚されているといわれる[6]。出力においてははるかに巨視的な時間スケールを要する人間が、20 ms の感覚を識別できるということは、たんに網膜や神経細胞レベルの単位の話ではない。ミクロな時間単位での差異化が、ボタンを押すなり口頭報告するなり巨視的に出力されるからである。そこにはミクロな入力からマクロな出力へとスケールをまたいだ影響がある（特徴 4、構造 A[7]）。だが他方で、筋肉による連続的な出力は同じだけの時間分解能をもたないから、下位の入力における分解能の内部余剰は、遂行に至らない「発生状態における反作用（réaction naissante）」「反応傾向」という特異な内部状態をもたらすことになる。こうして内部に引き留められることになった反応をモニターすることが、意識的な感覚の起源であるとハンフリー（2006）は論じているが、非常にベルクソンに近い着想である。

次に、こうした経験の構成素の最小単位としての「瞬間」のサイズに対して、そうした諸瞬間を束ねて一つの経験とするに足る十分に大きな「現在の幅」の

サイズを、人間は有している（構造B）。さもなければ、メロディ聴取や運動知覚といった「流れ」経験をもつことは叶わないだろう。一般の分類でいう「感覚記憶」から「ワーキングメモリ」にまたがる範囲の話である。ベルクソン自身はこうした性質を諸瞬間の「相互浸透」や「有機的組織化」という用語で特徴づけていたが、これはどのようにしてもたらされるか。ア・プリオリに考えて、内部で同期されない複数の、かつ多層化された経路が併走するなら（特徴2および3）、各経路・各層間の相互折衝に際して、大きめの時間的バッファが要求されることは予想できる。待ち合わせを決めずに別れるようなものだからだ。事実、非常に興味深いことに、脳神経1本1本のレベルで見ても、その時間特性は部位によって異なる。ベルクソンの凝縮概念にもとづいて脳神経の時間特性を研究する太田（2016）によれば、海馬のCA1錐体ニューロンでは時間加算のための窓は20 msであるのに対し、線条体では最大で200 msの時間感覚でも加算されるという。もちろん、感覚皮質でのループ、さらには前頭葉まで含めた大局的なループも、この時間稼ぎに貢献するだろう。こうした輻輳的な時間構造によってもたらされる「現在の幅」——これが奇しくも「主観的」現在と呼ばれているわけだが——のおかげで、「皮膚うさぎ」に代表されるポストディクティブな錯覚も成り立つと考えられる（村上2017）。グローバルワークスペース説を支持するデハーネらは、皮質全体のグローバルなループこそが意識に対応し、次に感覚皮質内のローカルなループは、注意さえ向ければ意識されるという意味で「前意識的な」処理であり、最後に微弱すぎたり短すぎたりするためにただちに減衰してしまうケースは閾下に終わるとしている（Dehaene et al. 2006; 佐藤2014）。これは、階層性が時間の規模を次第に拡大すること、そしてこうしてもたらされた「遅延」が意識の条件になっているというベルクソンの〈意識の遅延テーゼ〉と親和的である。したがって、この場合「遅延」には、たんなる規模としての時間スケールの大きさだけでなく、上述の複線的・多層的な構造性が寄与している——もっといえば前者も後者によって規定されている——といえるだろう。ただし意識は一定の遅延後の瞬時に、突如として生じるというわけではなく、この遅延にわたって全体論的に組織化されるため、この遅延期間そのものが意識を構成していると考えるのがベルクソンである[8]。

6.1.3. 「主観的」時間とはなんのことか

　たとえばプロッサーは、ムクドリやハト、リスを人間よりもはるかに「速い」生物として、オオガメを最も「遅い」生物として引き合いに出しつつ、さまざまに「異なるペース」の経験を例示している（Prosser 2016, p. 85）。ここには時間のサイズの話と、速度の話が入り交じっている。ちなみに同じ人間であっても、この時間経験の速度はある程度可変的であることが知られている。心理学史に目を移せば、介入によって心理的な時間見積もり自体を操作する試みもなされており、1960 年代にホーグランドらによって体温上昇という手法[9]から始まり、クリック音などより危険の少ない手法[10]の開発に至っている。ジョーンズらによれば、一定のクリック音の刺激を先行して与えることで、時間経験の「スピードアップ」が見られ、所定のトーンの持続が長く感じられるようになるだけでなく、演算など情報処理の反応速度も向上するという（Jones L. A., *et al.* 2011）。

　まず概念的に注意すべきこととして、こうした時間経験の「速さ」を、いわゆる運動の「速さ」と混同することはできない。たとえば、人間の目でも、蛍光灯の寿命が近づいて点滅頻度が落ちると、ちらつきとして知覚されるようになるが、この場合は、変動しているのは対象の運動（この場合点滅）の速度である。しかし、同じ頻度で点滅する蛍光灯についての人間とハエの経験の違いをもたらしているのは、この意味での運動速度ではない。人間身体が有する時間構造の特性を反映する形で、経験全般の「速さ」というものが現象を覆っているのである。

　しかし他方で、しばしば「主観的」と形容されるこの経験の速さは、身体の生理学的な時間特性という「客観的な」事態から切り離された無根拠な幻覚ではなく、これに──還元されないとはいえ[11]──はっきりと条件付けられているという点も同時に見逃すべきでない。この一見単純な事実は、我々の「時間経験」を、ひいては心的現象一般を、物理的世界へと接地させる上で、哲学的に重要な含意をもっている。我々のいわゆる「主観的な」時間を、しばしばそうなされるように、はじめから意識の現象界のうちに囲い込んで二世界説のごとく世界の「客観的な」時間から引き剝がしてしまう（これはいわば時間版の主観的観念論だ）や否や、原理的に扱い損ねることになる──とりわけ心の哲学にとって重要な──論点がいくつもあるからである。主客をどちらかに還元することなく区別しつつ、他方で両者の接合を描き直すというこの困難な課

題に、〈相対的に等質的な時間構造からなる環境のただ中に異質的な時間構造体が介在する場合の、両者の相互作用の中から意識に固有の諸事象を説明する〉という形でアプローチするのが、ベルクソンの戦略である。

現今の分析形而上学において、一方で客観的な時間の流れの是非をめぐるA/B理論や時間存在論という主題と、他方でデイントンに端を発する現象的時間経験の構造分析とは、さしあたり異なる二つの分野であるかのように並び立っている。しかし、もし「経験」というものそれ自体が世界の中で生じる一つの実在的な事象であるなら、二つの主題は切り離された別個の「分野」にとどまらない[12]。『物質と記憶』でのベルクソンのアプローチは、まさに生物システムの客観的時間構造の変形から、かかる意識的時間経験の立ち上がりを説明する点で際立っている。そして、この時間というルートから、通俗的な心身問題のアポリアを回避しようとする点こそが彼の哲学の魅力なのである。

6.1.4 持続はどのような意味で心にとって構成的か

ベルクソンは、持続は質的であり、計測不可能であり、心的であると述べている。そのような主張は、一見すると物質的身体と別個に意識主体なるものがはじめから存在していて、それが時間を専有的に認識するかのように聞こえるが、そうではない。これを見るために、「時間経験の速度」と、通常数学や物理学で扱われる「運動体の速度」の違いについてもう少し掘り下げておこう。

「運動体の速度」は、「距離」を「時間」で割ったものと定義されるが、この場合の「時間」とは時計の針という運動体の進む「距離」のことであるから（Lesne 2017, p. 56）、結局、二つの空間的距離（「目的の運動体」の踏破した距離と「基準となる運動体（時計）」の踏破した距離）の比である。計測の時間が、間隔としての〈持続〉を捨象し「同時性の比較」とベルクソンが呼ぶもの[13]にもとづいていることは、『物質と記憶』に先立つ第一主著『意識に直接与えられたものについての試論』から彼が指摘していた点であった。この「同時性の比較」が成り立つのは、比較される二項に対して外的な第三の位置を観察者が占めることによるとされる。ところが時間の場合、二つの瞬間は定義によって同時でない（後端の瞬間が訪れたとき実際の先行瞬間そのものは過ぎ去っている）から、両者の比較は何らかの理念的な同時的関係（この「等質的多様体」を一般に空間とベルクソンは呼ぶ）へと射影する操作を背景的に前提とする。俗にいう「時間の空間化」であるが、ポイントは射影操作に伴う記号表象化にある[14]。

これに対し、時間「経験」の場面では、観察者である私自身の身体がリアルタイムでこの「基準となる運動体（時計）」の位置を占めることになる[15]。この点が決定的な違いを生む。視座の内部性ゆえに、「同時性の比較」としての計測においては捨象された「間隔」こそが経験においてはその質料となるからである。

　私たちにとって1秒が「このような」長さであり、1日が「このような」長さとして感じられることは、いわば比較によらない「地」の経験である。仮に私の内部時間構造が同じまま、環境の運動の一切が倍速で展開したとすれば、時計によって読み取れる物体の運動速度は変わらないだろうが、経験の質的相貌は大きく変わるだろう。時間経験の速度の違いは、それが「どのようであるか」というかたちで経験において質的に差異化される。現実ではそのような劇的な変化は起きないため見逃されやすいにせよ、我々の経験は、自らの時間構造性に準拠した、固有の時間スケールによってすみずみまで染め上げられている。これを別な論考では「時間クオリア」と呼んだ（平井 2017a）。

　この時間クオリアは、どのような意味で「質的」で、「計測不可能」であるのか。数量のかたちで算定するためには、同時性を得るべく外的観察の視点をとることが必要である[17]。重要なのは、それがいかなる仕方でも計測されないのではなく、「時間クオリア」である限りにおいては計測されない、という点である。なぜか。それは、なにかが一箇の「経験」であるということが、まさに問題となっているシステムに内的な視点を取ることであるからだ。そしてその視点は、時間が単線的で等質的な瞬間の連鎖でしかないところ（惰性的物質）には生じないだろう。そもそもそこに取られるべき内部がないから。同一システム内部で、相対的に小さい時間窓で行われる外部刺激処理の背後に、これをより大きな時間窓で制御する経路が何層も控えている、こうした時間構造の厚みが、時間的「内部」を設ける。そして経験は、この時間トンネルの中を進む。もはや時間線分の両端ではなく、「間隔」そのものが経験の構成実質となる。そしてこの「間隔」は、意識が見かけ上の幻覚として産み出すなにかではなく、後述のように生物身体が進化を通じて獲得した分業と多層化の実在的な成果なのである。もちろん、こうした構造自体を、外的な観測・比較の対象にすることは依然として可能であるが（たとえば研究者によって）、しかしその場合、システムの外部に立つというまさにその理由のために経験としてではない。そして、最後まで経験をなしで済ますわけにはいかない。この研究者自身

は、この実験観察中、同時に時間を「経験」してもいるからだ。たとえば計器に表示される脳図像の変化や周囲の事象の変化をある固有のペースで享受している限りにおいて。

たとえば、波長 700 nm と 350 nm の電磁波を、われわれは赤と紫の感覚として経験するが、赤が紫の2倍だ（あるいはその逆）と量的な仕方で感じる人はいない。感覚質が質的であるというのはそういう意味である。しかし赤の感覚というクオリアなるものが、700 nm の電磁波と別個に新しく併発するなり産出されると考えるなら、既知の通りとたんにアポリアに落ち込む。ベルクソンのアイデアはこうである。電磁波を電磁波に固有のスケールで、固有の時間構造の下で見るなら等質的な諸瞬間の系列として妥当に近似できる。だが、人間がそれについての視覚経験をもつ場合には、当該の電磁波は、人間自体の異質的な時間構造とともに、一つながりの異質的な作用連関を形成し、その一契機となすものと見られなければならない。「脳も神経も網膜も、さらには対象そのものも緊密な全体、連続的な過程を作る」（MM, p. 241）からである。一連の情報処理経路自体の内に複数の固有時間スケールが含み込まれる、その意味で異質的なこの経路自体が、内からの経験を——この場合は色クオリアを——構成する[18]。

6.2 心の発生の諸段階

では以下、簡単に、冒頭にあげた三つの問題について、持続のリズムの多元論というベルクソン的パラダイムからの展望を与えることにしよう。

まず、現在の我々人間の現象体験が、6.1節で挙げた時間スケールと構造によって解釈できるのであれば、「心の発生」という難問は、世界のうちに、どのようにしてそのような規模の時間スケールと時間構造性をもつシステムが成立することになったか、というかたちで可視的に立て直すことができる。これはメリットである。『物質と記憶』のベルクソンは、現に、はっきりと生物有機体の進化論的な説明を試みている。すなわち、生物を、環境との出入力のシステムとして抽象的にモデル化した上で（これを実際に「システム（système）」という語によって操作している）、感覚-運動のデカップリングや、そのほかの処理の組織化された分業を通じて、その時間成分の漸進的拡張と構造化が果たされてきたことを系統発生的に示すのである。2か所引用しよう。

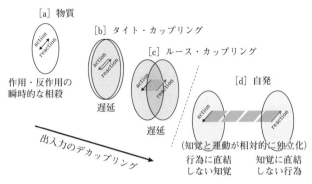

図 6.1　進化における時間的延長の獲得

　外的知覚の進歩を、モネラ〔いまでいう原核生物〕から高等脊椎動物まで、順に辿ってみることにしよう。…(略)…有機体の系列を上って行くにつれて、次第に生理学的な分業が見受けられるようになる。神経細胞が登場するが、それらは多様化し、グループごとにシステム（系）をなすようになる。…(略)…受け取った刺激が運動遂行によって直ちに引き継がれない場合も出てくる。(強調引用者、MM, p. 24)

　もしわれわれの仮説が正しければ、この〔意識的〕知覚が現れるのは、物質から受容した刺激が必然的な反作用へと継承されなくなる、まさにその瞬間においてである。…(略)…原生動物のさまざまな突起や、棘皮動物の管足は、触覚器官でありかつ運動器官である。…(略)…知覚と反作用がセットになったプロセスは、必然的運動を引き起こす力学的衝撃とほとんど区別されない。しかし、反作用が不確定になり、躊躇の余地を残すようになればなるほど、…(略)…その約束や脅威はその実現の期日を先延ばしするようになる。(強調引用者、MM, pp. 28-29)

　こうした遅延の進化モデルについては、2016 年度の『物質と記憶』国際シンポジウムの登壇者でもある精神科医兼本浩祐が、同年出版した著書『脳を通って私が生まれるとき』の冒頭数章をかけて、日本における電気生理研究の第一人者である大沢文夫の研究などを踏まえて再構成しているので、参照されたい（兼本 2016、および平井による模式図である図 6.1）。
　6.1.2 節で挙げた流れ・分業・多層性・スケールギャップといった諸特徴は、段階を容れるから、意識的心の発生に奇跡的な断絶を想定する必要はない。こ

の点で、ベルクソンは創発主義に対立し、汎質論（panqualityism）に近い。最初の生命が誕生する前、地球上では化学進化によって有機物が生成蓄積されていたという。大気中に浮遊する有機物は、周りの物質と物理化学的相互作用はしていただろうが、その構造性の薄さに見合った異質性と遅延しか帯びることはなかった。したがって、どこから意識になったか、というより、どの構造を手に入れたことで、意識はどのような特徴を有することになったかと考える方がふさわしい。

　上から降りていくことにしよう。我々人間が現象的に経験しているような意識の「流れ」が成り立つためには、すでに触れたように、環境（物質）の「瞬間」（最小時間単位＝構造A）のサイズに比して、生体の知覚システムの「瞬間」が相対的に大きいだけでは駄目で、複数の「瞬間」を包括できる程度には大きなサイズの「現在の幅」（構造B）を同システムが有していることが必要である。仮にシステム自体の時間的延長のサイズが最小時間単位に等しければ、単一の要素によって経験が埋められてしまうため、「流れ」にならないからである。そのためには、分業と多層性（特徴2と3）が十分に発展していなければならないだろう。

　だが、少しハードルを下げれば、生物の時間単位（構造A）が、環境の物質のそれ（たとえばプランク時間）に対して相対的に大きくさえあれば、生物とその物理環境の間のスケールギャップ（時間圧縮）の効果としての構造的粗視化が、すでに期待できる。ここで詳述する余地がないが、ベルクソンは「感覚質」の発生をそのような仕方で同定している[19]。この条件なら、意識の流れはなくとも、質的という意味での意識的感覚は成立する。「意識と生命が共外延的である」とベルクソンが述べるとき[20]、このレベルの意識が想定されていると考えられよう。

　さらにさかのぼって、ゼロでない時間的延長を有することそれ自体が、上述のスケールギャップ効果のそもそもの質料的条件となっていることを重く取るなら、物質自体に（汎質論者のいう「原現象的 *proto*phenomenal」な）質を認めることも不整合ではない。現にベルクソンは、基礎的な物理的実在も、それが振動である限り、ゼロでない持続を有することを『物質と記憶』から積極的に認めている[21]。これはもちろんいまだ普通の意味で心とは呼べないだろうが、時間次元の延長分によって非物質性を定義するのであれば、ごく要素的・原初的なレベルの異質性とみなすことは合理的でありうる。この点にもとづいて物

質に質を帰属し、質と量のカテゴリカルな対立を牽制するテクストが同書4章に認められる。この点では、ベルクソンは汎心論の一バージョンである汎質論に与するということができる（平井 2017b, pp. 163-164）。

6.3 注意

一つの有機身体内部での分業と構造的複雑化にともなって、並列する内部処理の遅延にばらつきが生じる。ベルクソンは、これによって「注意」を説明している。ここで「注意」と呼ぶのは一種の情報の選別のことであるが、注意に先立つ選別があるので、それを先に同定しておく。我々の知覚野は、その素材に関して、そもそも生物学的な制約によりはじめから環境に存在するすべての物理的変動を検出するようにできていない。たとえば我々の目は紫外線やX線を拾わないし、私の耳は（残念ながら）もうモスキート音（18,000 Hz）を拾わない。我々にとっての知覚所与は、だからはじめから大幅な減算の残り物からなる（知覚の減算テーゼ）。注意とは、これより後のレイヤーで生じる知覚情報のリアルタイムの選別のことである[22]。すなわち知覚野全体を背景とした部分の主題化・顕著化である。

ベルクソンは、当時入手可能であった生物学的・病理学的知見から、すでにして彼なりの「二重知覚システム仮説」を提出していた（平井 2016; デイントン 2017）。すなわち、自動的な身体反応に直結する迅速な機能的知覚のシステムと、その場での選択処理を要する遅延的な現象的知覚のシステムが併走的に発動しているとし、後者にイメージの投射を含む意識的な注意を帰している（『物質と記憶』第2章）。この仮説は、一つの身体内部での異なる時間系列の偏差を利用した、顕著化（意識的・注意的な知覚）のメカニズムの説明を提供する。このような構造的な時間の偏差を含まないシステム（惰性的物質がそうとされる）では、そうした顕著化が生じない。

> 宇宙の任意の場所を考えれば、物質の作用はそこを抵抗も減衰もなく通過する。…(略)…われわれの「非決定諸領野[23]」は、言ってみればこの〔イメージが浮き立つための〕スクリーンの役を果たしている。それはそこにあるものに何も付け加えない。それが施すのは、ただ以下のことである。すなわち、実在的な作用は通過させ、潜在的な作用は引き留める。（強調引用者、MM, p. 36）

同時に複数の刺激が入力されたとする。等質的自動処理が拾う分は、ただちに処理される（引用内「通過させ」に対応）が、都度の決定を要求する刺激については、異質的経路を経由するため反応の遅延が生じる（「引き留める」に対応）。その間にも次の入力刺激は送り込まれ、また自動処理は重ねられていく。すると、遅延された刺激は知覚野に前景的に残存する形になる。これが速い処理を背景に回すことで顕著化される、というのである[24]。このような時間的遅滞を利用した切り離し、動的な前景化は、普通「空間」的とみなされる知覚のゲシュタルト構造をも、並列処理の時間的偏差から説明しようとするもので、ベルクソンの時間多元論という議論フレームの一貫性が見て取れる。

また、いうまでもないが、こうした時間による知覚空間自体の構造化（注意）という現象も、小さすぎる時間窓からは必要な差別化を描出できないし、また逆に大きすぎる時間スケールで記述すれば、すべては均されてしまう。意識的な注意という現象も、適切なスケールでのみ成立するものである。

6.4　決定論と自由

最後に、自由意志の問題に触れて稿を閉じることにしよう。

ここまでの議論を踏まえるならば、リベットの実験が、脳内の電気生理の水準と、現象意識の時間規模の水準のあいだに、スケールのすれ違いがあることを見落としていることについては、もはや多言を要しないだろう。意思決定の「瞬間」が脳より遅れることが脳の因果主体としての優位性を示す物と解釈されてしまうのは、前提として、一次元的な等質的時間軸を置いた上で、その上に両者を並べているからである。ベルクソンの枠組みから見れば、脳神経レベルの時間と意思決定のマクロレベルの時間は、互いに併走する別の持続リズムに属し、後者は相対的に大きな時間的延長にわたって全体論的に組織化されるものであるため、より小さな時間スケールでは妥当に計測されない。

むしろより根源的な問題は、「実験室の中でボタンを好きなときに押す」ようなことに、そもそもわれわれの自由はかかっていない、ということだ。ベルクソン自身、日常生活の大半は、上に見た、身体に備わる自動運転メカニズムが遂行してくれるものであり、その意味でほとんど決定論に従う（意識が受動的である）はずのものであることを、積極的に認めている。自由のケースを、「日常的で、どうでもよくさえある生の諸事情に範例を求めたのは誤りであっ

た。こうした取るに足らない活動がなんらかの決定動機に結びついていることは難なく示せるだろう」(DI, p. 128〔邦訳190頁〕)。日常を支える業務を下位の決定機構にまかせることが、まさに意識にとって利得である。そして、下位の感覚‐運動システムほど、等質的な環境の時間スケールに相対的に近い(近づけることで反応の迅速さを得ている)。

『物質と記憶』では、彼ははっきりと、環境の時間スケールからのス̇ケ̇ー̇ル̇・シフトの度合いによって自由を定義している。我々人間の有機身体が内包する多層的な時間スケールの複合が、総体としては、環境の物質システムに比して相対的な時間スケールの拡張をもたらしており、非決定性はまさにその関数として規定されているのである。

> 被った作用に対し、直ちに、その作用のリズムに嵌まり込んだまま・同じ持続のうちで継続するだけの反作用でもって応じること、これが現在のうちにあるということであり…(略)…、これこそ物質の根本的な法則であり、必̇然̇性̇とはこの点に存している。自由な作用、少なくとも部分的に非決定な作用というものがあるとすれば、そのような作用が帰属されうるのは、自らの生成の適用先となる〔物質環境の〕生成を飛び飛びに押さえ、これを別々の瞬間へと凝固させ、そうやってその質料を凝縮し、自らの生成へと同化吸収することで、これを自然的必然性の網の目をかいくぐるような反作用運動へとこなすことができるような、そうした存在者たちだけである。…(略)…これらの存在者の周囲の物質への作用がどれだけの独立性(indépendance)を肯定されるものであるかは、こ̇の̇物̇質̇の̇流̇れ̇の̇リ̇ズ̇ム̇か̇ら̇ど̇れ̇だ̇け̇身̇を̇引̇き̇剝̇が̇し̇て̇い̇る̇か̇に応じている。(最後の強調のみ引用者による、MM, p. 236)

決定論が成立するのは、異質性ないしマルチ時間スケールによる効果を無視できる、言い換えれば単一の時間スケールで近似できるような事象においてである。ベルクソンは別な箇所でこれを、「等価」な諸瞬間からなる系列と表現し、そこでは諸瞬間が互いに「演繹可能」であり、「必然性に服する」と述べている(MM, p. 250)。

だから、ベルクソンが時間の線型表象、時間の空間化を問題にするとき、彼が批判しているのは紙の上に幾何学的な図形を描いて時間を表すこと自体では

ない。そうではなく、本稿で論じてきたような時間スケールの多元性を、そして、心的実在そのものがこの多元性のおかげで実現しているという事情を、ア・プリオリに単一時間スケールに依拠する線型表象は、原理的に捉え損なうことである。

　かくして自由は程度を容れる。まずは、等質的な時間からの逸脱としての異質的な時間の獲得が、自由の一歩である。質としての感覚はその成果だ（「感覚は自由の始まりである」（DI, p. 25〔邦訳 45 頁〕））。しかしベルクソンが高度な自由の典型的なケースと考えていたのは、なにか人生を賭したような決断、多数の条件を、深く咀嚼して（つまり他の心的要素とのシステム統合を経て）、長い躊躇を経て（介入する非決定性の複雑さに応じたシステム変形に要する時間）、「熟れすぎた果実」（DI, p. 132〔邦訳 196 頁〕）が解(ほど)け出るように、気づいたときにはもう心がたしかに定まっているような、そうした中長期にまたがる決断プロセスのことであった。このようなシステムの動的進展に関与的な時間要素の外延は、近接作用の連鎖とみなせるような物理システムのそれとは質的な隔たりがある。ここには記憶の問題が深く関与しているため、これについては稿をあらためねばならない。

注

1) 草稿を読み、有益なコメントをくださった岡嶋隆佑さん、木山裕登さん、島崎秀昭さん、杉山直樹さん、宮園健吾さん、村山達也さん、米田翼さんのお陰で、この論文は大きく進展しました。記して感謝いたします。なお本論文は、平成 29 年度科学研究費補助金・基盤研究（B）「ベルクソン『物質と記憶』の総合的研究——国際協働を型とする西洋哲学研究の確立」（課題番号：15H03154）の成果の一部を含む。
2) 慣例に従い、『物質と記憶』は MM と略記し、Quadrige 版のページ数を添えた。仏語原典ページ数を添えた邦訳が複数あるため（駿河台出版社の岡部聡夫訳、岩波文庫の熊野純彦訳）、邦訳のページ数は記さない。これに対し、『意識に直接与えられたものについての試論』については DI と略記し、同じく Quadrige 版のページに加え、利便のためちくま学芸文庫（合田正人、平井靖史訳）のページ数も添えた。
3) おりしも『物質と記憶』をめぐる PBJ（Project Bergson in Japan）による 3 年連続の国際シンポジウムが 2015 年から 2017 年にかけて開催され、ベルクソン研究を現代の分析系哲学や意識の諸科学へと発展的に接続する「拡張ベルクソン主義」という新しい研究パラダイムとその意義が国際的に、かつ学際的に共有されたところである。その成果は日本語で三つの論集として結実しており、ポール＝アントワーヌ・ミケルとエリー・デューリングによる拡張ベルクソン主義のマニフェストは平井・藤田・安孫子（2016）に収録されている。ウェブサイトは以下：http://matterandmemory.jimdo.com/
4) 平井 2017b, p. 161。

5) 実際には「たまたま」ではない。のちに見るように、このしかじかの時間スケールを有することが、我々の心的経験にとって構成的な条件となっているため。
6) 水波 2006, pp. 48-49. とはいえ、こうした時間分解能が、単純に知覚器官の性能だけに依存しているか、より複合的な要因にもとづくかには注意が必要である。
7) レンは、物理学においては臨界現象のケースを挙げている（Lesne 2017, pp. 57-58.）。
8) 時間経験についての把持主義に対する延長主義の立場である。バリー・デイントンらの論争を参照のこと。ベルクソンにおいて興味深いことは、ここから現象的意識の構成を扱う（意識があってそれが時間経験をもつのではなく、時間が構造性を獲得することによって経験する意識が成立する）点である。一般に、物質から意識がいかにして創発するかは未解決の課題であるが、ベルクソンのアプローチは内在的時間スケールの実在性（延長主義）を起点としてこの問題に迫る点で、現在検討されているどの立場とも異なっている。
　　さらに、「現在の幅」をはっきりと内観の記述によってではなく、身体の「感覚・運動」的神経構造に依拠させている点に、ベルクソンの特徴がある（MM, pp. 152-153）。
9) Wearden (2016), p. 16 によれば、加熱により速めることのできる化学時計ケミカル・クロックという考えは、ピエロンの弟子にあたるマルセル・フランソワの 1927 年の研究にさかのぼることができるという。時間見積もりのメカニズムについては、その後、クリールマンやトライスマンらによるペースメーカー＋アキュムレータ・モデル、ギボンおよびチャーチらによるスカラー期待理論（Scalar Expectancy Theory : SET）などの発展が見られている。
10) Jones L. A., *et al.* (2011); Wearden, J. H., Philpott K., Win T. (1999).
11) 映画などでのフレームレートから来るコマ割りのストロボ効果として説明されることの多いワゴンホイール効果（高速回転する車輪のスポークが、速度によっては逆回転しているように見える現象）が、肉眼でも生じることがわかっている。これが個人差の多いことは、こうした時間経験の速度には、知覚器官の水準だけでない複雑な要因が関与していることを予想させる。
12) なおバリー・デイントンは、2017 年 10 月のベルクソン国際シンポジウム「『物質と記憶』を再起動する」での発表において、四次元主義という時間存在論の立場と延長主義という時間経験論の立場を組み合わせた議論を提案している。デイントン (2018) を参照。
13) 『意識に直接与えられたものについての試論』において、ベルクソンは計測の時間においては「間隔 intervalle」が取りこぼされると述べていた。「方程式において記号 t が示しているのは持続ではなく、二つの持続の比であり、時間単位の数であり、あるいはつまるところ〔記された〕同時性の数である。…(略)…これらの〔同時性同士を隔てている〕間隔はわれわれの計算のうちにまったくもって入ってこない。しかるに、これらの間隔こそがまさに体験される持続なのであり、意識が知覚するところの持続なのだ」(DI, p. 145〔邦訳 214〕)。
14) ではなぜ「空間」化と呼ばれるのか。それは同時的な瞬時の集合としての空間自体が、実在の延長に対して我々が投影する「恣意的な無限分割のまったく理念的な図式」(MM, p. 235) であるからである。
15) 身体という「時計」自体が、複数の時間スケールの非同期的な積層からなる（すなわち「異質的」である）点で通常の時計と異なる点も指摘しておくべきだろう。
17) さらに第三に、時間経験がどのような意味で「心的」であるかも、ここから理解される。物質の占めることができる持続は現在の瞬間を越えることがないという立場（ベルクソンはこの「物質についての三次元主義」という存在論的立場を採用しており、私はこれを擁

護可能と考えている）を仮定すると、まさにこの仮定によって持続は非物質的な組成をもつことになるからである。ブロック宇宙説については、特殊相対性理論（STR）との整合性が根拠に持ち出されることが多いが、Bouton（2017）は、STR における時間概念はブロック宇宙を（決定論も）含意しないことを、かなり詳細に論じており興味深い。
18) 時間クオリアは、人間なら人間の経験に通底する持続のリズムの質のことで、色クオリアや音色クオリアといった対象ごとに変わる要素的な感覚質と同列に並ぶものではない。
19) 感覚質の凝縮理論。分解能の制約のため、システム間で構造的な粗視化が生じる場合、一方の量的な違いが他方で質的な差異化として反映される場合がある。これを感覚質の発生の説明に用いるメリットは、物理的実在から現象的な感覚質を積極的に産出するプロセス（という謎）を不要とする点である。これは一種の情報圧縮であるが、パソコンの圧縮ファイルのように高度な情報圧縮アルゴリズムによる演算をしているわけではない。ちょうど解像度の低いカメラ越しには、微細なテクスチャが潰れてしまい、結果的に、もとの解像度では存在しなかったはずの新たな特性（色味・形態）が浮かび上がるのと同様である。くわしくは平井（2016, 2017b）。
20) ベルクソン「意識と生」『精神のエネルギー』（原章二訳）平凡社ライブラリー、2012 年、20 頁。
21) 現代のわれわれならばプランク時間を考えればよいだろう。
22) 『物質と記憶』第一章の純粋知覚論において、この議論が展開されている。
23) 上に見た複線化・多層化からなる異質的な時間構造のことを指すが、ベルクソンは脳内で、感覚と運動とを媒介する経路を部位として想定していたようである（MM, p. 40）。
24) 注意的知覚としては、さらに記憶の投射が入ってくるが、ここでは論じない。

参考文献

青山拓央（2016）『時間と自由意志　自由は存在するか』筑摩書房。
Bouton, Ch. (2017), "Chapter 6: Is the Future already Present? The Special Theory of Relativity and the Block Universe View", in Bouton, Ch. and Huneman, Ph.（eds.）(2017).
Bouton, Ch. and Huneman, Ph.（eds.）(2017), *Time of Nature and the Nature of Time*, Springer.
Buhusi, C. V., Meck, W. H. (2005) "What makes us tick? Functional and neural mechanisms of interval timing" *Nature Reviews Neuroscience*, Oct;6 (10):755-65.
デイントン、バリー（2017）「ベルクソンにおける在ること・夢見ること・見ること」in 平井・藤田・安孫子（2017）, 122-153。
デイントン、バリー（2018）「無時間的調心論」in 平井・藤田・安孫子（2018）, 189-223。
Dehaene S., Changeux J-P., Naccache L., Sackur J., Sergent C., (2006), "Conscious, preconscious, and subliminal processing: a testable taxonomy", *Trends in cognitive sciences* 10 (5), 204-211.
平井靖史・藤田尚志・安孫子信編著（2016）『ベルクソン『物質と記憶』を解剖する：現代知覚理論・時間論・心の哲学との接続』書肆心水。
平井靖史・藤田尚志・安孫子信編著（2017）『ベルクソン『物質と記憶』を診断する：時間経験の哲学・意識の科学・美学・倫理学への転回』書肆心水。
平井靖史・藤田尚志・安孫子信編著（2018）『ベルクソン『物質と記憶』を再起動する：拡張ベルクソン主義の諸展望』書肆心水。
平井靖史（2016）「現在の厚みとは何か？：ベルクソンの二重知覚システムと時間存在論」in

平井・藤田・安孫子（2016）。
平井靖史（2017a）「時間の何が物語りえないのか：ベルクソン哲学から展望する幸福と時間」in 時間学の構築編集委員会・編『物語と時間（時間学の構築II）』恒星社厚生閣, 37-58。
平井靖史（2017b）「〈時間的に拡張された心〉における完了相の働き：ベルクソンの汎質論と現象的イメージ」in 平井・藤田・安孫子（2017）, 160-185。
ハンフリー、ニコラス（2006）『赤を見る：感覚の進化と意識の存在理論』（柴田裕之訳）紀伊國屋書店。
Jones L. A., et al. (2011), "Click trains and the rate of information processing: does "speeding up" subjective time make other psychological processes run faster?" in *Q J Exp Psychol* (Hove). 2011 Feb;**64** (2): 363-80.
兼本浩祐（2016）『脳を通って私が生まれるとき』日本評論社。
Lesne, A. (2017), "Time Variable and Time Scales in Natural Systems and Their Modeling » in Bouton and Huneman (2017), 160-185。
Mölder, Bruno, Arstila, Valtteri, Øhrstrøm, Peter (eds.) (2016), *Philosophy and Psychology of Time*, Springer.
水波誠（2006）『昆虫：驚異の微小脳』中公新書。
村上郁也（2013）「脳の中の現在」*Brain and Nerve*, **65** (8), 923-931.
村上郁也（2017）「主観的現在における知覚的持続時間の諸現象」*Brain and Nerve*, **69** (11), 1187-1193.
信原幸弘・太田紘史（2014）『シリーズ新・心の哲学II 意識篇』勁草書房。
太田裕之（2016）「空間的神経表象から時間的圧縮過程へ」in 平井・藤田・安孫子（2017）, 226-248。
Phillips, I. (ed.) (2017), *The Routledge Handbook of Philosophy of Temporal Experience*, Routledge.
Prosser, S. (2016), *Experiencing Time*, Oxford University Press.
Purves, D., Paydarfar, J. A., Andrews, T. J. (1996) "The wagon wheel illusion in movies and reality", *Proceedings of the National Academy of Sciences USA* Vol. 93, pp. 3693-3697.
佐藤亮司（2014）「視覚意識の神経基盤論争：かい離説の是非と知覚経験の見かけの豊かさを中心に」in 信原・太田（2014）, 81-130。
Wearden J. H., Philpott K., Win T. (1999) "Speeding up and (… relatively …) slowing down an internal clock in humans" in *Behavioural processes*, vol. 46, no1, pp. 63-73.
Wearden, J. (2016), *The Psychology of Time Perception*, Palgrave.

第7章　非可逆的な時間は実在するのか？[1]
―― ベルクソンとプリゴジンの時間論の検討

三宅岳史

7.0　序

　私たちの日常生活では、時間が逆流することはないように思われる。たとえば燃やしたものはもとに戻らないし、生物が若返ることはない。しかしこの時間の向きが客観的な物理的性質をもち、実在性をもつものであるかどうかは、これまでしばしば科学や哲学のなかで議論の的となってきた。たとえば、物理学者アーサー・エディントン（1882-1944）は、この時間の非可逆性に「時間の矢」という名をつけて議論している[2]。

　本章では、非可逆的な時間は実在するのか、という基本的な問題について、哲学と科学の対話を通して考察を行う。ここで主に焦点をあてたいのは、非可逆的な時間の実在を支持する哲学者アンリ・ベルクソン（1859-1941）と科学者イリヤ・プリゴジン（1917-2003）の議論である。そのために、7.1節では問題背景の整理として、この問題に取り組んだルートヴィヒ・ボルツマン（1844-1906）の議論をたどる。7.2節では哲学の立場から、非可逆的な時間の実在を否定的に考える分析哲学者ポール・ホーウィッチ（1947-）の議論を参照する。次に、反対に非可逆的な時間の実在性を擁護する立場として、7.3節でベルクソン、7.4節でプリゴジンの時間論を見たあとに、これらの議論について考察と検討を加える。

7.1　問題の背景 ―― 可逆的な時間と非可逆な時間

　さきほど述べたように日常生活では、時間は非可逆的に現われる。しかしながら、物理学の多くの法則は時間に対して可逆的になっている[3]。燃焼などの多くのマクロな（巨視的）現象では、たとえばマッチが燃えて灰になる様子をビデオで録画すれば、時間に対して順方向に再生したものか逆方向に再生したものか私たちは区別することができる。これに対し、ミクロな（微視的）現象

では、分子や原子の衝突などを録画しても、その際性が順方向なのか逆方向なのか私たちには区別することができないだろう。

このとき時間の向きが区別しづらい微視的(ミクロ)な現象から、時間の向きが区別できる巨視的(マクロ)な現象を説明することができるのか、という問題が生じる。この問題に科学的な仕方で取り組んだ最初の一人がボルツマンであり、私たちは前述のように、本節でボルツマンの議論をたどることにより問題背景を概観することにしたい。

まず、1865年にクラウジウスが定式化したエントロピー増大の法則(熱力学第2法則)は巨視的(マクロ)な非可逆的現象の法則である。ちなみに、時間に対して非可逆的な法則は物理法則のなかでも非常に例外的である。熱力学は巨視的(マクロ)な現象記述を基盤としており、これに対して微視的(ミクロ)な原子論という立場に立って非可逆的過程に実在性を与えようとしたのがボルツマンの試みであった。

1872年にボルツマンはH定理を発表し[4]、非可逆的なエントロピー増大則を気体分子運動論(原子論)で説明しようとした。ここでは統計力学が使用され、分子の衝突により分子の速度分布が変化して、平衡状態に至るというような仕方で、気体分子の速度分布から求められるH量と気体のエントロピーが関連づけられていた。これにより、微視的な原子論から巨視的(マクロ)な非可逆的現象が説明できたのかが問題になり論争が生じた。

多様な理論的背景をもつ人[5]から、ボルツマンの議論は批判を受けた。ここでは紙幅の都合上、論争の詳細なプロセスを追うことはできないので[6]、代表的な批判とボルツマンの対応を概観するだけにしておこう。ヨハン・ロシュミット(1821-1895)はボルツマンの議論に対して、可逆性のパラドックスと呼ばれる反論を1876-7年に示した[7]。そのポイントは、すべての分子の速度の向きを一挙に反転するという操作を行うと、分子運動は可逆的な力学系に従うので、もとのエントロピーの低い状態に戻り、これは非可逆的なH定理と矛盾する、というものである。

ボルツマンは論争相手とのやりとりで、なんどか立場変更をした。たとえば、ロシュミットの批判は彼を力学的還元主義の放棄に導き、エルンスト・ツェルメロ(1871-1953)との論争で彼は原子を実在ではなくモデルとする立場に移行した、と考える論者もいる[8]。最終的にボルツマンは時間の非可逆性について物理学から説明するのを断念し、1898年の『気体論講義』では次のように述べている[9]。①宇宙には時間の客観的方向はなく、②宇宙は全体的に熱平衡状

態にあるが、私たちは偶然エントロピーの低い領域に存在し、③生物はエントロピー増大の変化へと時間の方向を主観的に識別する。つまり、彼は非可逆的な時間は物理的客観ではなく、生物の主観によると考えたのである。

このようなボルツマンの立場は、その後の物理学に大きな影響を与えることになった。第一に、統計力学と偶然に確率の低い状態にいるという組み合わせによって、非可逆的な物理法則なしで、非可逆的現象を説明することが可能になった。第二に、時間の非可逆性は事物の性質というよりは、粗視化などによる私たちのものの見方に起因するという、時間の矢の主観説は、科学者の標準的な解釈になったのである。

7.2 ホーウィッチの論点整理と議論——時間に固有な向きの否定

先に見たようにボルツマンは物理法則から非可逆性を導き出すことを断念したが、その後も、時間の非可逆性については哲学のなかでも議論が続いた。ホーウィッチの『時間に向きはあるか』(1987年、翻訳：丹治信春 1992年)は、時間の非対称性(ホーウィッチは非可逆性も含めたより広い意味でこの語を用いている)についての論点を明確に整理し、先行研究をまとめながら、時間そのものの非対称性を否定する議論を展開している。彼は「哲学者たちがこれらの問題に対して、あまりにも断片的にアプローチ」(ホーウィッチ 1987＝1992, p. 20)してきたと述べており[10]、これに対して概念的ネットワークを描きながらこの問題を捉えている。すなわち彼は、①時間の非対称性について規定を明確にしたのちに、②時間的に非対称な現象を正確に特徴づけ、③それらの現象を統一的に説明し、それらのうちに時間そのものの非対称性を示すものがあるか、を吟味するのである。このような包括的なアプローチと論点整理がホーウィッチの議論の独自性の一つだといえるだろう。

まずホーウィッチは時間が向きをもつこと(異方性)の意味を明確化し、「時間の異方性とは、過去と未来という二つの方向の間の**内在的な**(*intrinsic*) 相違」(同書 p. 63)と述べている。これはのちほど、「その二つの向きがその系列の要素の性質だけによって、〔……〕特定の要素を指差したりそれに名前をつけたりすることなしに区別できるのはなぜか、を説明できるような特徴づけ」(同書 p. 65)と言い換えられ、その特徴には、**個別的**、**一般的**、**法則的**の三つの種類が考えられている(同書 p. 68)。このうちとくに時間 - 非対称な自然法則の存在は、時間が異方的であることの十分条件とされる(同書 p. 69)[11]。

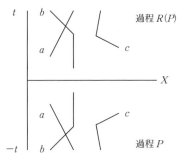

図7.1 ホーウィッチによる時間反転
(ホーウィッチ 1987=1992, p.87 より)

　ホーウィッチは時間 – 非対称な法則をさらに明確化し、ある過程 P が法則的に非可逆であるとは、「P の時間反転 $R(P)$ が自然法則と両立不可能なとき、そしてそのときに限る」(同書 p.84)と述べる。そしてこのとき時間反転 $R(P)$ とは、過程 P で基本粒子や基本量 e が時刻 $-t$ に空間領域 X にあるとき、かつそのときに限り、$R(P)$ では e が時刻 t において空間領域 X にある、ということである(同書 p.87)。彼はこれを図7.1で示している。

　さてこのようにホーウィッチは、時間の非対称性について規定を明確にしているが、彼は10種類の時間的に非対称な現象(いま、真理、法則、事実上の非可逆性、知識、因果、説明、反事実的依存、意志決定、価値)をあげて、それらが時間的な非対称性をもつかを論じている(図7.2)。その概略を示すと、彼はまず、ジョン・マクタガート(1866-1925)の議論を部分的に援用しながら、「動くいま」の存在を否定し[12]、法則については、「これまでのところ、時間 – 非対称的な法則を採用すべき〔……〕説得的な理由は出てきていない」(同書 p.89)としている。エントロピー増大の非可逆的過程は、宇宙の初期状態に巨視的な秩序(ビッグバン)と微視的な無秩序を想定すれば、時間 – 非対称的な法則をおかなくても説明できるというものである。これは以下に述べるように、宇宙論では大枠でボルツマンの路線を継承する考えとなっている。

　ここでホーウィッチの独自性は、宇宙の初期条件のうち、微視的な無秩序から、分岐の非対称性[13]を用いて、玉突き的にそのほかの時間的に非対称な現象(知識、意志決定、説明、因果など)を導き出している点にあるといえるだろう。

　その結果、ホーウィッチはこれらの現象のなかに、時間そのものに内在的な

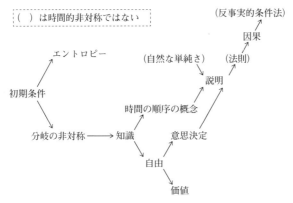

図 7.2　時間の非対称的な現象に関する概念的ネットワーク
（ホーウィッチ 1987＝1992, p. 323 より）

有効性や非対称性を示すものはないとして、以下のように主張している。「とくに、時間そのものに固有なある『有向性』が、時間的に非対称な諸現象の根源である、という考えを私は否定する。実際、時間そのものがある仕方で非対称である、と考えるべき理由はまったくない」（同書 p. 321）。

このように、ホーウィッチは、時間の内在的な非対称性あるいは非可逆性（形而上学や物理法則も含めて）を否定する。ホーウィッチの議論は宇宙論が出発点となっており、たしかにここではボルツマンが宇宙全体の平衡状態からのゆらぎを想定したのに対し、ホーウィッチはビッグバンを初期状態として想定する点が異なっている。しかし、大枠ではボルツマンの考えを継承するものとなっている、ということができるだろう。それでは、これらの問題整理から時間の非可逆性に関するベルクソンやプリゴジンの立場（形而上学的、科学的）を見るとどうなるだろうか。以下ではそれをたどっていくことにしよう。

7.3　ベルクソン哲学と時間の非可逆性

ベルクソンは 19 世紀末に『意識の直接与件に関する試論』（1889 年、以下『試論』と略記）、『物質と記憶』（1896 年）といった主要著作を出しているが、これはボルツマンが論争を展開していた時期と重なる。本節では、哲学と科学の関係に関するベルクソンの考えを概観し、時間の非可逆性が各著作にどのように現われているかを簡潔に見ることにしたい[14]。

まずベルクソンは、運動や変化の記号化が比較的容易であり、空間化・記号

化がうまくいく領域（力学・物理学・化学など）では科学は実在に到達すると考える。一方で、生物や意識、社会現象など変化が複雑な領域では、生成や持続（時間）がうまく記号でとらえられなくなる（PM, p. 34）。このため、これらの系は直接検証が難しく、時間や生成に関する仮説を含むような哲学（形而上学）が必要となる。ただし、この形而上学も科学と協働することで間接的に検証可能であり、それによって生成や持続の実在も徐々に解明できる（M, p. 480）、というのがベルクソンの考えである（実証的な形而上学）。

　ベルクソンは時間の非可逆性について、科学による記号化が困難になる指標(メルクマール)の一つとみなすように思われるが、各著作における時間の非可逆性の位置づけを見ていこう。まず『試論』では、物質的時間は可逆的であるとみなされる一方で、意識などの心理的時間は非可逆であると論じられる。物質では、永遠に現在が反復される系であって、そこでは「流れた時間のいかなる痕跡も保存しない」（DI, p. 115）のに対し、意識的な系では「ある感覚は長引くということだけで耐えがたくなるまで変化する。ここでは同じものは同じものにとどまらず、その過去全体に補強され、増幅される」（DI, pp. 115-6）と論じられる。

　ここでポイントとなっているのは、過去の存在である。物質は過去の痕跡がないのに対し、意識では過去が記憶として流入する。図7.3は、知覚P_4には知覚P_3, P_2, P_1の記憶がm'_3, m''_3, m'''_3という形でそれぞれ作用するので、ベルクソンの論じる意識系の時間が非可逆になることを示している。

　さて『試論』で非可逆的時間のポイントとなっていた過去の存在は、次の主著『物質と記憶』では、失語症研究により記憶理論という形で精緻化され、過去＝記憶は形而上学的存在論としても展開される。また過去は潜在（virtuel）、現在は顕在（actuel）という様相によっても特徴づけられる[15]。ベルクソンの形而上学システムでは、現在と過去のあいだには本性的な差異があるとされる（MM, p. 155）。この内在的な区別が、潜在→顕在の方向は存在する（顕在化）が、顕在→潜在の方向（潜在化）は存在しない[16]という非対称性を生み出すと考えられる。

　ではなぜ潜在→顕在の向きが優勢なのだろうか。ベルクソンはこの点を明示しないので、解釈によるほかはないが、その理由として二つの見方をあげておこう。一つは、環境に適応するために、記憶（過去）は身体（現在）へ方向づけられるという説明であり、これはベルクソンが「生への注意」（l'attention à

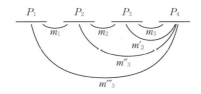

図 7.3 チャペックによる持続のモデル図
（Capek 1971, p. 159）

la vie）と呼ぶものである（MM, p. 193）。もう一つは、現在（顕在）は「流れる」という相の下で出現するのだが、この現在を流れさせているのが過去（潜在）であるという見方である。過去は「流れた」という相の下で存続するが、それと同時に現在に圧力をかけているとも考えられる。この「流れる」現在と「流れた」過去という位相の相違が向きの非対称性を生み出すというのが、二つ目の解釈である。

さて『試論』と『物質と記憶』では、意識系にしか認められていなかった非可逆的な時間は、『創造的進化』（1907 年）では拡張されることになるが、これを 3 点に整理しておこう。

(1) 非可逆的プロセスは意識だけではなく有機体にも認められるようになる[17]。
(2) 有機体や宇宙には〈上昇〉と〈下降〉と呼ばれる 2 種類の非可逆的プロセスが認められ、前者は秩序生成、後者は秩序崩壊（＝熱平衡）へ向かう過程とされる（EC, pp. 11, 34-5）。
(3) エントロピー増大の法則は「世界の歩む方向を指差すという点で、物理学の法則のなかで最も形而上学的〔つまり実在的〕」（EC, pp. 243-4）であると評価される。

『創造的進化』では潜在→顕在の非可逆性は宇宙論にまで広げられる。ベルクソンはこの宇宙論を体系的にはまとめていないが、解釈も交えてその宇宙論を再構築してみよう。宇宙に見られる〈上昇〉は本質的に持続し、それを〈下降〉に伝えることで、宇宙は全体として持続する。ベルクソンは「一つの中心から諸々の世界〔局所的宇宙〕が湧出する」（EC, p. 249）連続性について語っ

ているが、おそらくこの〈上昇〉は潜在→顕在の非可逆性を示し、〈下降〉はこの潜在的領域の湧出が消え、熱平衡へと散逸していくプロセスを示している。ただし、宇宙は局所的には〈上昇〉が優勢なところと〈下降〉が優勢なところが存在し、最終的にどちらが優勢になるかは未決定である。

なお『創造的進化』でのエントロピー概念の解釈は、エネルギー論のピエール・デュエム（1861-1916）と統計力学のボルツマンの著作が引用され、ベルクソンはエントロピーの確率論的な考えをとりつつ[18]非可逆的プロセスは実在と考える、両者を混ぜたような立場になっている。これは一見したところ不整合に見えるが、ボルツマンが最初目指していた立場や、のちに見るようにプリゴジンが目指す立場に近いと考えることもできる。

以上で、時間の非可逆性に関するベルクソンの考えについて『創造的進化』までの変遷を見てきた。次節では、これらの発想が、プリゴジンのなかでどのように批判的に継承されたかを見ることにしたい。

7.4　プリゴジンの時間論

プリゴジンはロシア生まれのユダヤ人で、一時ドイツにいたが、ベルギーに移住した。彼は若いころ、科学一辺倒の生活ではなく、むしろ考古学や哲学、とくに音楽に魅了されていたと述べている（プリゴジン 1997, p. 48）。ブリュッセルの学生時代には3篇の科学哲学の論文を書いているが、そこではすでに哲学と科学の連携が重要と述べている（北原 1999, pp. 45-7）。このように彼は哲学の問題と物理化学のアプローチを関連づけるとともに、彼自身の思考にも哲学・形而上学的側面があるといえるだろう。

とくに彼が追及した哲学的な問題はこれまで私たちが見てきた時間の非可逆性の問題であった。前節でベルクソンが哲学・形而上学で議論した時間の非可逆性の問題を、プリゴジンは物理化学的アプローチで探求し、7.2節でホーウィッチが否定した時間-非対称な法則を確立しようと試みたのである。彼はベルクソンについて以下のように言及している。「このような時間の『空間化』が、我々の身の回りに観察される進化発展する宇宙とも、我々自身の人間的経験とも両立しえないと感じたのは、私が最初ではなかった。これは、フランスの哲学者アンリ・ベルクソンの出発点でもあった」（プリゴジン 1997, p. 49）。ちなみに、ここでいわれている時間の空間化とは、時間の非可逆性の否定も含んでいる。もちろん、プリゴジンはいくつかの点で[19]ベルクソンを批判して

いるが、生成を解明するために哲学と科学の協働の必要性を説く点では両者は共通している。

さて、時間の矢に関するプリゴジンの問題設定については、以下の三つに区分することができるように思われる。

(1) 可逆的な力学から時間の矢がどのように出現しうるのか。
(2) 多様な領域で現われる時間の矢はどのような関係をもつのか。
(3) 普遍的な時間の矢は存在するのか。

(1) はプリゴジンが最も力を注いだ問題であり、本章や本節でも中心となるテーマである。(2) は物理学、化学、生物学、人間科学などの多様な領域で現われる時間の矢をどのように説明するか、(3) は時間が反対方向に流れている物体は存在しないように見えるが時間の方向はこの世界のすべての物体に対して同じなのかという問題である。

7.4.1　時間的に対称な世界から時間の矢はどのように出現するのか

プリゴジンは、時間の矢が現われる領域と現われない領域があると考え、「可逆過程と非可逆過程とが共存する多元的な世界を我々は受け容れねばならない」（プリゴジン／スタンジェール 1984＝1987, p. 336）と述べる。この世界は多元的で、可逆的な古典力学的世界と非可逆的な熱力学的世界が混じって存在するのである。プリゴジンは微視的に見ると、前者の可逆的な系は安定的な系であり、後者の非可逆的な系は決定論的カオスという不安定な系から生じると考える。ただしこの不安定な系も微視的には可逆的であり、なぜこの不安定な系では、巨視的には非可逆な系が生じることが可能になるのかという問題が出てくる。

不安定な系は、初期値鋭敏系ともよばれ、初期条件が少し違うだけでも後の軌跡が大きく変化するような系であり、パチンコ玉の動きや気象現象などがその例である。強い不安提携では初期条件の記述がいくら正確でもいずれは軌道が不正確になるため、個々の軌道の記述から確率分布が導入されることになる。「我々はもはや単一の軌道を生成することはできない。〔……〕初期条件に対する鋭敏さをもつ不安定系においては、我々が生成できるのは種々のタイプの運動を含む確率分布だけなのである」（プリゴジン 1997, p. 30）。

ここで導入されるのが、ウィラード・ギブズ（1839-1903）の統計集団である。それは相空間内の「各点にそれぞれの微視的状態の実現確率に比例する個数の

黒丸を打った「雲」のようなもので」(田崎 2000, p. 112) 表される。ここでギブズ自身は確率を用いるのは各瞬間の物体の微視的状況について情報の欠如や無知であるためだと考えた。

　この確率解釈は科学者のあいだでは主流であると思われるが、これに対してプリゴジンは、確率は情報の欠如ではなく、各瞬間の微視的状態を表していると解釈するのである。この解釈はギブズの解釈と異なり、対象の記述（認識）だけでなく対象の性質（存在）にまで及ぶようなものとなっている。この解釈が科学者の間で主流ではないのは、科学をはみ出して哲学まで広がる解釈に対しては慎重に対処したいという判断が働くからとも推測される。

　プリゴジンはこの解釈をとるのは、蓋然的であるが生産的・拡張的であり、個々の軌道のレベルにはない新たな要素が出てくるためとしている[20]。ギブズの解釈では確率は物体の平均的振る舞いを表し、ギブズ集団は熱平衡に限り使用されていたが、プリゴジンの解釈によって、熱平衡から離れている場合でも記述ができるようになるのである。

　ギブズは相空間内で分布関数を粗視化するという方法で、エントロピーを考えたが、粗視化エントロピーで時間反転を行うと、「時間反転した後〔……〕では、分布は狭まり、粗視化エントロピーは減少する」(田崎 2000, p. 243) ことになり、粗視化エントロピーは時間反転で可逆的になる。

　ではプリゴジンの考えるエントロピーは時間反転に対してどうなるのだろうか。彼はエントロピーを説明するのにパイこね変換という不安定な系のモデルを用いる (cf. プリゴジン 1997, pp. 82-90) ので、ここでもその概略を見ておくことにしたい。図 7.4 はパイこね変換の操作である。高さ y と長さ x が 1 の正方形のパイがあるとすると、まず上からつぶして高さを半分の 1/2 にし、長さを倍の 2 にのばす。次に、長方形になったパイを横半分で切り、長さがそれぞれ 1 になるように分ける。こうして分けた右のパイを左のパイの上につみあげて重ねる。これは初期値鋭敏なカオス系であるが、パイこね変換は可逆的である（横につぶして上下にのばして縦半分に切る……という逆変換が可能）。この変換を行うとどんな初期条件からも分布は正方形の中に一様に広がり、これは熱平衡ととらえることもできる。図 7.4 のように右半分のパイに色をつけた場合、パイこね変換をしていくと横縞ができて、変換を続けるたびに横縞は増えていくのに対し、縦の縞は縮小し数が減少する。逆変換をすると横縞が減って縦縞が増えていくことになる。

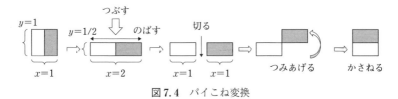

図7.4　パイこね変換

さてこのモデルで時間反転を考えるとどうなるのだろうか。パイこね変換の時間反転は、対角線を軸に反転することに相当し、この操作をすると横縞が縦縞に一気に変わることになる。たとえば、$t=0$ からパイこね変換を開始し、$t=2$ で時間反転すると、たしかに $t=3$ を経て $t=4$ で粒子が最初の分布に戻る。しかしこのとき、$t=2$ でも時間反転直前の状態と時間反転直後は質的に異なり、反転によっていずれ一つの正方形に全粒子が集まるように初期条件が整えられるため、反転直前よりも直後の状態は秩序だった状態になっていると考えられる。これを時間 t とエントロピー S の関係でグラフにすると、**図7.5**のようになる。図の時間反転の瞬間 $t=2$ のエントロピーは瞬間的に減少していることがわかる。

田崎（2000）によると、このプロセスを「分布の空間」に表すと**図7.6**のようになる。初期条件を $t=0$ のAとすると、時刻 t までは分布は平衡分布に向かう（AからB）。時刻 t で時間反転の操作を行うと、状態は変化して分布はBからB′にジャンプする。その後は $2t$ で初期状態Aに戻り（B′からA）、再び平衡分布へ向かう（AからB）。つまり、平衡状態に近づく過程（A→B）は、時間反転により平衡状態から離れ（BからB′へジャンプ）、もとと変わりない過程になる（B′→A）のであり、A→Bが時間反転によって、B→Aになるわけではない。「運動状態を表す個々の点の運動からは読み取ることのできない「時間の矢」の向きが、運動のカオス性を媒介として粒子分布の形の変化から読み取れるようになるのである。運動のカオス性が「時間の矢」の向きを粒子分布に刻むのである」（田崎, 2000, p. 240）。

プリゴジンは、一粒子系（ミクロ）では時間の矢の向きは読み取れないが、集団（マクロ）では時間の矢の向きが現れるとして次のように述べる。「過去と未来のあいだの対称性が破れ、科学が時間の流れを認識できるのは、この大局的なレベル、集団的なレベルにおいてなのである。〔……〕実際、非可逆性や確率が最も際立ってくるのは、巨視的物理学においてなのである」（プリゴジン, 1997, pp. 37-38）。

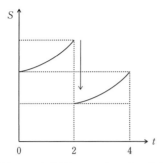
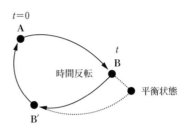

図 7.5　時間反転におけるプリゴジンの考えるエントロピー（プリゴジン／スタンジェール 1984＝1987, p. 366 を改変）

図 7.6　「分布の空間」における時間反転（田崎 2000, p. 237）

　このようにしてプリゴジンは可逆的な力学系のなかでも、不安定なカオス系から時間の矢が読み取れるようになることを示そうとしている。ただし、このためには確率の解釈において本章でも見たように、さまざまなレベルで原理・仮説・解釈などの選択を行いながら、理論を形成していることを忘れてはならない。プリゴジンの立場は「エントロピーの確率論的解釈をとりつつ、非可逆性は実在とみなす」というベルクソンが『創造的進化』で漠然と考えていた哲学的思考に実証科学の立場からより具体的な内容を与えたものともみなせる。

7.4.2　時間の矢の多様性をどのように説明するか

　プリゴジンは物理化学や生物学、人間科学などさまざまな領域で、時間の矢が多様な形で現れることに対して、散逸構造で説明しようとする。平衡から遠く離れた非線形領域では熱力学的分岐と自己組織化が出現し（同書 p.59）、分岐により時間・空間が非対称になると論じている[21]。その一方で、彼は散逸構造による多様な時間の矢にどのような相互関係があるかは、ほとんどわかっていないことを認める。「非可逆性は、したがって、時間の流れもまた、動力学的レベルから発している。それは巨視的レベルで増幅され、次に生命のレベルで、最後には人間生活のレベルで増幅されていく。あるレベルから他のレベルへの移行をもたらすものについてはほとんどなにもわかっていない」（同書 p. 135）。

　プリゴジンは非平衡熱力学とベルクソンやホワイトヘッドの哲学が近いこと

を認めたり（同書 p. 61)、熱力学的分岐が履歴的な次元をもつことを示したりしているものの（同書 p. 59)、ベルクソン哲学では重視されていた、記憶や進化など、過去が現在に及ぼす作用についても未解明なまま残っているといえるだろう。

7.4.3　普遍的な時間の矢は存在するのか

プリゴジンは普遍的な時間の矢という問題に関して、宇宙論に言及し、宇宙が生じてきた前宇宙（メタ宇宙）に時間の矢を帰属させ、「我々の宇宙が生成される以前ですらも、時間の矢は存在していたし、今後も永久に存続し続けるであろう」（同書 p. 153) と述べている。彼は宇宙生成のメカニズムを不安定な非平衡系で説明しようとしているが、「明らかに我々は、サイエンス・フィクションへと危険なほどに近づき、実証的知識の限界にまで達してしまっている」（同書 p. 139) とも認めている。宇宙論的な時間の矢は、さまざまな仮説も含みこんだ思弁的・形而上学的要素がまだ強いといえるだろう。

以上で、プリゴジンの時間の矢の研究を概観し、三つの問題設定を見たが、そこにはおそらくさまざまな度合いで、哲学的要素と科学的要素が混じっている[22]。(1) の問題は最も科学的要素が多く、(2) (3) に進むにつれて、思弁的・形而上学的要素が多くなるが、これはベルクソンの実証的形而上学を実証科学の側から実践したものともみなすことができる。最後に、私たちはこれまでに見てきた議論に考察と検討を加えねばならない。

7.5　結び

7.2 節で見たように、ホーウィッチはエントロピーの増大傾向が宇宙の初期条件から出てくるものとみなし、そこからすべての非可逆現象を派生させることで、時間 - 非対称的な法則や時間の矢は実在しないことを論じていた。

これに対して、プリゴジンは、エントロピーの増大傾向が宇宙の初期条件から出てくるのではなく、自然のなかに不安定な系（その不安定性の強さの度合いもそれぞれ存在する）があれば、その集団的な性質として時間の矢は実在することになる。とくにエントロピーの増大傾向を不安定な系にのみ適用できる選択原理としている点が特徴的であり、科学的にも哲学的にも大きな意味をもつと思われるので、この点をくわしく見ておきたい。

まずパイこね変換を続けていくと横縞が増えていくことはさきほど見たが、

このようにカオス系は未来に向かって平衡状態へ接近する。反対に逆変換を行うと過去に向かって縦縞が増殖する状態へ接近することになる。エントロピーの選択原理とは、これらの二つの過程のうち、後者を禁止するものである。プリゴジンはそれを選択する理由として、カオス系では初期条件の実現に関する無限大の情報量が必要になるからとしている。「個々の分布に、その〔マルコフ連鎖の理論に現われた〕H量の値という数値を対応させることができる。各分布に、はっきりと決まった〔位置や速度などの精確な〕情報量が対応しているということができる。情報量が多ければ多いほど、それに対応する状態を実現することは難しい。ここで示したいことは、第2法則によって禁止された初期分布は無限大の情報量をもつことである。我々がこの分布を実現させたり、自然の中に見つけたりすることができない理由はここにある」（プリゴジン／スタンジェール 1984＝1987, p. 360）。もちろんここで、無限の情報量をもつラプラスの魔のような存在を想定すれば、この禁止は破られるかもしれない。これに対してプリゴジンは初期状態の記述がどれほど精確でも軌道がわからなくなる強い不安定性が存在することを指摘し、ラプラスの魔の存在を退ける[23]。確率が無知ではなく事物の性質であるという解釈はここでも作用しているといえるだろう。

またプリゴジンはこのエントロピーの選択原理は、相関の力学にもとづき、「衝突を制御して相関を創り出すことはできるが、相関を制御して、衝突が系に持ち込んだ効果を打ち消すことはできない」（同書 p. 367）という非対称性にこの選択原理を関連づけている。

このようにしてプリゴジンは、選択原理や解釈、仮説のもとで、不安定な系の集団的な性質として時間の矢が実在することを論じるのである。ただし、この議論は不安定な系に限定されているように、プリゴジンが示す時間の矢はローカルなものであって普遍的なものではない。普遍的な時間の矢については7.4.3節で見たように思弁的・形而上学的な要素が多く含まれており、加えて7.4.2節で見たように、多様な時間の矢が相互関係も明らかにはなっていない。

また、プリゴジンの時間の矢に関する議論は、さまざまな原理・仮説・解釈の選択を前提していた。これらの選択のなかで主なものだけでも図式化すると、図7.7のようになると思われる。

さて、ベルクソンと同時代のデュエムやアンリ・ポアンカレ（1854-1912）は、科学理論における仮説やその選択を重視し、エネルギー保存則やエントロピー

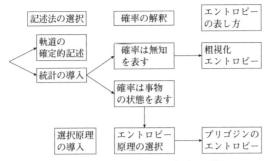

図 7.7　プリゴジンの原理や解釈の選択

増大則なども規約や仮説の選択と見るような科学哲学を展開した。一方で、ベルクソンはこれらの科学の原理や仮説選択について哲学がそれらに関与することも可能ではないかと考えた。ここで、ベルクソンとプリゴジンは、時間や生成を究明するという哲学・形而上学的な方針に沿って実証科学の研究を行うということで共通点をもっているように思われる。実際にプリゴジンの研究では上記の方針が、実証科学の原理・仮説・解釈を統御・選択しているように見える。

プリゴジンの理論も他のモデルや解釈と競合しているが、しかしそれら科学理論は全体論的になっているので、時間の矢はすぐには検証できない問題といえるだろう。そこでは、理論の説明力や生産性、予測の正確さなどさまざまな基準から、歴史のなかでの長期的な検証が必要となる。時間の矢が実在するかどうかは、科学的なモデルが作れただけであるので、まだたしかなことはいえない。プリゴジンの理論の場合、「散逸構造論」などの生産性などにつながっていることも事実であるが、その一方で、これらはガストン・バシュラール（1884-1962）のいう「認識論的障害」になることもあり、一概にその是非を示すことはすぐにはできないだろう。

注
1) 本章は 2016 年 12 月 17-18 日のシンポジウム「「現在」という謎」（立正大学・品川キャンパス）での発表を原稿化したものである。
2) たとえば、Eddington, *The nature of the physical world*, MacMillan, 1928, pp. 68-71.
3) このことをプリゴジンは『確実性の終焉』の冒頭で対比的に示している。「化学、地質学、宇宙論、生物学、人間諸科学などいたるところで、未来と過去は異なった役割を果たして

いる」（プリゴジン 1997, p. 1）のに対し、「古典的なニュートン力学から相対性理論や量子物理学に至るまでの物理学の基本法則で記述されてきた時間は、過去と未来の区別を含んではいない」（同所）。

4) Boltzmann, 1872, pp. 275-370.
5) エルンスト・マッハ（1838-1916）やツェルメロは主に現象論の立場から、ロシュミットはボルツマンの同僚で力学的原子論者であったが統計理論を拒絶する立場から、オストヴァルト（1853-1932）はエネルギー論の立場から原子論を批判した。
6) この点については、内井 1990, pp. 236-69、ポパー 1976＝2004, pp. 105-17、三宅 2012a, pp. 310-314 を参照のこと。
7) cf. Loschmidt, 1876-7.
8) cf. Elkana, 1974, pp. 261-3, 267-73.
9) Boltzmann, 1898＝1981, p. 257.
10) たとえばホーウィッチは次のように各論者を整理している（ホーウィッチ 1987＝1992, pp. 19-20）。ライヘンバッハはエントロピーの非可逆性から知識と説明の向きが生じ、さらに知識の向きから因果の向きが派生してくると考えたのに対し、マッキーは因果の向きから非可逆的過程が出てくると考え、イアマンは知識の非対称性は因果の非対称性からでてくるが、エントロピーはあまり関係がないと考えた、等々である（そのほかにフォン・ウリクトやサーモンについての議論について言及されている）。
11) 個別的特徴や一般的特徴によって、時間の異方性が示される可能性は否定されていないものの、ホーウィッチはそれらを考慮する必要はないと考えている（同書 p. 70）。
12) ホーウィッチはマクタガートの議論のうち、「動くいま」の否定に関しては同意するが、「動くいま」の否定から時間の非実在性を導く議論には賛同しない（同書 p. 8, 41）。
13) 分岐の非対称はライヘンバッハがはじめて特徴づけ、サーモンが明確にしたものとホーウィッチは述べている。それは、相関した出来事 A と B には、共通の原因 C をもつことはよくあるのに対し、それらが共通の結果 E をもつことは滅多にないという時間 - 非対称的な事実である（同書 pp. 114-5）。
14) くわしくは、三宅（2012b）, pp. 91-112 を参照のこと。
15) 顕在的な知覚＝現在が表象可能であるのに対し、潜在的な純粋記憶＝過去は表象不可能である（MM, p. 156）。また、純粋記憶は無力だが（MM, p. 152）、消滅せず存在するものとされる（MM, p. 157）。これに対し、顕在的な知覚（現在）は行動的だが、存在というより出来つつあるもの（MM, pp. 166）である。
16) 「しかし本当は、私たちは過去に一挙に身を置くのでなければ、そこに決して到達することはないだろう。過去は本質的に潜在的であり、暗から光に出て現在のイマージュのなかに開花する運動を追跡・把捉する場合にのみ過去としてとらえられる。顕在的ですでに実現されているものに〔過去の〕痕跡を探しても無駄である。〔……〕記憶は顕在化されるにつれ、イマージュのなかに存続するが、逆は真ではない」（MM p. 150）。
17) 「生物の発達や胚の発達も、持続の連続的な記録、すなわち現在のなかに過去が存続すること、少なくとも有機的記憶の痕跡を含んでいる。」（EC, p. 19）この非可逆性は無知や見かけではなく、過去が現在に作用するためとされる。これは意識系のプロセスが非可逆であるとされる理由と同じ理由である。
18) 『創造的進化』では秩序生成と散逸の二つの傾向が反転しあう（EC, p. 224）ことが繰り返されるが、これはエントロピーの確率論的解釈による発想と思われる。
19) 主に大きく二つの点で両者は異なる。第一に、哲学と形而上学の境界について、ベルクソ

ンは意識や生物に生成や持続の原理をみたが、物質には見なかった。これに対し、プリゴジンはこの二分法の境界をずらし、物理にも積極的な持続の原理を示そうとしている。第二に、エントロピーと生物について、ベルクソンは生物をエントロピー増大の方向を反転させることはできないが遅らせることはできると規定した。これに対し、プリゴジンの散逸構造はエントロピーの増大を遅らせるどころか速める点で大きく異なる。

20）「分布関数 ρ のレベルにおいては、特徴的な時間スケールを含む、統計集団の未来へ向かっての発展を予測することを可能にする動力学的記述が得られる。これは個々の軌道のレベルでは不可能なことである。」（プリゴジン 1997, p. 31）

21）「分岐は対称性の破れの源泉となる。〔……〕散逸構造が形成されるや否や、時間的均一性が破れたり（振動的化学反応におけるように）、空間的均一性が破れたり（チューリング構造におけるように）、あるいは両方破れたりするのである。」（プリゴジン 1997, pp. 58-9）

22）プリゴジンも著作のなかでホーウィッチのような概念地図を示しているが、それは観測者はまず可逆的な力学を発見し、つぎにカオスなどの不安定力学系、そしてそこからパイこね変換のような乱雑性、さらには非可逆性が見出され、そこから散逸構造に到達する。そして観測者自身が時間に方向性のある活動を理解する、というようにこの説明地図は循環を描いている（プリゴジン／スタンジェール 1984=1987, pp. 386-7）。

23）プリゴジンは初期条件がどれほど精確でも軌道が不安定になる例として、不可積分系でポアンカレ共鳴が存在する場合をあげている（プリゴジン 1997, pp. 34-5）。

参考文献

※翻訳書の引用については用語の統一による一部改変を除き、原則的にはそのまま使用させていただいた。

BERGSON, Henri, （1889=2013）DI: *Essai sur les données immédiates de la conscience*, PUF.
BERGSON, Henri, （1896=2012）MM: *Matière et mémoire*, PUF.
BERGSON, Henri, （1907=2013）EC: *L'évolution créatrice*, PUF.
BERGSON, Henri, （1934=2013）PM: *La pensée et le mouvant*, PUF.
BERGSON, Henri, （1972）M: *Mélanges*, PUF.
BOLTZMANN, Ludwig, （1872）"Weitere Studien über das Wärmegleichgewicht unter Gasmolekülen", *Wiener Berichte* **66**, pp. 275-370.
BOLTZMANN, Ludwig （1898=1981）, *Vorlesungen über Gastheorie* T. 2, Akademische Druck- u. Verlagsanstalt, 1981.
ČAPEK, Milič （1971）*Bergson and Modern Physics*, Reidel.
EDDINGTON, Arthur Stanley, （1928）*The nature of the physical world*, MacMillan.
ELKANA, Yehuda, （1974）, "Boltzmann's scientific research program and its alternatives", *The interaction between science and philosophy*, Humanities Press, pp. 243-279.
LOSCHMIDT, Johann, （1876-7）"Über den Zustand des Wärmegleichgewichtes eines Systems von Körpern mit Rücksicht auf die Schwerkraft", *Wiener Berichte*, **73**, pp. 128-142, 366-372, **75**, pp. 287-298, **76**, pp. 209-225.
ホーウィッチ、ポール（1987=1992）『時間に向きはあるか』丹治信治訳、丸善。
北原和夫（1999）『プリゴジンの考えてきたこと』岩波書店。
三宅岳史（2012a）「階層と実在」『合理性の考古学』金森修編、東京大学出版会、第五章。

三宅岳史（2012b）『ベルクソン哲学と科学との対話』京都大学学術出版会。
ポパー、カール（1976＝2004）『果てしなき探求』下巻、森博訳、岩波書店。
プリゴジン、イリヤ／スタンジェール、イザベル（1984＝1987）『混沌からの秩序』伏見康治・伏見譲・松枝秀明訳、みすず書房。
プリゴジン、イリヤ（1997）『確実性の終焉』安孫子誠・谷口佳津宏訳、みすず書房。
田崎秀一（2000）『カオスから見た時間の矢』講談社。
内井惣七（1990）「理論の還元は可能か」神野慧一郎編『現代哲学のフロンティア』勁草書房、第八章。

[第6章＆第7章◆コメント]
自然を判定の鏡とする物理学

筒井　泉

1　はじめに

　三宅岳史氏の論攷第7章「非可逆的な時間は実在するのか」と、平井靖史氏の論攷第6章「『スケールに固有』なものとしての時間経験と心の諸問題」は、時間に関する哲学的考察をもとに、それぞれ時間の非可逆性すなわち「時間の矢」の問題と、時間認識の考察から導かれる「心の諸問題」について、科学的な見地から議論を展開したものである。

　遺憾ながら筆者は引用された諸著作の内容に明るくなく、また基礎的な哲学の素養を欠く者であるから、両者の論攷にまとめられた内容が、はたして原著者の主張を正確に記述したものかを判断できない。加えて、それらに対して加えられた両執筆者の考察の内容も正しく理解できているか心許ない。したがって筆者は本来的には論評する資格のない者であり、以下の拙文がはたして意義あるものになっているかははなはだ疑問ではあるが、コメントは本書の構成上欠くべからざるものとのことなので、私の理解するところにもとづいて私見を述べて責めを塞ぐことにする。

2　三宅岳史氏の論攷「非可逆的な時間は実在するのか」について

　三宅岳史氏の論攷「非可逆的な時間は実在するのか」は、物理学者ボルツマンの議論を出発点として、ホーウィッチ、ベルクソンという二人の哲学者と科学者プリゴジンの主張にもとづいて議論されている。以下、私の理解する範囲でそのおのおのの要点をまとめた上で、私見を添えることにする。

2.1　ホーウィッチ

　ホーウィッチは、まず時間の矢があること（時間が向きをもつこと、あるいは異方性をもつこと）の十分条件に、時間非対称な自然法則の存在を挙げ、これを粒子などの局在した物理量の運動過程を支配する自然法則が時間的な逆転を

許さないことと規定する。その上で、自然法則の上ではそのようなものが存在せず、したがって内在的には時間そのものに向きがあるということはいえないと結論づける。その一方で、宇宙の初期状態に巨視的な秩序（ビッグバン）と微視的な無秩序を想定すれば、基本的にはボルツマンの議論——統計的な意味で秩序から無秩序に移行する——が援用できて、時間の矢が説明できると主張している。ここで彼の独自性は、微視的な無秩序から分岐の非対称性なる概念（相関した現象に対する、それらに共通する原因と結果の非対称性）を用いて、知識や意思決定などの、その他の非対称的な現象を導き出している点にあるという。

　このうち、最後の文章で触れた点については詳細が不明であって論評に適さないが、それ以外の点については、現代の物理学における熱力学（あるいは統計学）の扱うマクロ的の観点とも大きな齟齬はないように思われる。ただし正確にいえば、素粒子相互作用のうち、弱い相互作用と呼ばれるものは時間反転に対する対称性が破れていると考えられているので、その意味では時間非対称な自然法則は現実に存在する。しかしその破れは非常に小さく、それが人間の認識する時間の矢の原因となっていることは考えがたい[1]。それゆえ、物理学とは異なり、哲学が主として質的な問題を考慮し量的な問題を捨象するものだとすれば、これは無視しても支障ない点であろう。

　一方、はたして時間の矢の説明に宇宙の初期状態の秩序性を持ち出す必要があるかどうかについては、議論の余地があるように思われる。時間の矢の出現はマクロ的な現象であるとしても、そのマクロ性が宇宙的な巨大なレベルでなくとも、ずっと局所的なレベルで生じる可能性もある。また宇宙の開闢時の状況にかかわらず、（ひとまず相対論の前提を措いても）時空の本質的な性質として時間の矢が存在するという可能性も否定できない。しかしいずれにせよ、ホーウィッチの議論の多くは物理学の立場から理解しやすいものであるといえよう。

2.2　ベルクソン

　ベルクソンの主張は、ホーウィッチのものとは質的に大きく異なり、人間心理における時間意識の発生や過去、現在、未来といった時間順序の認識過程を扱うことを主とするものであり、したがって少なくとも現時点では科学的な議論の俎上に載せることは難しい。ベルクソン自身もこの点を自覚していたよう

であるが、それでも自分の唱える時間をめぐる考察は時間の本質に迫るものであり、かならずや将来、科学においても重要な観点を提供するものだと考えていたものと思われる。

　ベルクソンの時間とその方向性（時間の矢）に関する見解には、一定の範囲で経年的な変遷の跡が見られるようであるが、初期の著作『意識の直接与件に関する試論』では、「物質的時間」は可逆的であるが「心理的時間」は非可逆的であるとされている。ここで、もし後者が時間の矢を説明するものだとすれば、物理的には時間の矢は存在しないが、人間が時間を認識する段階で、心理的な作用によって時間の矢が存在すると感じられるという主張だと受け止められる。そのメカニズムとして人間の意識には過去の記憶があり、その重層的な流入によって現在の知覚を形成するとするもので、現在というものの認識や、時間の矢の感覚の獲得がどのように行われるかについての興味深い推論が行われている。

　ベルクソンはのちに『物質と記憶』において心理的時間の獲得過程を精緻化し、潜在という様相をもつ過去が顕在という様相をもつ現在に移行するが、その逆が存在しないことが心理的時間の矢を生み出す原因になっているとした。これが生じる背景として、三宅氏は環境適応を目的とする（ベルクソンが「生への注意」と呼ぶ）ものであるという解釈と、時間の流れのなかで過去が現在に「圧力をかけて」いるがその逆は存在しないという解釈の、二つの可能性を指摘している。いずれにせよ、以上のベルクソンの時間の矢の発生機構は、少なくとも表面的には物理学のエントロピー増大の議論とは別種のものになっているようである。またこの点は、先に述べたホーウィッチや後述するプリゴジンのものとも異なる。

　ところがベルクソンの後年の著作『創造的進化』では、上の「潜在から顕在へ」という流れが心理的レベルから宇宙的レベルに拡大されている。三宅氏は、これは宇宙においても「潜在から顕在へ」の流れが存在する領域とそうでない領域があり、前者は熱平衡に移行する過程で消失するものとベルクソンが考えていたもの解釈している。熱平衡への移行過程はエントロピー増大をもって考察されるから、ここにおいてベルクソンの時間の矢の概念が物理学と接触をもつ。実際、ベルクソンは同書でボルツマンの統計的な観点からエントロピーを解釈していることから、宇宙の局所的領域におけるエントロピー増大の可能性

を議論したようである。しかしこれらには具体的な描像が欠けており、物理学としてモデル化するには適さないものと思われる。

2.3 プリゴジン

　三宅氏は、プリゴジンの時間の矢に関する議論を①可逆的な力学からの時間の矢の出現、②多様な領域における時間の矢の関係性、③普遍的な時間の矢の存在性、の三つの階層に区分している。このうち②は物理学のみならず、化学、生物学、人間科学にまで及ぶ多様な領域における時間の矢の発生問題であり、また③は優れて物理的な問題ではあるが、プリゴジンの議論が前宇宙の性質を想定するなど、通常の科学の範疇から逸脱したものであることから、ここでは①の階層に絞って論評することにする。

　プリゴジンは、時間の矢は決定論的カオスから生じるとした。決定論的であるにもかかわらず、時間の矢すなわち非可逆性が生じる理由は、カオス状態の確率的記述がボルツマンやギブスらの想定した統計的な観点から成されたものではなく、量子力学における測定結果の確率性と類似の意味で、本質的なものであるとしたことによる。つまり、ここでのカオス状態はそれ自身が対象系の個々の微視的状態を表すものであり、微視的状態の統計的集団を表すものではない。したがって、その確率的分布の初期状態の選択の微少な違いが時間とともに飛躍的に拡大し、それが熱平衡状態に移行することで時間の矢が定まる。これはボルツマンらのエントロピー増大と同じ結果を導くが、一定の粒子数の集団系では古典的な状態でさえも（統計的ではなく）本質的な確率が支配するという考えがプリゴジン独自のものであり、それゆえ科学が時間の流れを認識できるのは、この集団的レベルにおいてだということになる。

　時間の矢を導くプリゴジンの議論が、はたして三宅氏のいうようにベルクソンが『創造的進化』で展開した哲学的思想に実証科学の立場から具体的内容を与えているかは、心理的な認識の過程のモデル化が欠けているために、さほど明らかではないように思われる。またホーウィッチのいう意味での宇宙の初期状態の秩序性を、時間の矢の要因として持ち出していないことから、ホーウィッチによる哲学的思想の実証科学的な肉づけの方法とも立場を異にしている。

　プリゴジンによる時間の矢の生成の議論の鍵は、先に述べたように古典的な粒子集団の微視的状態が統計力学における確率分布のように、実在する個々の

系の統計的ばらつきを表すものではなく、それ自身が量子論的な微視的状態のように本質的な確率性をもっているとしていることにある。この考えは現代の物理学で受け容れられているものではなく、また量子論的な状態の解釈が現在でも論争の対象となっていることから考えて、それ自身が測定との関係や確率の意味の解釈において大きな議論の余地を残すものになっている。物理学の観点からは、少なくともプリゴジンの想定するような古典的確率状態の有無について、たとえばマクロ実在性をテストするレゲット＝ガーグ不等式 [1] による方法に類した、なんらかの実験的な検証が可能かもしれない。

2.4 感想

　三宅氏の論攷は、時間の矢の実在に関するホーウィッチ、ベルクソン、およびプリゴジンによる議論を考察したものであるが、これらは非可逆性の発現という難題に対するアプローチとして聴くべき価値があり、また物理学的にも興味深い。しかしながら、それらがなんらかの意味で物理学との交渉をもち、実証的な意味で科学に寄与するものになるためには——それは彼ら自身も強く期待したものであろうが——たんなる興味深い推論の域を越えて、それらを実現する物理モデルを構成することが必要になる。

　結局のところ、「時間とはなにか」や「時間の矢とはなにか」をより精密に議論しその究明を進めるためには、提案内容の是非を科学的検証に持ち込む具体的算段をつけることが求められる。ベルクソンの議論はその壮大で心理的な性質上、このプログラムからかなり遠いものであるが、それでも物理学では明確に区別されない過去、現在、未来を哲学的な観点から明確に区別し、意識の流れや持続といった観点を導入することは決して非科学的な営みではなく、むしろ魅力的な仮説を提示するものだといえよう。実際、ベルクソンと論争したアインシュタインは、時間のもつ非自明な性質を彼の相対性理論を含めた物理学が十分に捉えきれていないことをベルクソンによって深く認識させられていたようである [2]。しかしながら、これらの哲学的議論を実証的な意味での物理学の俎上に載せるのには、まだ長い道のりがありそうである。

3 平井靖史氏の論攷「『スケールに固有』なものとしての時間経験と心の諸問題」について

平井靖史氏の論攷「『スケールに固有』なものとしての時間経験と心の諸問題」は、先の三宅論攷では触れられなかった「心の発生過程」「心的経験の特徴」「自由意志」の問題を主に考察したものである。これらの考察は、ベルクソンの『物質と記憶』における「意識の遅延テーゼ」を基礎にしており、その解説が考察に先だって平井氏によって与えられているので、その要点を記すところから始める。

3.1 多元的な時間スケール

平井氏は、まず物理系の記述にはその系に固有の内在的スケールと、系を記述するのに選んだ方法が定める記述（認識）スケールがあり、これらの差異が重要であることを指摘する。たとえば内在的スケールがミクロ的で短時間に定まるために決定論的、あるいは可逆的なものであるとしても、その記述スケールがマクロ的で一定の有限時間にわたり平均化したものであるならば、ここに非決定論的、あるいは非可逆的な性質が付与され、平衡状態への移行といった現象を認識することができるようになる。この場合、平衡、非平衡といった物理現象は記述スケールの存在によって発現が許されたものだといえようが、さらに進んで、このような複数の時間スケールの存在が人間の経験という現象の発現を許していると考えることもできよう。ベルクソンの心に関する考察は、このような多元的な時間スケールにもとづいて行われたものであり、その意味ではスケールに依存した物理法則の階層構造の発生——これは近年になって物理学においてより明確に認識されるようになった——と軌を一にしているように見える。

3.2 時間の構造と人間経験

人間が自己のなかに多元的な時間スケールをもつことは、生物がミクロな細胞内の活動から積み上げてマクロな構造物を運営していることからも強く推察される。ミクロ的な刺激とその反応のレベルから、一定の有限時間をもってはじめて認識される（メロディといった）対象、さらに時間的スケールの大きな過去や未来に向けた「展望」といったものまで、人間はその活動のなかに多様

な時間スケールを重層的に保持し、それらから知覚や意識を獲得するというのがベルクソンの構想である。この構想を緻密なものにするために外部刺激への反応機構や脳神経の時間特性などの研究が行われ、その結果として、階層性が時間の規模を次第に拡大し、それによって生じた「遅延」が意識の条件となっているというベルクソンの「意識の遅延テーゼ」の理解が、科学的観点からも進んでいるようである。もしこれが確認できれば、それは人間の意識の発生に生理学的な裏付けを与えると同時に、「意識とはなにか」という困難な問題に回答する試みとして、注目に値する事柄のように思われる。

　上の考察には、時間の経過（持続）はどのように認知されるかという問題が重要になるが、ベルクソンは時計によって計測される物理学の客観的な時間とは異なり、観察者が時計の位置を占めることで知ることのできる、いわば主観的な時間が経験を支えるものだとする。この点は評者の理解力を越える事柄であるが、これもやはり生理的な内部時計が時間の経過を認知し、それが時間を量的ではなく質的に捉え、また主観的なものとして把握するになることにつながると解釈できるのかもしれない。いずれにせよ、これは以下の心の発生や自由意志の議論の前提として重要である。

3.3　心の発生

　人間の認識する時間が多元的な構造を有していることから、心の発生のメカニズムが説明される。評者の理解の範囲でこれを端的にいえば、単なる外的刺激の知覚への瞬間的、自動的な反応ではなく、それらの集積と遅延の過程で情報処理が行われることにより、非自動的な複雑な反応――「反応」という表現がもはや適切ではない――が生じうるが、これをもって「心」が存在するとみなされるということであろう。これを支えるのが、物質環境に固有の短い時間間隔、それを内部に包む最小時間間隔、さらにそれらを包含する延長された時間間隔を人間が内部に保有することである。これらの間のスケールの差異によって知覚されたデータに対する選択や加工が行われ、それらへの反応が複雑化することが心の発生につながる。

　このベルクソンの考えは、心の発生に関する生物学的あるいは生理学的な観点からの推論として興味深い視点を提供する。元来、「心とはなにか」という問いは回答が困難なものであるが、この推論はこの問いに直接答えるのではな

く、「心が存在するとみなされる状況とはどのようなものか」という問いへの答えを提示するものであり、科学的な哲学の考察、あるいは哲学的な科学の考察として重く評価されるべきものであろう。

3.4　自由意志

「心」の問題を先に述べたようなシナリオで扱うことができるならば、同じ戦略を用いて、直接的に「自由意志とはなにか」について答えることなしに、「自由意志が存在するとみなされる状況とはどのようなものか」を議論することができる。つまり、先に述べた心の発生のメカニズムによって、環境の時間スケールよりも長い複数の時間スケールを階層的にもっている人間は、瞬間的な直接反応という因果的な連鎖から解き放たれて、少なくとも表面的には非因果的な反応や行動(『物質と記憶』によれば「自然的必然性の網の目をかいくぐるような反作用運動」)を実行することができることになる。そしてこの際の環境の時間スケールからの逸脱(拡大)の程度が「自由」の程度を保障すると考えるのである。

ベルクソンの主張に対するこの理解が正しいならば、「自由」とは「非決定論的」であることになるが、この「非決定論的」とは原理的な意味でそうなのではなく、時間スケールの拡大に伴って因果関係が複雑化し、刺激への単純な反応ではなくなったことをいうのであるから、物理学のミクロ的な観点からいえば、現象としてはあくまでも決定論的なのであり、原理的には自由は存在せず、それゆえ「意志」の発動もありえないことになる。むろん、ベルクソンはそれを承知で、それにもかかわらずなぜ「自由意志」が存在すると見られるかと問えば、それが表面化する過程として、上に述べたような多元的時間構造の内包による生理的な説明が可能であると主張しているように見受けられる。これは「心」の場合と同様、「自由意志」の問題を以前からよく知られた哲学上の困難な状況から救済するだけでなく、科学的にも魅力的な提案である。

3.5　感想

平井氏の論攷は、多元的な時間階層にもとづく心や自由意志の発生機構を説くベルクソンの主張を、科学的な観点からていねいに読み解こうとしたものである。科学的には、ここで想定された異なる時間スケールをもつ多元的な時間階

層の存在や、それらのあいだの相互的な応答については、生物学や生理学的な検証が可能であろう。また、自由意志の発現としての非決定論的な反応の表面化については、心理学的な分析も有益かもしれない。これらの作業は、科学と哲学との協調による新しい研究分野の開拓や、(本来的にはすべての学問を綜合すべき) 哲学自身の展開の上で重要なテーマになりそうである。その一方で、先の三宅氏の論攷にある「時間」や「時間の矢」といった概念と同様に、これらの科学的な議論と離れて、純粋に哲学的な問題として「心」「自由」「意志」とはそれぞれなにかということを、あらためて深く考察することが求められているようにも感じられる。

　本稿のはじめに書いたように、評者はベルクソンの哲学についてほとんどなんの知識をも有していない者であり、これらの概念に関して両者の論攷に展開されたベルクソンの科学的な、そして究極的には物理学的な説明を指向する解釈の是非を判断することはできない。しかし彼が晩年、アインシュタインと時間について論争していた頃に書かれた随筆『思考と動き』[3] を眺めると、そこには時間の「持続」が (物理学で通常扱われる) たんなる「延長」とは質的に異なるものであることが力説されており、それにもかかわらず両者が混同され、その結果、なかでも「自由」の問題が大きな歪みによって作り出されていることを慨嘆している。彼の議論はきわめて直観的なものであり、これを科学的な言語を用いて定量化し精確に取り扱うことは容易ではないだろう。しかし彼が同時に、心理を含めた哲学の問題を科学を用いてより広く正当な立場から実証的に分析できる可能性に全幅の信頼をおいていたことを思い起こせば、彼の示唆に富む哲学の解読を進めることは、今後の科学の方向性を考える上からも十分な価値があると思われる。

4　最後に

　この稿では、及ばずながらも時間に関する種々の哲学的な議論に対する論評のようなものを行ったが、対象とした議論はいずれも興味深い視点を含むものであり、物理学をはじめとした広い科学分野の新たな発展に貴重なヒントを与えるものだと思われた。また、先に述べたように、少なくともその一部は実証的な研究の対象として考察を進めるべき資格のあるものと考えられよう。

　しかしながら、物理学としてこの作業を進める上で銘記すべき点は、それが

経験科学としての容易ならざる検証プロセスの上に成り立つものだということである。どんなに筋道の通った、魅力的でもっともらしい描像が提議され理論化されたとしても、また特定の実験によってそれが確認されたとしても、多様な観点から行われる容赦のない相互検証を経て認証されなければ、物理学上の基本的な真理だとみなされない。結果として、操作的には明確で整合的であるものの、その基礎にいくつかの論理的矛盾を孕んだものが、他の論理的で明快に見えるものを排除して生き残るということもありうる[2]。それゆえ、時間というものの基本的な性質に関しても、物理学においてさまざまな議論が提起され、それらを実験と照らし合わせつつ、なにが正当なものかを手探りで探す作業がこれまで延々と行われてきたのであり、その一端は、たとえば半世紀近く前の専門家たちによる優れた著書『時間とは何か』[4]に収められた議論からも見てとることができる。

　このような、純粋な哲学や数学には見られないであろう物理学の特徴的な性格は、結局のところ、それが自然そのものを正義の女神テミスのごとき判定の鏡としていることに由来する。議論は無限に展開することができ、それは自由に行われなければならないが、そのなかにおいて自然からさまざまな縛りが与えられる。それらの縛りを念頭におきつつ、あるいはそれらを掻い潜りながら、新しい真理を見つけることが望まれている。

注
1) この点は本書第2章の拙稿「時間の問題と現代物理」の中でも指摘した。なお、その中ではミクロの原理的立場から、熱力学エントロピーの増大にもとづく時間の矢の説明の問題点を指摘したが、マクロ的な現象としての実効的な時間の非対称性を議論する上では、一定の条件の下で有用なものだと考えられる。
2) 場の量子論はその好例である。電子の異常磁気モーメントの値など、いくつかの物理量を非常な精度で予言できるものの、その計算に現れる無限大の問題を処理するために、繰り込みという有限化の「人為的」操作が必要になる。場の量子論は一般に内部矛盾を抱えているが、それが生み出す結果は自然界の検証に耐えるものであり、それゆえ物理学上の貴重な財産となっている。

参考文献
[1] A. J. Leggett and A. Garg, (1985) "Quantum mechanics versus macroscopic realism: Is the flux there when nobody looks?", *Physical Review Letters*, **54**, 857.

［２］　J. Canales,（2015）"The Physicist & the Philosopher: Einstein, Bergson, and the Debate That Changed Our Understanding of Time", Princeton Univ. Press.
［３］　アンリ・ベルクソン（2013）、原章二訳、『思考と動き』平凡社ライブラリー。
［４］　伏見康二、柳瀬睦男編（1974）、『時間とは何か』中央公論社。

[第6章◆リプライ]
木には木の、森には森の描き方を

平井靖史

　物理学者の筒井泉先生より貴重なコメントをいただいた。科学と哲学の密な連携をとりわけ重視したベルクソンを研究する者として、このような機会をもてることを大変嬉しく、また幸運に思う。筒井氏（以下、畏れ多いが他章との整合性のため「氏」で呼ぶ）のコメントでは、きわめて簡潔・明快な仕方で、平井が今回の論文で示そうとしたベルクソン的アイデアの要点とその意義を要約してくださっており、深く感謝いたします。この返答では、コメントを読んであらためて明瞭化が必要と考えた論点と、いくつかの疑問点にお答えすることにしたい。

1　時間スケールと時間構造について

　ベルクソンは、多元的な時間スケールを認めることが、物質・生命・意識を統合的に理解する重要な鍵になると考えている。その際、同一事象に対する「認識的スケール」の多元性のみならず、事象によって異なる「内在的スケール」の多元性を認める点が、ベルクソン固有の特徴である。つまり、存在論的な意味での多元論である。筒井氏の平井論文へのコメントの3.2では、生物におけるマクロな構造物などに触れ、後者の存在論的な階層性に理解を示していただけているようであるが、冒頭部分（3.1）や自由についての箇所（3.4）では、認識論的な問題にのみ言及されており、この点について読者からありうる誤解を避けておくのが有益と考えたので、以下に敷衍する。
　第一に、ある事象を観察するに際し、人間は好きなだけ多数の異なる認識的時間スケールを取ることができる（認識的スケール多元性）。しかし、どれでも同等に適切なわけではない。ある事象には、その事象に固有の内在的時間スケールというものがある。後者は前者に対して規範的な関係をもつ。
　第二に、より重要な点として、異なる事象は異なる内在的時間スケールをもちうる、すなわち世界を単一の内在的時間スケールに還元することはできない（内在的スケール多元性）。世界では、内在的時間スケールを異にする諸事象が

多元的・階層的に成立しており、それらをそのうちのどれか一つへと基底的に還元することはできない。たとえば、同一時空領域に成立している三つの事象A、B、Cが互いに内在的時間スケールを異にすることがありえ、そのため、たとえばBに適合した認識的スケールを採用すればAもCも同時に（ついでに）適切な仕方で扱える、というふうにはいかない。

　これはちょうど、創発の文脈で扱われるいわゆる「階層説」において、ある階層には当該階層固有の秩序があり、そこには下位階層に還元できない新しい性質が帰属するのと似た事態である。ベルクソンはいわばこれの「時間版」を提唱していることになるわけだが、ただし、この時間版階層説には、時間固有の新しい論点がある[1]。

　さて、内在的スケールにそぐわない不適切な認識的スケールを採用することで、ある「仮象」が生じることがあるが、意識をそのような類の仮象とはベルクソンは考えていない。彼の考えは、意識という現象が、認識論的なスケール多元性ではなく、存在論的なスケール多元性により成り立つというものである。

　第三に、第6章6.1.2節で論じたように、意識という現象にとっては特定の「時間スケール」への局所化というだけでは十分でなく、当該事象そのものがその内部に、上位単位と下位単位の内在的時間スケールの隔たりという「時間構造」をもつことが本質的である。具体的には、「現在の幅」（1〜数秒）に対して、それを構成する「最小時間単位」という下位のスケール（ミリ秒オーダー）があり、この上限と下限へと開いた構造が一つの意識という事象を構成している、ということである（これを6.1.4節で「時間的内部」と呼んだ）。この内的にスケール階層を有した時間構造が、意識に固有な「流れ経験」を可能にしている。というのも、もし上下のサイズが等しい（＝構造をもたない「等質的な」時間スケールに局所化されている）としたら、その都度の現在が単一の経験要素によって埋められることになり、流れの経験が成立しないと考えられるからである[2]。たとえば夜空の天球の回転が動きとして知覚されないのは上位単位の制約によるし、流れ星が点ではなく線状に知覚されるのは下位単位の制約による。意識経験の質的相貌は、時間の上下単位のペア構造に相対的に変化する。

　意識の遅延テーゼの特徴は、それが内観の記述にとどまらず、その構成的基盤（意識が、ではなく意識を構成する時間）に注目するという点にとどまらない。

そのために、ベルクソンは生物身体の進化に着目した起源論的なアプローチを取るのは 6.2 節で引用により示した通りである。だが見逃してはならない点は、同様の起源論的アプローチをとる現代の他の諸説[3]とも異なり、進化によって生物システムが漸次的に獲得してきた「機能・機構」にではなく、むしろ「時間構造」の変形に、意識の発生条件を看取する点である。たとえば視覚を獲得したとか、内部表象をもつようになったことが意識をもたらしたのではなく、それらに伴って実現した「時間構造」(上下の開きによる時間的内部の獲得)こそが、意識の(相関でも因果でもなく)構成的条件となっていると考えるのだ[4]。

2 解釈について

どこまでがベルクソンでどこからが平井の解釈か、という筒井氏の質問に答えておく。こういう質問への返答は、哲学の場合は多かれ少なかれ恣意的なものにならざるをえない事情があるが、それを踏まえた上であえて図式的にお答えするなら、上述の第一・第二までは(そう記述したり強調したりするかはともかく)「比較的」公式のベルクソン理解とみなせ、第三の論点が、ベルクソンが別々の箇所で論じている論点を総合し明確化を施した、平井による積極的な解釈の度合いが高いといえる。これが「通俗的な」ベルクソン像と隔たっているように感じられるとすれば、ベルクソン自身における方法論的な進展が、その誤解解消の助けになるかもしれないので、簡単に説明する。

第一著作である『意識に直接与えられたものについての試論』からすでに、「持続」は、諸瞬間のたんなる逐次的継起ではなく、前後の瞬間との「相互浸透」という特徴によって概念化されていた[5]。ただ全般的には、書名の通り意識所与の「記述」に依拠している面があり、科学への批判的なトーンが強い。これに対して、第二主著の『物質と記憶』では、より積極的に、現象の構成基盤の方へと論述がシフトすると同時に、経験諸科学への肯定的な依拠と援用が進むという経緯がある。

さて、その『物質と記憶』で導入された「凝縮」理論では、人間にとって下限の時間単位が、さらに下位のスケールとの間にもつスケールギャップによって、感覚の質の創発が扱われる。他方で、第 6 章では扱えなかったが同じく『物質と記憶』で大きく展開した「記憶」の理論は、人間にとって上限の時間

単位を超えたさらに上位の時間スケールにおいて成立する諸事象を論じる。こうして、持続自体が上下単位の内的開きをもつだけでなく、その持続がさらに上下の時間スケールと関係を取り結ぶことで、意識経験は物理世界や過去へと根づいた(グラウンディング)ものになる。意識と世界とは、たんに表象的な関係ではなく、複雑で実在的な構成関係のただなかにある。こうした階層的時間構造の観点から人間の多様な心的意識事象の謎に取り組むベルクソンの着眼は、現在の議論市場において検討されていない独自の立場をなすものであると、平井は考えた。そこで、そのポイントが、(先入見から無縁とは限らない)思想史的文脈や独自のジャーゴンによって不透明にならぬよう、可能な限りニュートラルな仕方で議論構造を再構成する作業を施したのが第6章の論文である。この作業が、平井の主要な寄与分といえるだろう。ただし、体系的な位置づけ直しに応じて、個々のテーゼの解釈も影響を受けていることはいうまでもない。

3 内在的スケールについて

以上の議論が重要な前提として用いている、認識的と内在的時間スケールの区別に対して、哲学者から批判がなされるかもしれない。たしかに、この二つの区別が、一見してそう思えるほどには簡単ではないということは認めなければならない。たとえばある人は、多元的に成立する「内在的スケール」と呼ばれているものが、どこまで認識から独立か、と訝るかもしれない。論文で引用したレンの例でいえば、ある物理事象が「平衡」状態にあるということは、我々の抱く「平衡という概念」に依存しているではないか、というかもしれない。こうした疑念に対して、完全にクリアカットな返答をただちに持ち合わせてはいないが、それでも、以下のようなケースとの違いは十分に意味をもつはずだと信じる。たとえば——目下の問題は空間に関しても同型であるため直観的なわかりやすさを優先して空間の例を用いる——、ある地域の蟻塚を地図上にプロットしたところ、それが巨大なドラえもんの顔のようであったとする。だが、それがドラえもんの顔に見えることは、(ドラえもんと昆虫の生態のあいだによほどの隠されたメカニズムがない限りは)「たまたま」にすぎない。ここで「たまたま」とは、それが生じる起源論的・構成的なメカニズムに根拠をもたない、という意味である。これに対して、ある物理事象がある特定のスケールにおいて「平衡」状態にある、というのはこれと同じ意味では「たまたま」で

はない。このとき、ドラえもんの顔がマクロなスケールで成立するというのは、事象の内在的スケールとは無関係の、単に認識的なスケールの効果とみなせる。以上の正当化がうまくいっているかどうかは識者の批判に委ねたいと思う。

4　哲学と物理学について

　筒井氏は、コメントの最後の部分で、物理学における「容易ならざる検証プロセス」に触れている。たとえば言及されている論集『時間とは何か』では、渡辺慧[6]を筆頭に第一級の物理学者たちが、驚くべき緻密さで時間の諸問題に取り組んでおり、そこにはまた哲学の議論に還元されない、固有の知的洗練があることは（私個人にそのすべてを理解する能力がないにしても）疑いえない。

　他方で、人類の思考可能性のいわば下限と上限を押し広げ開拓すること自体を、哲学はその自由なる責務としている。そうした本性上、おのずとその質の評価基準は物理学におけるそれとはまた別種のものにもなる。理論的冒険の捉え方も違ってくるだろう。だがそこにはやはり紛れもなく固有の「精確さ」と技術の蓄積がある。哲学者たちの共同体は、その責任を負う。

　枝には枝の、木には木の、森には森の見方があり、描き方があり、その訓練技法がある。クロッキーが鍛えるものと、デッサンが鍛えるものと、油絵が鍛えるものはすべて異なり、世界を全体として捉えたいなら、すべて不可欠である。加速度的に進行する専門化のゆえに、それぞれのディシプリンの固有性と長所を互いに十全に尊重しつつ生産的な知的協働を果たすことは、ますます簡単ではなくなってきているのは事実だろう。試されているのは我々である。

注
1) 「全体が部分の総和に還元されない」ということは、時間においては、ポストディクションのような、単純な不可逆的継起に還元されない事象に対応し、流れつつある現在進行形（未完了相）に固有の不確定さを特徴づける。次注も参照。
2) こうした上下単位の開きは、下位単位の性質決定が上位単位に依存するという「下方確定」や、上位単位が成立するまでの未完了相固有の不確定性（確定不全性）といった、「意識の現在」の諸特質にとって本質的である。詳細は他稿に譲る。
3) たとえば、鈴木貴之 (2015)『ぼくらが原子の集まりなら、なぜ痛みや悲しみを感じるのだろう：意識のハード・プロブレムに挑む』勁草書房。
4) 質的・現象的な意味での意識が実在に構成的基盤をもつと考える以上、ベルクソンは徹底

的な意味での separatism を採っていないことになるが、他方で既存の随伴説や二元論とも異なる。時間構造において一定の条件を満たすなら必然的に意識をもつと考えるが、すべての機能を実現しつつ時間構造が潰れているケースが可能であるとすれば、いわゆる哲学的ゾンビが実現する余地がある。なお論文でもこの返答でも、「意識」の語はつねに「現象的・一人称的・質的」側面のことを指して用いている。

5) とりわけ、たんに隣接する諸瞬間が「相互浸透」するだけでなく、全体が部分に反映する「有機的組織化」は、前注の時間階層間の確定関係の観点から興味深い。

6) よく知られているように、渡辺慧は多くの点でベルクソンから深い影響を受けている。

[第7章◆リプライ]
科学と哲学の間——モデル構成の必要性

三宅岳史

　ベルクソン哲学は哲学者から見ても晦渋であるが、哲学的要素と科学的要素を織り交ぜた拙論に対して、筒井氏からのコメントは簡明で、的を射たものであるように思われる。以下ではそのリプライとして、いくつかの情報提供や説明を行いたい。

　まず「2.1　ホーウィッチ」に関するコメントでは、ホーウィッチの議論の多くは物理学と齟齬がないが、時間非対称的な法則を否定する点について、「素粒子相互作用のうち、弱い相互作用と呼ばれるものは時間反転に対する対称性が破れていると考えられている」という補足的な指摘があった。ホーウィッチ『時間に向きはあるか』では、CP対称性の破れについても述べられているのだが、本書は概略的に彼の議論を示しただけで、この点については説明が不十分であった。それがどのように扱われているかを付け足しておきたい。

　CP対称性の破れが時間反転の破れを示すという議論について、1987年にこの著作を書いた時点でのホーウィッチの判断は、いくつかの理由から懐疑的なトーンが強い[1]。ただし、彼は時間の異方性（非可逆性）の否定が原理的なものではなく、経験的なものであることも述べている。したがって、その議論は時間非対称的な法則の可能性を頭から否定するものではないことを補足しておきたい。

　次に「2.2　ベルクソン」のコメントでは、まず『意識の直接与件に関する試論』について述べられている。そこでは、記憶（過去）が知覚（現在）へ流入することで、現在の認識や時間の矢の感覚がどのように得られるかなどの説明については、「興味深い推論」というコメントをいただいた。この主題に関して、物理学とベルクソン哲学を突き合わせて議論を展開したのが渡辺慧である。後述するように、今回は渡辺の時間論を扱うことができなかったので、この議論の掘り下げは今後の課題である。

　また『創造的進化』については、「ベルクソンの時間の矢の発生機構は、少

なくとも表面的には物理学のエントロピー増大の議論とは別種のものになっているように見える」という指摘があり、この点を第7章では十分に強調していなかった。たとえば、チャペックという研究者は「エントロピーの漸次的増加は彼〔ベルクソン〕にとって生成一般の非可逆性や時間の「単方向性」の一つの現われにすぎない」（Čapek 1971, p. 369）として、ベルクソンはエントロピーと時間の矢を関係づけてはいるものの、両者を同一視するわけではないと論じている。このチャペックの議論は正しいものと思われるが、宇宙論的な時間の矢の正体は『創造的進化』でも明示的に述べられているわけではなく、はっきりしないところである。

　時間の矢の発生機構が宇宙論とどのように関連づけられるかについては『創造的進化』の記述は「具体的な描像が欠けており、物理学としてモデル化するには適さない」という指摘の通りである。おそらくこれは、『創造的進化』は生物進化が中心的主題であり、そこにエントロピーや宇宙論や時間の矢などの問題が関係するのだが、それは補助的主題として焦点化されることなく背景に沈んでしまっているためだと思われる。そのため現代でこの議論を検討するためには、解釈者がモデルを再構築することが必要になるだろう。

　「2.3　プリゴジン」について、筒井氏は「①可逆的な力学からの時間の矢の出現」に絞って検討し、プリゴジンによる時間の矢の議論が『創造的進化』に「実証科学の立場から具体的内容を与えているか〔……〕さほど明らかでない」と述べている。たしかに、両者の議論は不整合ではないが、合致することは自明ではない。というのも、ベルクソンの非可逆性の議論は心理的な持続から由来しているように見えるため、心理的な時間と物理的な時間の関係がわからなければ、ベルクソンとプリゴジンの議論の関係性も不明なところが残るからである。これはプリゴジンの議論では「②多様な領域における時間の矢の関係性」に該当するが、この箇所については曖昧なままである[2]。このあたりは哲学史上では、ラヴェッソンやブトルーなどの諸学問の階層間の関係に関わる問題でもある。大局的には、ベルクソンとプリゴジンの議論を補足的に論じることも可能と思われるが、階層間をどのように関係づけるかは還元や創発など哲学的に大きな問題が関わり、これも具体的なモデルに落として論じるためには、両者にはいまだ大きな懸隔があるといえるだろう。

　またプリゴジンによる時間の矢は「古典的な粒子集団の微視的状態が

〔……〕それ自身が量子論的な微視的状態のように本質的な確率性をもっている」という考えによっているが、この考えは現代の物理学では標準的ではなく、論証も十分ではないことはおそらく彼自身も認識していたと思われる。ただし、この不十分さは問題の解決が難しいことを示すものの、現在もさまざまなアプローチから議論が続けられているところを見ると[3]、いまだ問題それ自身の豊かさは失われていないといえるだろう。

「2.4　まとめ」では、哲学者の想定が実証的な科学と関わりをもつためには、「興味深い推論の域を越えて、それらを実現する物理モデルを構成することが必要」であり、「その是非を科学的検証に持ち込む具体的算段をつけることが求められる」という重要な指摘が行われている。ベルクソンのような哲学的仮説から物理モデルを即座につくることは議論の性質上、困難であるのもたしかであるが、哲学と実証科学が生産的な関係にあるためには、粘り強くモデルの構築の可能性を探っていくことがポイントとなることについては考えが同じである。考えてみれば、ベルクソン哲学は各著作でモデルの構築とはいかないまでも、自らの仮説と対立する仮説を、実証的な領域で検証可能にするためにはどうすればよいか、ということを苦心してきたと考えられる。それがベルクソン哲学と思弁的性格の強いドイツ観念論を区別する一つの特徴ともなるだろう。相対性理論を論じた『持続と同時性』によってアインシュタインをはじめとした科学者との対話がかみ合わなかった一因として、検証可能なモデル構築の不十分さが挙げられるかもしれない。

『持続と同時性』を出版したのが1922年であった。およそその1世紀後に本書が再び科学者と哲学者の対話を企画し、そこに哲学研究者として力不足ながら参加できたことは個人的に感慨深い。近年ではベルクソンの哲学研究は再び隆盛しており、分析形而上学や実証科学と突き合わせることで、ベルクソン哲学を拡張していく試み（拡張ベルクソニスム）も新たにはじまっている。モデル構築の重要性などに関する筒井氏の指摘は、このような哲学的プロジェクトを進めていく際に、重要な指針となるように思われる。

「4　最後に」では、伏見康治[4]・柳瀬睦男編『時間とは何か』が言及されている。この著作が編まれたきっかけは「あとがき」にも記されているように渡辺慧の時間学会の開催であった。なお本論の分析はベルクソンからプリゴジンの議論へと一足飛びに移っているが、本来は、両者のあいだに取り上げるべき

であったのが渡辺慧の時間論である。渡辺は時間論を展開する際にベルクソンをよく引き合いに出していた。第7章で示したプリゴジンの客観的な時間の矢の発生とは逆に、渡辺の議論は観測者の意識に時間の矢の発生機構を見ている。これもベルクソン哲学の解釈としては興味深い方向を示すものといえる。渡辺慧の時間論については本書では細谷氏による考察が深く関わっており、その刺激的な論攷まで視野に含めて議論を展開すると、もう1本の論文が必要になるほどの内容になるため、本章で半端に扱うことは断念した。これらについてはまた別の機会に稿を改めることにしたい。

最後に哲学者の粗雑な議論にもかかわらず、ていねいなコメントをいただいた物理学者に謝意を示して、このリプライを終えることにしたい。

注

1) 「そしてこの原理〔CPTの対称性〕と、CP反転に対する不変性が破れていると考えられることから、時間反転に対する普遍性の破れが帰結する。〔……〕／しかしながら、この論証は完璧なものとは言いがたい。第1に、その予測は直接には確かめられていない。そして、たとえそれが真であるとしても、それは、時間-非対称な自然法則を含まない、単に事実上の非対称であることが明らかになるかもしれない。さらにまた、その予測に含まれている実験的な前提も理論的な前提も、疑問の余地のないものではない。なぜなら、中性K中間子の崩壊の二つの形の間の頻度はかなり小さく、説明がついてしまうものかもしれないからである。〔……〕このように、この論証にはそれぞれが疑わしい多くの仮定があるので、それらの連言にはあまり信憑性がない、と考えることができよう。」(ホーウィッチ 1987＝1992, p. 91)」

2) ここも渡辺慧の時間論が関係してくる箇所である。またこれに関しては平井氏論文へのコメントの「3.1 多元的な時間スケール」も関連するであろう。

3) Cf. Iyoda *et al*., 2017. 量子力学から時間の矢を統計的アプローチとは別の仕方で導出する試みについて、プリゴジンが生きていたらどのような反応を示したかを考えることは興味深い。

4) 『時間とは何か』の編者の一人である伏見は、プリゴジン『混沌からの秩序』の訳者の一人であり、渡辺の学友であった。

参考文献

ČAPEK, Milič, (1971) Bergson and Modern Physics, Dordrecht [Holland]: D. Reidel Publishing Company.

IYODA, Eiki, KANEKO, Kazuya, SAGAWA, Takahiro, (2017) "Fluctuation Theorem for Many-Body Pure Quantum States", in *Physical review letters*, 119 (10).

ホーウィッチ、ポール (1987＝1992)、丹治信治訳『時間に向きはあるか』丸善。

第8章　時間論はなぜ「いま」の実在の問題となるのか
　　　——インド仏教の視点から

佐々木一憲

8.1　三世実有説の解釈に見られる素朴な時間感覚のほころび

　時間について考えるというとき、我々は普通、とくに意識することなく、過去から現在そして現在から未来という一連の流れを思い浮かべるのではないだろうか。この過去／現在／未来という三者一組の概念は、われわれ現代人が時間を論じるときにごく自然に想起するものであるが、インド仏教において時間が考察される場面でも、この過去／現在／未来に対応する、過去世／未来世／現在世という概念が用いられる。これを「三世（さんぜ）」というのだが、いまここに提示された両者の並び順に違いがあることに気がついただろうか。

　時間の三つの区分が列挙される際、インド文献では一般に、過去の次に未来、それから現在という順で並べられる。なぜそのような不自然な並べ方になるのかといえば、これはインドの学術公用語であるサンスクリット語における語の列挙のルールに則って、過去世（atīta）・未来世（anāgata）・現在世（pratyutpanna）という三語が、それぞれ頭文字のインド・アルファベット順に並べられているということなのである。

　ところで、この並び順の違いであるが、表面的には未来と現在の前後が入れ替わっているにすぎず、見過ごされてしまっても不思議ではないような些細なものではあるけれども、それが暗示するところの現代人と往昔のインド人とのあいだの時間感覚の違いは思いのほか大きいものといえるかもしれない。というのも、インドの文献において時間の三分位（avasthā）が慣習的にアルファベット順に並べられていたという事実は、勘の良い研究者に、現代人にとっては意識されることすらないほどに定着しているこの「過去→現在→未来」という〈時間の流れ〉の観念が、インドの思想家たちにあってはかなり希薄だった——皆無ではないにせよ、変更不可能なほど強固なものでもなかった——ことを予想させるからである。そのような人たちであれば、インドの時間観を現代

の感覚で解釈するのは危険だ、という心づもりで文献の読解にあたることができるだろう。実際のところ、時間のような基礎概念中の基礎概念ともいうべき事柄について考察するにあたっては、そうした心づもりでもない限り、視点の違い、見立ての違いに気づいてそれを抽出することはできないだろう。

さて、今回の共同研究に参加するにあたって、筆者はインド仏教における時間観を扱った論考を集めあらためて目を通してみたのであるが、上述のような基礎概念における感覚の違いについては十分な注意を払わねばならないことを学んできているインド仏教の研究者たちにとっても、「時間」というテーマはとりわけ扱いの難しいものだということができそうである。とくに、「三世」に関しては特別な注意が必要で、文献上に上記の順で並んでいるものを、ほとんど意識しないまま「過去→現在→未来」と読み替えて解釈していると思しきケースがまま見られる。もちろん多くの場合では、そのことが解釈に影響を及ぼすということにはなっていないのであるが、時にその読み替えが、非常に重要な教義の解釈に影を落としているような例も少なからず存在しているのである。そして、その最も顕著なものが以下の「三世実有・法体恒有」の例であろう。

「三世実有・法体恒有」は、アビダルマ仏教を代表する学派・毘婆沙部（説一切有部）の中心教理を標語的に表現した言葉であり、従来、「三世に実有なれば法体は恒有である」と読み下されて、同部派の法体実在論を端的に表した言葉と一般に説明されてきた。二句からなるこの表現の前半部を「三世に実有なれば」、すなわち過去／現在／未来すべての位相において実在するから、と理由の意味に読んで後半部の解釈につなげ、後半にある「恒」の字に三世を貫き自己同一性を保持する事物の存在を読み込んで、これを「法体」の定義と理解したのである[1]。

ところでこの表現であるが、毘婆沙部のものとされるインドの原典や中国における註釈書の中には、三世実有と法体恒有という表現が一カ所につながって用いられている例は見出されないことが明らかになっている[2]。そうだとすれば、この二句が連続して書かれていることを前提にした読み方は不可能ということになる。つまり、前半の句を後半の句の理由とするような読み方は少なくとも本来的なものではないのである。

ではどう読むべきなのだろうか。アビダルマ仏教の権威である佐々木現順博士によれば、この文言は「三世は実に有り、法体は恒有である」と素直に読む

か、どちらかを理由と取るのであれば、むしろ「法体は恒有なれば、三世は実に有る」と読むべきであり、法体（＝自性）が恒有であるからこそ、時間の三つ分位が存在しうるのだ、と理解すべきものと解説している3)。これはたとえば「断滅した煩悩（過去世）」、「将来生じる煩悩（未来世）」、「現起している煩悩（現在世）」といった存在が想定されるときに、それら三つの位相において語られる事物がすべてそれぞれに実在（asti）であるとすべきことを表明するものであって、それら三つの分位を貫いて存在する永遠の法体が実体（dravya）として想定されると述べるものではない。三世実有とは文字通り「三世は実有である」ということ、また過去／未来／現在の三つの分位についての認識が、どれも実在を対象としてもつということを言わんとするものなのである。

　さて、仏教の教理学では「認識の対象となるものが存在である」という存在の定義が諸学派共通の公理として承認されている。そしてこの公理に則る限り、三世それぞれが認識対象であるとする「三世実有・法体恒有」の説は当然、佐々木博士が示した上述のような解釈となるはずなのである。しかしながら現実には、仏教研究者のあいだにおいてすら、三世を貫く恒常なる法体が存在するという理解の方が一般化してしまっているのである。どうしてこのようなことが起こってしまうのか。その背景を我々は考えてみる必要がある。

　一つの可能性としては、時間を過去→現在→未来とみる捉え方が、他の可能性に思いいたる余地を与えないほど強固に我々近現代人のあいだに確立してしまっているということが挙げられるかもしれない。冒頭で話題にしたように、本来インド仏教が想定する時間の枠組みは過去世／未来世／現在世という並びによって示されるようなものであり、現代人にとってなじみのある過去→現在→未来という直線的な流れを想定するものとは根本的に異なった時間観念の上に立てられたものである可能性がある。ただ、仏教学者といえども現代の言説空間に生きる人間であり、その思考はかなりの部分、常識的な枠組みを一般人と共有しているはずである。つまり、現代人の思考回路のうちに、過去・未来・現在という文言を目にしたとたん、過去→現在→未来という一連の流れに自動で変換してしまう作用が備わっているとすれば、専門の研究者であってもその影響を知らず知らずのうちに受けてしまうということは、ある意味避けられないであろう。直線的な流れを想定する時間観念はそれほど深く現代人の思考に根を張ってしまっているということなのかもしれない。

　三世の並び順を例にとっての時間感覚の比較についての話は以上であるが、

インド仏教の時間観に関する考察に先立ってこうした例を紹介したのは、たんに現代のインド学者の上げ足を取ろうということではもちろんない。「時間」は、他のさまざまな認識・判断の土台となる基礎的な概念であり、人間にとって先験的であるがゆえに普遍的なものと当然のごとく考えられているけれども、そうした基礎的な概念こそ盲点となりやすいということを、時間そのものの考察を始める前に指摘しておきたかったのである。

じつはそのことは、ここで我々がインドの時間論をあえて検討する意義ということにもつながってくる。近現代の西洋哲学の展開の中で、すでにいくつもの定評のある時間論が提唱されてきたことを我々は知っている。しかしながらそれらが、時間をどのようなコンテクストのもとで捉えるかという前提において同じメタ認識を共有しているとしたら、仮にそれらが個々にどれほど違った見かけをもっていたとしても、本質的にはすべて同じ方向を向いた「同工異曲」のたんなるヴァリエーションにすぎない、といった事態になっていることもおおいにありえよう。この与件的な文脈をともにするという、いわば時間論に潜在する理論負荷性は、地域的・時代的にまったく異質な感性と世界観のもとで展開した理論と対照させ比較する機会でもない限り、明るみにでることはないだろう。本章において、考察の洗練度においては劣る部分もあるであろう中世インドの時間論を、他の章において論じられている最先端の西洋的時間論と並べて提示することに意味があるとすれば、それはまさにその盲点の可視化にこそあると考えるのである。

8.2 仏教の時間観

さて、「時間」の実在性について問われたとしたならば、仏教教理の立場からはどのような答えが返されるだろうか。時間とはなにか、という問いは仏教の中心的な関心領域から離れるため、インド仏教の典籍において、こうした問いが真正面から取り上げられ論じられることはないであろう。ただ、現代人が素朴に意図するところの「時間」というものについて、その存在性の当否を往時のインドの仏教学僧に尋ねたならば、その回答はおそらくこのようなものになるだろう。

(1)「時間そのもの」はいかなる意味でも把握されない。
(2) そうだとすれば、それは反省的な思考によって構想された観念である。

(3)「一切の構想された観念は無自性・空である」(公理)
(4) したがって、時間もまた無自性・空である。

　無自性・空がなにを意味するか、については後述することにして、ここで注目すべきは知覚根拠となる基体をもたない認識対象はすべて無自性・空とみなすことができるという考え方である。つまり、結果としてできあがった観念が我々の知覚とどんなに整合性をもって認識されたとしても、作られた観念である限りにおいて、それは必ず無自性・空なのであり、時間についてもそれは例外ではない、ということである。
　筆者自身も含めて、現代人にとって、「時間は実在しない」というこの主張は、たしかにどことはなしに違和感を覚える考え方ではある。ただ、理屈自体は通っている。こうした場合、違和感があるのだとしたら、その原因は主張の側にではなく、我々の常識の側にこそあるかもしれないと疑ってみることもできるのではなかろうか。天動説／地動説の例を挙げるまでもなく、日常感覚に沿うものがつねに正しいのではないことは、それこそ科学の歩みが証明してきたことでもある。

8.3　現代人の時間感覚の正体

　「錯覚」であったとしても、時間の実在をありありと感じる感覚が疑いようもなくあることは事実である。ここで、主観の側にできあがってしまっているこの常識的な感覚を解体するために試みてみるべきことは、「錯覚」であるかもしれないその常識的な感覚がどういうしくみのもと成立しているか、ということを検討してみることであろう。当の常識的な観念がどのようにできあがっているものなのかを合理的に説明できるのであれば、少なくともその説明の方が素朴な感覚よりも真実に近い可能性があるからである。仏教が「時間」についていかなる思索を展開しているかを検討する前に、その準備段階として、検討する我々の側が現在どのような時間感覚をもっているのかということを確認しておくこととしよう。ここでは、現に我々がもっている時間感覚を押さえた上で、当の感覚を成立せしめる上で不可欠な条件はなにかという方向から考察してみることで、我々がいかなる事態を指して「時間」ということを考えているのか、ということをあぶり出してみることにする。
　さて、時間に密接に関わる現象の筆頭は「変化」であると思われる。我々は

事実として「変化」を認識している。ところで「変化」の認識は、たった一つの知覚像だけからでは導きだすことはできない。というのも変化の認識は一定の幅のある連続した認識像を対象としながら、動きの見られるところと見られないところを識別すること通じてはじめて得られるものだからである[4]。

　ところで仮にたくさんの差異を認識したとしても、それぞれの差異のあいだに脈絡が感じられなければ「変化」の認識とはならない。その意味で、変化の認識には知覚した差異に脈絡を与える基体の認識がなければならない。脈絡、すなわち知覚Xと知覚Yとをつなぐところの継起・連続性の認識を担保するなにかがあってはじめて、知覚Xと知覚Yは変化（A→A′）として把握されるはずだからである。つまり、「変化」の速度が違う複数の対象を観察することが「個物」という観念の成立を促すことになる。さらに、この「個物」という観念に依拠して、「変化」の「基体」の認識が生じるのである。

　そのように考えると、「変化」の認識とは結局のところ、あるものとして特定した「なにか」の上に生じる知覚像の差異を認識するということにほかならないということになる。それは実際のところ、基体となる「変化するなにか」についての認識として生じることになるだろう。そしていま、我々が現に「変化」を認識しているということは、我々が自らの意識の上にのぼる形象を外界に実在する実体として捉えている、ということを裏側から証明しているといえるだろう。このことはまた、我々の意識がたんに外界を写し取るだけのものではなく、対象を知覚から切り離し反省的に捉えることのできる視座と認識プロセスというべきしくみをもっていることをも示唆するものである[5]。

　さて、他のものの変化を認識する中で、翻って我々はそのような認識を統括している存在に思い至ることになる。この、認識そのものから切り離され、客体として反省的に捉えられることになった認識主体を設定基体として「自己」という実体の観念が成立し、その上に、自身がすでに経験した領域としての「過去」と、これから経験することになるはずの領域としての「未来」とが観念的に接合されることになる[6]。この「自己」の観念は、それとは区別されるものとしての外界一般の観念を成立させることになり、また認識の定点としての「いま」となって、「自己」以外の外界の事物の「変化」に対して比較の基準を提供することになる。

　ところで、「変化するなにか」が一つの場合はその事態は「変化」の認識に留まり、時間としての把握は生じないだろう。この「変化するなにか」が客体的

に、すなわち反省において複数同時に把握されたときに、そこに早い／遅いといった、変化の速度の違いに付随する新たな知覚が生じる。それら複数の変化の流れの把握に際して、その背後に共通する変化の流れを捉え、これを抽象して何かに準えながら概念化したとき、そこに変化の共通尺度としての「時」という観念が成立することになる。そしてその「時」は、なんらかの循環する自然現象に準えて理解されるとき、「単位」に規則正しく等分することが可能になり、それにより、計量可能な量としての「時間」（time）ができる。

近代になると「神の視点」——観察者個人に還元されることのない絶対的な普遍／客観の視点——が導入されて、抽象的な時間があらゆる変化を測る一元的な基準としての「座標」として理解されることになる。ここに至って文字通り主客が逆転し、あらたに主となった固定的な時間座標の上を、自分を含めた個物が過去から未来に向かって進んでいくというモデルが成立する。現代人がもつような客観の方を基準とする時間感覚はこの座標としての時間に由来するものだろう[7]。

こうして客観的な「時間」という、個別の事物に依存しない完全に客観的な指標を得たことで、「変化」は一般に速さと持続量とによって一元的に記述されることが可能となった。このことは、より効果的に自然を記述し制御することを可能にした。こうして「時間」は、言語のように、後天的・人為的なものでありながら、透明化してあたかも先天的なものであったかのように、我々近現代人の日常感覚の中に組み込まれていったのである。

以上想定されたように、日常経験の中で完全に機能する共通の基準を得たことで、複数の変化の上に仮設されたものであるという時間観念の由来は忘れ去られ、時間はむしろ個々人の存在に先立って存在する「普遍」として思いいたされることになったのではなかろうか。先天的なものと見えていた時間感覚も、このように考えてみるならば、事後的に構想されたものとしてみることが可能となってくる。そしてこれこそが、本節の冒頭に指摘した「時間」についての錯覚であり、仏教が無自性・空と指摘する観念としての時間なのである。

8.4 インド仏教の認識論の展開史にみる「実体」の解体

インド仏教の基本的な態度として、認識は我々を欺くものだ、という見方がある。そもそも仏教は人間の知性はさまざまに制約を受けたものであると考えている。その人間の知覚が真実をありのままに把握することはないのであり、

その意味で「いかなる認識も欺くものである」という考えが説かれることになるのである。

しかし、そのような欺きにも現実世界との整合性を保っているものと、まったくのでたらめのものという程度の違いがある。このうち、インド仏教の文献の中で合理的な錯覚を指摘する際によく使われる表現に「詮索されない限り好ましい」(avicārita-ramaṇīya) というものがある。我々にとってなじみの深い、「過去」→「現在」→「未来」と流れるものとして表象される時間観念は、我々が感覚的に把握する現実世界のふるまいともよく一致し、日常の経験にてらして破綻の見られないものである。実証主義を足場とし、現実世界の精密な記述を目的としている物理学において「時間」がその記述の道具立てとして不可欠なものとなっていることからも、そのことは明らかであろう。つまり、現代文明の中で暮らす我々が共有している時間観念は、その限りにおいて端的に「好ましいもの」なのは間違いない。ただ、それが真実に「好ましいもの」であるのか、「詮索されない限り好ましいもの」――錯覚――であるのかは、インド仏教的な見方からすれば、慎重に検討してみる余地を残している[8]。

前述の通り、結論的には、仏教は「時間」の実在性を否定する。それは仏教が最終的に「どのような実体も観念であり、その限りにおいて真実には成立しえない」という立場を標榜するに至ったからであるが、仏教とても最初からこの結論を明確にもっていたのではなかった。主観／認識の虚偽性を的確に説明する言葉を得ることは、仏教教理の発展史においても試行錯誤の末に次第に形を得た結論だったのである。

一般的なインド仏教の学説綱要書に説明される学説史によれば、認識論／存在論[9]の分野におけるインド仏教の教理の発展には三つの転換点があり、これにもとづいて、出現順に「毘婆沙部」「経量部」「唯識派」「中観派」という四学派が形成された[10]。

さて、以下に四学派の学説を比較検討してみるのであるが、この学説史は、前節までに見てきた時間の設定基体となるところの「いま」の意識に現前する認識像をどのように説明するか、を共通課題として展開するものとなった[11]。その際の個々にみられる思想展開は、①認識の形象は外界に由来するものか／認識それ自体に由来するものか、また②現に知覚しているのではない認識(記憶や想起)についての対象も実在と認めるか／認めないか、という二つの評価軸をめぐってなされているように思われる。この二つの切り口に注意しながら、

「時間」という観念の非実在という主張に至る思索の展開をたどってみよう。

毘婆沙部の見解

一般に仏教の学説史書[12]において最初に紹介される学派は「毘婆沙部」である。この学派は、我々の認識に現れる形象は外界の事物のもつ相をそのまま写したものであるとし、また、記憶や想起にもとづく認識像も含めて、認識される限りの対象はすべて実在する、と主張するため「説一切有部」という別名を与えられている。外界の事物を認識されるままに実在と認めるという点で、現代人の素朴な外界認識に最も近い立場を唱えているといえるだろう。

この学派は「三世」をすべてを実体と承認している[13]。つまり、直接的には知覚されない「過去世」の事物と「未来世」の事物も、「現在世」の事物とまったく同じ資格において同様に実体とみなしているということである。

事物＝実体とはなにか？

さて、この学派の学説をもう少し広い視点から検討してみよう。この主張は仏教教理学としてはじつのところかなり異質なものということができる。というのも、仏教の教理には「諸行無常」——構成された事物（有為法）であれば必ず生滅する（無常）——という立場が学派を超えた前提となっている。前述のように仏教諸学派の間では「認識はかならず対象をもつ」という基本テーゼが共有されている。この学派では、認識を外界の実在の形象を写すことと考えているから、先の基本テーゼは「認識されるものが外界に（そのまま）実在する」と読み替えられることになる。実際、過去世／未来世という概念は事物の「消滅した後」／「生起する前」に対応して立てられた概念であるし、その場合には現在を存在、過去と未来とは非存在とみるのが一般的なのである。しかしながら「三世実有」というこの学派の中心思想は、上述のように、文字通り三世すべてを実有とするものなのである。一切の事物が生滅するという「諸行無常」というアイデアと過去／未来／現在のすべての事物が存在するとする「三世実有」というアイデアは、少なくとも表面的には矛盾をきたしている。

この不合理は学派内部でも十分に認識されていたようで、毘婆沙部では整合性をつけるために、「実体」の側の定義を工夫して、直接知覚されているのではない対象に対しても直接知覚されている対象と同様の存在性を認めうる仮設有というあり方を認める規定を導入するに至った[14]。

まず、この派では知識を無形象とみて、認識対象（所知）と外界の「事物」は同じものを意味することにした15)。
　その上で、この学派では、概念的に構想された存在「仮設有」と、また概念による構想を離れた本来的な存在との両者に、ともにその存在性を認め、認識されるものについてはすべて実体すなわち外界に実在する「事物」と規定したのである16)。
　次いで、この学派は認識された形象はなんであれ真なるもの（「真実成立」bden grubs：真実在）と受け止めた17)。つまり、認識対象（所知）たる外界の事物の形象は、「勝義」として存在するものであるか、「世俗」として存在するものであるかを問わず、「真実成立」すなわち実在であるとされた。

三世実有の正当化
　さて、仮設有はどうして実在と認めることができるのか。そもそもこの問題の発端は、権威と認める経文に「過去の対象、未来の対象が存在する」とうたわれているなかで、認識はされるものの外界の事物として設定根拠をもたない過去と未来について、その正当性をいかに教理的に理由づけるかという点にあった。
　この点について毘婆沙部は、経典に見られる「意」という言葉に目をつけ、これを第六の感覚器官「意根」として、五感に含まれない事物を対象とする特殊な感覚器官と位置づけた。すなわち意根という第六の器官を正当のものと認めることで、「認識が生起しているならば感官の対象もまた必ず存在している」という言葉の含意を拡張し、五感の対象ではないために、本来的には我々の認識に乗らないはずの「滅してしまったもの」「これから生起するであろうもの」についても、「意根」の対象として実在と承認することとしたのである。その結果、過去世／未来世／現在世という三つの「世路」についても、それぞれ「仮設有」とみなすことが可能になり、「実体」として存在すると承認することが可能となったのである。
　以上が、三世を含む認識される一切の事物を外界の実在と認める立場、換言するならば、「いま」の意識に現前する認識像をそのまま外界に実在するものと認める、毘婆沙部の教理である。ともかくも仏教の認識論／存在論は、直接把握されない過去と未来の存在性をどのように位置づけるのか、という前述の難問にはじめて解決を与えたこの学説を初期値としてとることとなった。後続

各派はこの毘婆沙部の学説を俎上にのせて、修正を加えながら、それぞれの学説を確立していったのである。

経量部の立場

　毘婆沙部では認識対象はあくまで外界にある実在と考えられており、認識とは外界の対象がもつその形象を感覚器官を通じて写し取ることだとしていたのであった。これは前述の評価軸（1）における、形象を外界の事物由来のものとする立場にほかならないが、これに対してもし、認識されている形象は外界の事物に属するものではなく、認識それ自身の中に含まれているものだと考えてみた場合にはどうなるだろうか。その方がむしろ理に合うとして、「自己認識」という説を採用したのが、インド仏教の認識論／存在論における二つ目の展開として数えられている経量部[18]の学説である。

　三世がそれぞれ実有であると認めた場合、いかなる要因が感官によって唯一直接的に知覚される「現在」と、そうでない「過去」・「未来」とを分けているのか、という問題が生じてくる。これは前節に見たように毘婆沙部教学にとってはけっこうな難問であった。毘婆沙部はこれに対処するため、前述のように五根（感官）による知覚と意根による知覚とを分けた上で、「作用」（kāritra）という新しい概念を導入せざるをえなかった。すなわち、作用と結びついている状態を「現在」とし、この状態のみが感官を通じて認識されるのだ、と説明したのである。ところがその場合、その「作用」が結びつくのはどういう場合で、その逆はどうなのか、という新たな問題が生じてくる。そしてこのとき、その場合分けの基準に別の「作用」をもちだせば無限遡及の過失に陥ることになってしまうのは明らかである。

　経量部は、過去・未来に現在と同等の実在性を認める「三世実有」を説く毘婆沙部の立場にある限りこの難点を避けることはできないとみて、直接知覚されない過去世と未来世についての実在性を否認して、あくまで実在は直接知覚の対象となる現在の外界のみとする立場をとることとした。

　この立場をとるにあたって導入されたのが上述の「自己認識」という概念であった。これは、認識上に生じる形象を外界由来のものとはせず、認識そのものに由来するものとみなすというアイデアである。これにより毘婆沙部の「なんであれ認識の対象であれば実体と認める」という態度が修正されることになった。つまり、毘婆沙部が実体の方の定義を調整して、認識されるものはすべ

て実体であるというテーゼを保持したのに対し、経量部は直接知覚されるもののみに実体性を認め、現前していない仮設有についての実体性は承認しないのである[19]。この「自己認識」の導入が仏教認識論の展開における最初の画期となった。

さて、経量部はこの原則を三世の認識にも適用したため、過去世や未来世の現象については実有と認められないこととなった[20]。ところで、「自己認識」説を導入し認識上の形象を認識自身に由来するものとしたのであれば、理屈の上では、外界の事物はいかなる場合においても直接知覚されるものではなくなる。つまり「現在」についても実在とは認められないことになるはずである。しかし、こちらについてはこの部派においても毘婆沙部と同様、実在と認められることとなった。外界の事物は認識の契機として、正理による考察によってその存在が要請される。すなわち、ある形象をもった認識が、あるときには生じ、別の時には生じないというときに、その認識の区別を生じさせる契機として外界の事物の存在は認められざるをえない。このような正理によって推認されるから「現在」は実在と認められるとされたのである。

以上のように、認識対象はすべて実在であるとしていた毘婆沙部の見解に対して、「自己認識」という考え方を導入することで修正を加え、認識の形象と外界の事物とを切り離した[21]ことが、第二の学派・経量部の学説によって到達されたこの段階における理論的進展といえる[22]。

唯識派の立場

ところで、経量部のように「自己認識」を導入して「認識内容はすべて認識そのものに由来する」と規定するのであれば、直接的には決して認識されることのない外界の事物など、そもそも想定する必要はないのではないか。そして、もしそのように外界の存在を完全に黙殺してしまうのであれば、内界／外界という区別そのものが消滅してしまうのだから、認識とは認識それ自体の自己顕現のみということにしてしまえばよいことになる。そのような立場を実際に提唱したのが第三の学派、「唯識学派」である[23]。

この派では存在するのは現に生起している識のみであると考える。したがって、「本無今有」を唱えた経量部の場合と同様、過去世と未来世の実在は否定される。さらにこの学派では独自の論理[24]を考案して外界の実在を完全に否定する。こうして現在の認識の対象についても、外界の実体とは一切認めない

というのがこの立場独自の主張となる。つまりこの派では、「自己認識」であるところの「いま」の認識そのもののみを真実在（bden grup）と認め、そこに現れる知の内容は外界に根拠をもつものではない、と主張するのである。

　経量部の時点ではまだ認識を引き起こす契機として外界の存在を必要と考えていたのであるが、唯識派ではその機能をすべて業（因果関係）という認識内の形象発現の働きに負わせることで、外界の必要性それ自体を否認したということになる。この外界の完全な否認ということが、第三の学派・唯識派の学説によって到達されたこの段階における理論的進展ということになる。

中観派の立場

　四学派の最後に紹介するのは中観派[25]の学説である。この学派の特徴は真実在（bden grup）を一つとして認めない、という点にある[26]。これは、我々が認識において対象として把握することのできる事物はなんであれ、言語表現（「言説」）としてのみ存在しているのであって、対象の側でそれ自身の特質（自性）をもって自立的に成立したものではない、という見解を背景としている[27]。

　なんであれ認識の形象は真実とは認めない、とはいかなる主張であろうか。我々人間は、知覚内容を各自の記憶に照合・同定して認識像を作り上げるのであるが、そうして作り上げられた認識の形象は、——直前の二つの立場が採用していた「自己認識」の理屈がそれなりの論理的妥当性をもちえていたことからもわかるように——かならずしも外界に対象をもっている必要はない。

　ただし一方で、あるときに認識Aが生じ、別のときには認識Bが起こるとするならば、両者が生起する契機を区別するなんらかの違いがなければならない。この点について中観派の説は経量部のそれに近い。つまり形象そのものは認識それ自体に由来するものとしつつも、その契機については外界に求めざるをえないとする。しかしながら、中観派の説の最大の特徴は、経量部が認識の形象と対応する外界の事物とが一対一の対応関係にあると考えたのとは異なり、認識の内容が外界の原因物と直接的な対応関係にあるとは考えない点にある。いうなれば、外界の事物と認識内容は、なんらかのかたちで連動・同期してはいるものの、本来的にはそれぞれ別のものだと主張するのである。

「増益」と「損減」、およびその否定

　「我々には五蘊というプロセスに則して外界に実体を認識する能力が生得的

に備わっている」というのがブッダ・釈尊の教えであった。ただそれは、従来の学派が考えてきたように、外界に存在するなにかを一対一に写し取るものなのではない。それは、「五蘊」という人間特有の認識のプロセスを経て構成された観念的構成物とみるべきだと中観派は考える。

　外界は我々に実体の観念を与える契機であるが、そこに現れた観念像は、現に対象なっている事物とそれ以外の事物とを言語を通じて識別する働きにもとづいて、個々に外界の実相に上乗せされて構想された「幻のごときもの」[28]である。いうなれば、認識上の形象は言語の上のみで成立しているものであって、必ずしも外界に対応物をもつものではないのである。

　本来存在していないものを不当に存在すると捉えることを中観派では「増益」（samāropa）という。一方で、それとは逆に、本来存在しているものを不当に存在しないと捉えることを「損減」（apavāda）という。「増益」されたものは元来それとしては存在していないので、個別・仔細に観察されること（pratyavekṣā）で——ちょうど芭蕉の葉が一筋ずつ葉脈にそって割かれていけばやがてはその形を失ってしまうように——上辺の形象を失うことになる。中観派はこの理屈を敷衍して、我々の認識に乗る一切の事物は、仔細に観察されたならば、言語的に構想された概念的形象である「自性」を失うことになると説く。この事態を「一切法無自性」というが、じつにこの「一切法無自性」を悟ることこそが仏教思想の核心とされている「空」の智慧なのである。

　認識に現前する事物の形象にもとづく実体の観念を「増益」だとして廃し、一切の事物を無自性・空とみることを、中観派では「一切法は勝義として無い」と称する。一方この学派では、唯識派の外界否定のように、認識の対象はいかなる意味でも存在していないとするがごとき見解を「損減」として廃し、一切の事物は言語表現されるさまざまな日常的な判断に沿うかたちで存在している、とみて「一切法は「言説」[29]として有る」と主張した[30]。このように「増益」と「損減」という両極端な二つの不当な見方を廃して、対象一切を、無自性であるが縁起する存在として見る見方を「中道」といい、それを自らの立場とするものを「中観派」と呼ぶのである。

　さて、言語上の表層的なものであったとしても、概念としての「いま」が措定されれば、その相待概念である過去や未来も概念的に設定されうる。したがってこの学派においては、外界の事物も三世も、「言説」のレベルにおいて「効果的作用」をもつ実在として認められている。それらは仔細に検討されれ

ば設定根拠となる対応物を失う虚妄なものではあるが、我々の日常的な経験に逐一対応しているという点で、実効性のあるものなのである。このことを指して、この学派では「あらゆる事物は幻のようなものとして実在している」と説いている。

　仏教認識論史上の第三の画期をなす中観派の説の核心は、我々の認識を、外界を写しとる働きとは見ずに、言語的に構造化された独自のプロセスとみなした点にある。すべてを仮設有であり「詮索されない限り好ましい」とみるこの見立てによって、仏教は「事物の実体視」という、我々の認識にありありと現前するリアルな世界像を解体してあらゆる現世的な制約を超越する視座を得たのであった。

8.5　むすび──時間論はなぜ「いま」の実在の問題となるのか

　以上、インド仏教の認識論／存在論における学説の展開史を追うことで、我々の時間観念を裏支えしてきた「事物の実体視」がどのように解体されてきたかを見てきた。この仏教的な捉え方に対比させてみることで、我々現代人の時間観念はどのように相対化されるだろうか。

　まず、インド仏教においては「時間」が過去→現在→未来という一方向への流れとして理解されていないということについての気づきを手がかりとすることで、逆に我々現代人の時間観念が外界の事物の実在という確信に依拠したものであることを照らし出すことができたと思われる。「時間」はその外界に実在する種々の事物の変化の把握の上に共通座標として抽象された観念なのであり、それは認識の現前を意味する「いま」の明証性に依拠した仮象なのである。

　インド仏教の認識論の学説展開史は、いうなればいままさに現前している外界の事物の実在という確信を解体する試みであった。そこに現れる個々の学説の妥当性についてはさまざまに検討される余地を残しているだろうが、そうした思想的な試みの展開史を知ることは、少なくとも我々現代人が素朴に常識としている「時間」の捉え方が、「時間」ということの本質について考える上での唯一の捉え方ではないということを気づかせてくれるのではないだろうか。

　「時間」や「存在」に対する今日の常識的な捉え方を極限まで精緻化する方向で進んでいるのが、実証主義（positivism）を足場とする現代科学であり、その極北としての物理学であろう。事象に対する無矛盾な記述の追求こそが物理学の目標であるとすれば、考察対象であるところの事象の構成要件である事

物の実在は疑う余地のない前提中の前提とされる事柄ということになる。物理学がもつ現実世界における実用上の有効性が変わることはない。仮に我々が事物の実在性を否定する仏教的な見方を是認したとしても、物理学は変わらず現実世界の振る舞いを最も良く説明する手段としての有効性を保ちつづけるのである。

ただここで指摘したいのは、そのあまりにも明白な有効性こそが、現代の科学的知見がかならずしも確実なものではない「いま」の明証性という信念の上に足場を求めていることを見えなくし、結果的に、科学的なもののみならず、哲学的なものをも含めた現代のあらゆる知見をその重力圏のうちに絡め取ってしまうように働いているのではないか、ということである。

仏教はもともと、そうした実用的な知見をあらしめる認識のしくみこそが苦の元凶であるとの反省に立って、そこからの超越を目的に説かれた救済論的な言説であり、その目的の違いのゆえに自ずと実証主義とは別の視座をもつこととなった。客観・実証を旨とする言説が行きつくところまで行き、その展開に行き詰まりの影が見えかくれする今日、その実証主義的立場の根底にある「いま」の明証性に疑義を投げかける仏教の視点は、普段はそれと気づくことのない前提を明るみに出し、我々現代人が思想という営みを次の段階に止揚するためのアンチテーゼとして機能しうるのではなかろうか。仏教思想を現代思想のさまざまな領域と対峙させて論じる意味は、まさにそこにあると考える。

注

1) "三世実有 法体恒有"は、たとえば一般事典には「部派仏教のうちの説一切有部の説。諸法はわれわれの意識のなかに現れたり、現れなかったりするが、法そのものは過去、現在、未来を通じて存在し、自己同一を保っているという説。」(ブリタニカ国際大百科事典小項目事典) と説明されている。仏教辞典にも「説一切有部の主張する説。一切の有為法は三世にわたってその体(自性)が実有である、即ち実在するということ。」とあり、本文に紹介したような読み方が一般的となっていることがわかる。

2) 加藤宏道「三世実有法体恒有の呼称のおこり」(『印度学仏教学研究』22-1, 1973, pp. 343-346)。

3) 「三世実有・法体恒有」の本来の読み方については佐々木現順「三世実有・法体恒有―時間と存在―」(『原始仏教から大乗仏教へ』清水弘文堂、1978 年) p. 228 に簡潔に説明されている。なおこの文言の解釈に関する議論については、同氏の別著『仏教における時間論の研究』(清水弘文堂、1978 年) pp. 186-189 に詳しい。

4) したがって逆に、対象が「止まって見える」ほどに集中して知覚内容に没入していると

きであったり、自分自身も含めて周りにまったく動きがない場合、原理的に我々は「変化」を感じることがない。試みに、同じ対象を撮影した静止画と動画を同時に見比べる場合のことを想像してみよう。このとき静止画の方では「時間」が止まっており、動画の方では「時間」が流れていると感じられることであろう。両者の違いはまさに対象の像が静止しているか、動いているかであるし、そのことはまた、同じ単位時間に対象からどれだけの差異を知覚したかの違いと言い換えてもよい。つまり、知覚像の差異の認識がなければ、そこに時間という認識は生じないのである。静止画はその意味で文字通り無時間的なのであり、観察継続時間が5分であろうと、5時間であろうと、そこに違いは生じない。余談になるが、これを敷衍すれば、禅仏教などにいう主客未分の状態における時間感覚の喪失という事態にも説明がつくだろう。すなわち、「自己」という感覚がなくなるほどに認識対象に没入し、対象と一体化した主客未分の「純粋経験」状態にあっては、その没入・一体化のゆえに、仮に対象に変化が生じていたとしてもその変化は観察されない。その場合、時間という感覚は消失しているはずである。

5) 仏教ではこのプロセスのしくみを「五蘊」という。「五蘊」とは色蘊・受蘊・想蘊・行蘊・識蘊といわれる五つの概念の総称で、認識のプロセスという文脈で言及される場合、色・形として目に映る「色蘊」に感覚器官を介して接触した認識主体が、受蘊（好悪の感受）／想蘊（表象の受了）／行蘊（記憶との照応）を経て最終的に識蘊（識別）に至る、と説明するのが一般的である。ただし筆者はこの説明はプロセスの見方が逆だと考えている。つまり、現に外界の事物として把握されている認識像は、外界に実在する事物の姿・形が感覚器官を通して受像され、所定のプロセスを経て識別されているのではなくて、むしろ、認識に先立って概念的に切り分けられた「識別されるべき認識像」というものが存在していて、それがさまざまな機縁に応じて外界に投影されていると理解するべきだろう。この逆転した見方こそが、認識や存在を徹底して主観の側から捉えるインド仏教の認識論／存在論の基盤となっているのであり、後述する仏教諸派の認識論／存在論、とりわけ中観派の空や無自性という主張を理解する鍵になっていると思われる。

6) この反省を介した「変化」の概念的把握が、空間化された時間の観念をもたらすのではなかろうか。つまり、「実体」Aの上で知覚Xと知覚Yが連続して認識される場合を想定して、知覚Yに意識を置いて——すなわちこちらを「いま」として——すでに消滅した知覚Xを評価すれば「過去」となり、翻って知覚Xに意識を置いて、直後に来ることがわかっている知覚Yを評価すれば「未来」となる。「いま」は本来意識のある／なしに関わり設定された媒介項であるといえるだろうが、反省という概念操作によって「意識のある／なし」という条件を「いま」から切り離すことで、主観と切り離された「現在」という観念を取り出せば、ここに「過去」→「現在」→「未来」という連続が観念的に取り出されることになる。このような概念操作を通じて、基体となる「実体」における変化が一方向への不可逆な流れとして直線的に配列されることこそ、「時間の空間化」という事態であると考えられる。逆に、そのように空間化された時間観念の上にのって、「現在」に対してあらためて意識を置きなおすことで「いま」ができあがる。つまり、「いま」は時間の空間化の後に措定されるものなのである。この比較の基準となる明晰判明な自己の存在こそが「時間」という感覚を裏支えしている。つまり、この認識は自己の明証性に支えられている。

7) ルネサンスが一点透視図法という技法を導入して、世界の統一的な像という概念を現実化し、それが広まって標準化したように、あらゆる存在に共通する「変化の座標」として導入されたのが時間であるといいうる。共通の尺度という考え方は西欧近代の産物であり、またそれを特徴づけるものでもある。

8) 現実世界の挙動との一致ということが真理とされる科学技術の世界にあっては、真理の探究とは実在の無矛盾な記述ということに落ち着くことになろうが、救済論的な観点から凡人の素朴な世界認識それ自体を顚倒したものと捉える仏教では、現象世界と無矛盾な記述はかえって苦の源泉であるとみなされ、解消されねばならないものと考えられている。
9) 仏教学派すべてに共有されている基本テーゼに「認識はかならず対象をもつ」というものがある。これは「認識されるものが存在である」と読み替えられて、認識されることが存在の指標と考えられるようになった。したがって、インド仏教においては「なにが認識されるか」と「なにが存在するか」はほぼ同義とみなされる。つまり認識論と存在論は一体のものなのである。
10) 上註9のテーゼはブッダ・釈尊の残した教え（経文）に由来する言葉であるため、仏教教理である限りにおいて正面からこれを否定することは許されない。したがって、各学派はそれぞれの視点から教理体系を構築していくなかで、このテーゼに新たな解釈を施すことでみずからの体系内に位置づけた際の整合性を確保しようとした。その営みを通じて教理学の史的展開が生まれることになったのである。
11) 過去や未来は「いま」（＝現在）の相対概念であるから、「いま」に現前する実体の認識を肯定すれば時間の流れは構築されるし、否定すれば過去、未来という概念そのものも設定基体を失って否定されることになる。その意味で、時間観念の成否は「いま」に現前する認識像の実在を論証しうるか否かにかかっている。
12) 以下下線をつけた部分は学説綱要書からの引用である。類書は多く存在するが、ここでは原書についても翻訳類についてももっとも入手しやすいと思われるクンチョク・ジクメワンポの著作 Rin po che'i phreng ba（『摩尼宝鬘』）を用いた。訳文は文殊師利大乗仏教会版に依るが、適宜改変を加えている。煩瑣を避けるため、注記箇所は必要最小限にとどめた。
13) 〔過去・現在・未来の〕三世は実体であると主張している。壺は壺の過去時にも有り、壺は壺の未来時にも有ると主張しているからである。(『摩尼宝鬘』p. 21：以下同じ) とあり、過去時の事物、未来時の事物を実体と承認する。
14) 自己認識を主張せず、外部対象が真実成立 bden grubs であると主張する小乗の学説論者、これが毘婆沙部の定義である。(p. 18)
15) インド思想、とりわけインド仏教思想において、実在と認定される基準は「効果的作用能力」（arthakriyā）を備えているか否か、ということである。これは物理法則に照らして予想されるところの振る舞いをする、すなわち物理法則に対して無矛盾ということに大体対応する。学派の根本思想である「認識の対象となっているものはすべて存在と認めうる」という理屈にしたがって、「本来的に存在するもの」（実体有 rdzas yod）も、それに依拠して「分別により構想されたもの」（仮設有 btags yod）も、この派では等しく「事物」として認めるということである。
16) 今述べた、「本来的に存在するもの」（実体有 rdzas yod）と、それに依拠して「分別により構想されたもの」（：仮設有 btags yod）の区別は勝義／世俗の二諦に対応している。
　打ち砕かれたり、知覚によって各々の部分を取り払った際、それ自身を捉える知覚が捨て去られ得る法として観察されるもの、これが世俗真実（世俗諦）の定義である。定義基体は、たとえば土壺や数珠である。土壺を槌で打ち砕いた時、土壺であると捉える知覚は捨て去られるからであり、数珠の珠をそれぞれ取り払った時には数珠であると捉える知覚は捨て去られるからである。打ち砕かれたり、知覚によって各々の部分を取り払った際、それ自身を捉える知覚が捨て去られ得ない法として観察されるもの、これが勝義真実（勝

義諦）の定義である。定義基体は、無方分極微・無刹那分認識・無為の虚空等である。……このことにより、諸々の世俗真実は勝義として成立していないが、真実としては成立している、と主張している。何故ならば、この教派は、事物であれば必ず真実成立である、と承認しているからである。(p. 19-p. 20)

上記の説明からこの学派では、物理的に打ち砕いたり、思考によって部分に分けようとしてもできないもの、すなわち合成物ではない要素のことを「本来的に存在するもの」とみなして「勝義有」としていることがわかる。「世俗」とは、したがって、それ以外の、われわれが素朴に認識の対象とする「事物」全般ということになる。

17) 「真実成立」と事物の関係については以下のように説明される。
実用性の有るもの、これが事物の定義であり、有・認識対象・事物は同一対象である。……事物であれば必ず真実成立 rdzas grup であるが、〔事物であるからといって〕実体有 rdzas yod であるという訳ではない。何故ならば、勝義真実・実体有 rdzas yod は同一対象であり、世俗真実・仮設有 btags yod は同一対象であると主張するからである。(p. 19)

18) 経量部という名称は、毘婆沙部が『大毘婆沙論』という論書に依拠して学説を立てていたのに対し、この部派が同論書を権威と認めず、経典のみを根拠（量 pramāṇa）とする立場をとったことに由来する。

19) 毘婆沙部が「勝義」、「世俗」いずれも実体と認めていたのに対し、経量部は「勝義」だけを実体と認め、言葉と分別によって仮設された認識対象である「世俗」は非実体とするのである。
言葉と分別によって仮設されたものに依存しないで、対象それ自体の実相の側から、正理による考察に耐えるものとして成立している法、これが勝義真実の定義である。実体・勝義真実・自相・無常・有為法・真実成立、これらは同一対象語である。分別によって仮設されただけのものとして成立している法、これが世俗真実の定義である。非実体法・世俗真実・共相・常住・無為法・虚偽として成立しているもの、これらは同一対象語である。(p. 31)

20) 引用文中に「現在・実体は同一対象である」とあるように、この学派にとって実体としての存在は「生じているが滅していない」現在世についてのみ言いうることであり過去世、未来世についてはそうではないのである。
何らかの別実体であり、それ自身が成立した時の第二刹那の時点に滅している部分、これが過去の定義である。何らかの別実体であり、それ自身が生じる原因は有るけれども縁が充分ではないことによって、ある特定の場所と時間で未だ生じていない部分、これが未来の定義である。生じているが滅していないもの、これが現在の定義である。過去・未来の二つは仮設有であるが、現在・実体は同一対象であると主張している。ある実体の過去はその実体の後に成立しており、ある実体の未来はその実体の前に成立しているものである、という峻別をする必要がある。(p. 33)

21) 自己認識が導入された場合、認識は「対象と感官の接触という同時縁起的なもの」ではなく、「前刹那の意識から次刹那の意識への因果相続的なもの」としてモデル化されることになる。現在の認識の内容が前刹那の認識の内容を引き継いだものだとすれば、外界の事物は想定する必要はなくなる。こうして認識と外界の事物が切り離されることになるのである。毘婆沙部の「三世実有」説を明確に否認する経量部のこの立場は「本無今有」の説といわれる。

22) そのことにより、過去についての認識は「記憶」として、未来についての認識については「予測」として、いずれも現在の意識の上に想起されている間に限って実在とみなされ

ることとなった。結局のところ、実在するのは「いま」の認識とその契機となった対象だけということになる。いうなればこの立場は、インド仏教的な「現在主義」ということになるだろう。
23) 何故「唯識派」と呼ばれるのかと言えば、一切法は心を本質としているだけのものであると論じるので「唯心派」「表象派」なのであり……(p. 43)
　　引用中の「一切法は心を本質としているだけのもの」という表現によって、この学派が三世と外界の事物の双方を二つながらに否定していることが示されている。この立場では、過去世・未来世の対象として現れる認識も実際には現在の識の「自己認識」にほかならないとするため、過去世・未来世を実在としては立てないのである。
24) ヴァスバンドゥ（世親）『唯識二十頌』に説かれる唯識観がそれであり、「唯識学派」という学派の名称もこれに由来する。なお、ここに紹介する四学派のうち、後半の二学派は大乗に属する学派とされ、前半の小乗二部派とは区別される。大乗と小乗は、認識論の文脈では、外界の事物を実在と認めるか否かで区別される。小乗はこれを認める立場であり、大乗は認めない立場である。
25) 「中観」という名称の由来については、
　　なぜ「中観派」呼ばれるのかといえば、常・断の二辺を離れた中を承認するので「中観派」なのであり、諸法には真実成立の自性が無いと説くので「無自性論者」と言われるからである。
とある。「中道」「中観」の意味するところについては本文中に後述する。
26) 真実成立の法が微塵ほども無いと承認する仏教学説論者、これが中観派の定義である。
27) 認識される形象をそのまま外界の実体と認めた毘婆沙師は言うにおよばず、「自己認識」を認め、認識を外界と切り離して認めていた経量部、唯識の両学派も、──形象がなにに由来するかについての見立てにこそ違いはあれ──認識が何かしら根拠をもって成立しているものであることそのものについては疑いをもっていなかった。しかし中観派はいかなる認識も認識である限りにおいて必ず「偽」なるものであるとする。この点が他の三学派との根本的な違いということになる。
28) 「幻」は、虚妄ではあるが、原因をもって成立し、人に行動を起こさせる実際的な効力をもつもの、の謂いで、こうした場合のたとえとして用いられる。
29) この学派が説くところの「いま」として顕現している認識内容は、本来的には分節することのできない外界の実相を、言語の働きを通じて、我々の日常的な判断に沿うかたちで表層的に分節することにより得られたものということになる。この表層的にそれ自体で完結している世界が「言説」あるいは「世俗」と呼ばれた。
30) 一切法は「言説」として有る、ということによって断辺を離れており、〔一切法は〕勝義として無い、ということによって常辺を離れている。(p. 16)

[第 8 章◆コメント]
「いま」という時からの眺め

佐金 武

1 現代哲学から見たインド仏教

　西洋の文脈において哲学になれしたしんできた我々が、異なる文化の思想について検討する際、とくに注意を払わなくてはならないことがある。それはすなわち、すでに自分たちが手にしている概念枠組みを不用意にあてはめて理解したつもりになることだ。表面上の類似性に惑わされてはならない。しかし、それはなにも異文化の理解に限ったことではないだろう。同一の文化の内部においてさえ、明示的に述べられた主張の多くが一致することは、同じ世界観が共有されていることを保証しない。主張の大部分が一致していながら、それらが根本的に異なる理由にもとづいている可能性はつねにある。あるいは逆に、形式的にはいくつかの意見の不一致があるものの、見ている世界はほとんど同じということも十分にありうる。当たり前だが、これは重要な事実ではないだろうか。

　さて、佐々木論文に対する私のコメントは本文とは逆の順序をたどる。まず、その後半部のテーマとなっている、「実体の解体」に至るインド仏教の四つの教理について、西洋哲学の観点から私なりの整理を試みる。その結論は少し意外なものかもしれない。インド仏教におけるさまざまな思想の形成と西洋哲学の弁証法的展開には、多くの共通点や類似性が見られるにもかかわらず、少なくとも「現在」という中心概念の理解に関して、看過できない大きな相違があることを指摘しようと思う。このことはたしかに、現在という概念の切り出し方が二つの文脈でまったく異なることを示している。だが、これらの文脈が共約不可能なほど根本的に断絶していることを意味するわけではない。いずれの文脈でも同じように、現象としての私のいま（主観的現在）における変化（時間が経過するという感じ）が幻覚のようなものかどうかという問題を提起することができる。これは佐々木論文の前半部に関連する重要なトピックであり、本コメントでは私なりにそこを掘り下げて考えてみたい。

2 外界の実在と私の現在をめぐって

　佐々木論文に紹介されているインド仏教の四つの教理とは、①毘婆沙部、②経量部、③唯識派、そして④中観派であり、これらが実体の解体に至る思想の歴史としてコンパクトに整理されている。以下、順に要点を確認しよう。まず毘婆沙部は、記憶や想起を含む、認識される限りの対象はすべて実在すると主張し（説一切有部）、三世（過去世、未来世そして現在世）をすべて実体とみなす（三世実有）。外界の事物は実在すると主張する毘婆沙部の立場は単純な実在論のようにも聞こえるし、時間に関しては、過去、現在そして未来がすべて等しく存在すると考える永久主義と大きな相違はないように思われる。

　これに対して経量部は、認識されている形象は外界のものではなく、認識それ自身の中に含まれると考える。つまり、認識に生じる形象は認識そのものに由来する。また、外界の事物は実在するが、その存在は認識を生じさせる契機として正理によって推認されるといわれる。ここまで聞くと、経量部の考えは現代のセンスデータ説（知覚の直接の対象は外界の事物ではなくセンスデータとする考え）に近いようにも思われる。他方、この立場は認識に現前するものだけに実体性を認め、現前していないものについては実体性を認めない。それゆえ、実在は直接知覚の対象となる現在の外界のみとされる（本無今有）。現在の外界のみが実在するというその主張だけを取り出せば、これは現在主義とよく似た見解であるように思われるかもしれない。

　次に唯識派によれば、認識とは認識それ自体の自己顕現である。外界の存在を完全に黙殺し、内界と外界という区別それ自体を解消する唯識派の立場は、バークリーの観念論と重なる部分も多いのではないだろうか。唯識派もまた、存在するのは現に生起している識のみであり、過去世と未来世の実在を否定する。その点において、これは永久主義の否定であり、現在主義の一形態であるように思われる。ただし、現在の認識の対象についても、それは外界の実体としては認められない。存在するのはあくまで現在の認識のみとされる。

　最後に、中観派の考えはより繊細で捉えるのが難しい。我々が認識において対象として把握する事物はなんであれ、言語的に構想されたものにすぎず、いずれも対象の側でそれ自身の本性をもって自立的に成立したものではないといわれる。なんであれ認識の形象は究極的には真実とは認められない（一切無自性）。形象は認識それ自体に由来する一方、外界や認識の対象は存在しないの

でもない。実体をもたない虚妄であっても、我々の日常経験において実行性があるならば、その限りでの実在性は認められる。一切法は言説としてあり、あらゆる事物は幻のようなものとして実在している。対象をすべて無自性でありながら縁起する存在とみる考えを「中道」というが、中観派と呼ばれる由縁はここにあるらしい。このような考えはどこか、20世紀前半の言語哲学において支配的だった反形而上学の思想を彷彿とさせるかもしれない。

　さて、仏教の思想的変遷は一面では、現在の認識の唯一性に向かう運動であるように見える。現代時間論の枠組みを素朴にあてはめるなら、毘婆沙部を除くすべての教理はそれぞれ現在の認識を他に並び立つものがないものと捉えており、この一連の思想のうねりを永久主義からよりラディカルな現在主義への移行として理解することは自然に思われるかもしれない。しかし、これはいささか表面的な理解である。まず、現代形而上学における現在主義が問題とするのは、たまたま私をその一部に含むいまである。この意味での現在は、仮に私が存在しなかったとしても成立するはずであり、それゆえ、現在主義においてなにが現在であるかは客観的な事実とみなされる。そして、過去や未来と対比される、現在の客観的実在性とその唯一性が問題の核心となる。

　これに対して、仏教における現在主義（このように呼ぶことが許されるなら）はそうではない。そこで語られる現在は徹頭徹尾、自己の認識と結びついている。つまり、私が認識するいまが問題なのである。その議論は一見、主観的な事実と客観的な事実を混同しているように思われるかもしれない。時間に関する議論にのみ着目するなら、たしかにそう見える。しかし、実在と現象をめぐるより広い哲学の文脈で捉え直してみるとどうだろう。仏教的な思考はつねに現在の私の認識から出発し、実在におけるその根拠を問うという仕方で展開される。実在論（毘婆沙部の説一切有部）から二元論（経量部のセンスデータ説的な実在の捉え方）、一元論（唯識派のバークリー的観念論）を経て、反形而上学（一元論でも二元論でもなく、一切法は言説としてあるという中観派の考え）に至る思想的変遷を仏教の歴史に読み込むことが許されるなら、たまたま私を含むいま（客観的現在）ではなく、私が認識するいま（主観的現在）がよりシリアスな問題としてクローズアップされるのも頷ける。我々の認識とは独立の世界の実在性（それがどのようなものであれ）が疑われ、形而上学的な探求が手探りで行われるしかないところでは、現在の問題が認識論的な関心と結びつくのは不可避

であるように思われる。

3 時間経験に関する誤謬説と無経験説

　仏教における現在主義は現代形而上学のそれとは大きく異なる。というのも、後者が実在それ自体について語りうることを前提とするのに対して、前者はむしろ認識と実在の関係を考察のターゲットとするからである。ところで、仏教における時間論の起点は形而上学ではなく、むしろ認識論や現象学のレベルに位置づけられるとすれば、時間の非実在性はいったいどのようにして導かれるのだろうか。時間に関する認識論や現象学から出発して、そこからなにか形而上学的な帰結を導くことなどそもそも可能だろうか。二つのルートが考えられる。その一つは「誤謬説」であり、我々の時間経験は錯覚だと論じる。もう一つは「無経験説」であり、（常識に反して）我々はそもそも時間を経験しないと論じる。いずれの場合も（いくつかの補助的な前提を必要とするが）、我々の時間経験に対応するものは実在せず、時間はある種の虚妄と結論される。

　佐々木氏の前半部の議論は、仏教が誤謬説と無経験説のどちらの立場をとっているかを明確にはしていない（あるいは、それに関して統一見解はないのかもしれない）。一方では、時間そのものは認識されず、反省によって構想された観念にすぎないといわれる。この考えをさらに推し進めれば、無経験説に行き着くだろう。他方、我々は実生活において時間の実在をありありと感じるが、それは実際には錯覚であるともいわれる。これはむしろ誤謬説を示唆しているように思われる。誤謬説と無経験説のあいだで揺れるこの落ち着きの悪さを、我々はどのように理解すればよいのだろうか。ここでは、少しばかり私なりの思弁を試みたい。

　私が理解するところでは、無経験説の時間の非実在性論証は次のような形式をとる。

(1) 時間は同一の対象の変化に存する（と一般に考えられている）。
(2) しかし、我々は実際には同一の対象の変化を経験（知覚もしくは認識）しない。つまり、我々は時間を経験しない。
(3) 時間が実在するならば、それは経験されなければならない。
　よって、時間は実在しない。

第一の前提は、時間をどのようなものとして想定するかに関わる。第二の前提は、その想定に適合する時間を、我々は実際には経験しないと述べる。第三の前提は、時間の経験とその実在との一致、あるいは両者の（縁起的）関係に関する原理として機能する。

　第一の前提から順に検討してみよう。時間は変化と結びつくという主張は比較的受け入れやすい。なんらかの変化が可能であるならば、時間は経過するだろう。そして、いかなる変化も不可能であるならば、時間が経過するとはいえない。とはいえ、変化の概念にはさまざまなものがある。時間とはどのような変化か。まず、個々の出来事の単なる生起は、仏教において批判されるべき変化の概念とはみなされていないように思われる（そもそもこれを変化と呼ぶべきかどうかも定かではない）。また、同一の出来事が未来から現在になり、やがて過去に退くというような、マクタガート（McTaggart 1908）が問題にした「動く今」の考えも、時間の経過を構成するような変化としては検討されていない（毘婆沙部が主張する三世実有とは、過去、現在そして未来の認識がなんらかの実在的根拠をもつということにすぎない）。そうすると、後に批判の対象として嫌疑がかかるのは、時間とは同一の実体としてのものの変化であるという考えだろう。

　次に、第二の前提について考察する。それによれば、我々は同一のものの変化（としての時間）を経験しない。言い換えれば、変化を通じてものが持続（あるいは耐続）することを我々は経験しない。これは一見、直観に反する主張である。投げられたボールの運動、草木の枯死や子猫の成長など、我々が同一のものの変化を経験するといえそうな事例については枚挙にいとまがない。しかし、私の理解が正しければ、まさにこのような時間経験こそが仏教において否定される。そのためには、次のいずれかが示されれば十分だろう。すなわち、①異なる経験内容を構成する実体の貫時間的同一性を我々は経験しないこと、あるいは、②ある一つの瞬間においてさえ、その経験内容を構成する実体を我々は実際には経験しないこと、これらのいずれかが示されればよい。

　②に関しては、我々が知覚するのはものそれ自体ではなく、その性質にすぎないというような議論が可能かもしれない。たとえば、我々はたんに花を見るのではなく、それが赤かったり黄色かったりするのを見る。それに加えて、花

の実体などを見ることはない。①に関してもまた、佐々木論文の中で興味深いアイデアが示唆されている。実体としてのものや変化の基体など存在しないにもかかわらず、それらの観念を我々がもつように思われるのはなぜか。おそらく、複数の対象が異なる速度で変化するのを観察するとき、そのような誤解が生じる。しかし、たとえば、それは映画の中でも実際に起こる。比較的変化の少ない背景領域に対して、目立った部分領域の（それぞれ異なる）変化に注意が向けられるとき、自らの同一性を保ちつつ持続するようなものはなにもないにもかかわらず、我々はそこになにか実体があると（誤って）認識してしまう。

　しかしここで、次のようにも考えられるかもしれない。ほかのものに時間の基礎となる変化を見出しえないとしても、なんであれ経験する私は変化するといえるのではないか。経験内容に変化が含まれないとしても、私はそのつどなんらかの内容を経験し、それゆえ、私自身が変化しながら持続することは疑いえないのではないか。だとすれば、さまざまな経験内容の中にではなくそれらを経験する自己に、時間が実在することの根拠を見出すことができるのではないか——。さて、ここでまず指摘すべきことは、仏教の公式見解では、持続する同一の実体としての自己という考えはそもそも認められてないということである。したがって、自己の変化という考えも仏教では明確に否定される。だが今は議論のため、同一の実体としての自己が存在すると仮定しよう。目下の問題はそうすると、変化する自己を私自身が経験するかどうかに帰着する。

　変化を通じて同一の実体として持続する自己が仮に存在するとしても、そのような自己を私が経験できるとは限らない。さらにいえば、自己は経験内容におけるなんらかの部分として現れることはなく、また現れることもできないように思われる。おそらく、経験の主体としての自己の存在は直観的に把握されるようなものではなく、なんらかの方法で推論されるよりほかはないかもしれない。だとすれば、自己はさまざまな内容を経験するゆえに、同一の実体として持続しながら変化するという主張が仮に正しいとしても、その正しさを自らの経験のレベルで示すことはできない。つまり、変化する自己を私自身が経験するとはいえない。自己の変化を通じて我々は時間を経験するという主張に対して、このように反論を展開することは可能であるかもしれない。

　第三の前提は、時間の実在性は我々の経験において問われるべきだという、仏教の基本思想を表現している。だが、やや舌足らずにも見える。実際には時

間が経験されないとしても、少なくとも我々はそれを経験すると考えている。問題はこの信念が正しいかどうかである。そこで、誤謬説は無経験説の議論を次のように修正するかもしれない。

(1) 時間は同一の対象の変化に存する。
(2) しかし、我々は実際には同一の対象の変化を経験しない。つまり、我々は時間を経験しない。
(3) 他方、我々は自分たちが時間を経験すると考えている。
(4) それゆえ、自分たちは時間を経験するという我々の信念は誤りである。
(5) 時間が実在するならば、それが経験されるという信念は真でなければならない。

よって、時間は実在しない。

第一と第二の前提に関しては以前と同じだが、この議論には二つの異なる特徴がある。第一に、我々は時間を経験するという信念の存在がいったん認められ、その信念が誤りであることが指摘される。第二に、時間の経験がその実在性の直接的な根拠となるのではなく、時間の経験に関する我々の信念が正しいかどうかがその根拠とされる。

ただし、これは形而上学的な誤謬説とは異なることに注意しよう。形而上学的な誤謬説は、実在に関する我々の信念の誤りを指摘する。たとえば、永久主義的な世界の存在を前提としたうえで、それにもかかわらず、時間は経過すると考える我々の信念の誤りを指摘する。他方、目下の議論は自らの経験に関する誤謬説であり、実在に関するいかなる主張も前提とされない。それが成り立つには、我々の時間経験に関する現象学的考察のみで十分である。この点に関して、誤謬説と無経験説に本質的な違いはない。いずれの議論の正しさも、我々の経験とは独立の世界がどのようにあるかではなく、自らの経験が実際にどのようなものであるかに依存する。仏教の議論はここでもまた、たまたま私を含んでいる時間ではなく、私が経験する時間について語っているように思われる。

さて、以上の再構成はあくまで私の思介にすぎない。そして、仮にそれらが仏教における時間の非実在性論証の一つの形式を捉えていたとしても、私自身

はそこに批判の余地がまったくないとは思わない。実際、無経験説と誤謬説に共通する第二の前提については、さらに議論が尽くされるべきだろう。私はまた、現象学や認識論のレベルで時間の本性のすべてを明らかにできるとも考えていない。とはいえ、ここで提示した再構成が無意味であるといいたいわけでもない。自らの時間経験について哲学的に考察する限り、決して避けて通ることはできない、いくつかの重要な論点がどちらの議論においても示唆されている。分析哲学の時間論では近年、我々の時間経験をめぐる諸問題がにわかに脚光を浴びている。我々はインド仏教の思索から、期待されるよりもずっと多くを学ぶことができるかもしれない。

謝辞

　本稿を執筆する過程において、護山真也氏（信州大学）より有益なコメントを多数いただいた。ここに記して、感謝の意を表明する。

参考文献

McTaggart, J. M. E. (1908) "The Unreality of Time", *Mind* 17: 457-84.（＝永井均訳『時間の非実在性』講談社学術文庫、2017 年）

[第8章◆リプライ]
対岸からの視界

佐々木一憲

1 はじめに

　時間論という「純」哲学領域のテーマについて、インド哲学や仏教思想という周辺分野からの考察が示されるというとき、読者の関心は大方、それら"別世界"の思想家たちが提示する世界観がどの程度哲学の"本流"と重なりあうのか、あるいは互いにまったく別の方向を向いているのか、という点に集まるのではないでしょうか。

　私が第8章の論考（以下、「拙論」と表記）を通じて提起したいと考えていた問題も、じつのところ、その点と関係するものでした。狙いとしたのは、インド仏教において「時間」がどのように記述されているかをたんに紹介することではなくて、そこに説かれている「時間」がはたして私たち現代人のイメージする「時間」と同じ方向性で語ることのできるものなのか否か。また、異なるとしたならば、どの部分のいかなる違いが、その異なりを生んでいるのか、を考えてみることでした。その意味で、コメントの冒頭、まずこの点に触れてくださった佐金氏は、拙論の論点を最も適切な形で掘り起こしてくださったにほかなりません。

　また、考察を進める上で、私がインドと西洋の立場がぶつかりあう場面と考えていたのが「客観世界の実在という信念」だったのですが、佐金氏はこの点についてもその急所のありかを端的に示してくださっています。その指摘を受けて、私の方でも、なにが本当の意味で両者の違いを生み出しているのか、という点についてあらためて認識させられた部分があります。この再応答ではその点について述べて、拙論を補足してみようと思います。

2　なにが違うのか？

　さて、インド思想と聞いてどんな奇抜なアイデアがでてくるのか、と思っていた向きには、拙論の内容はすこし期待外れだったかもしれません。インド仏教の思想といっても、たいていの論点については、とりたてて特別な予備知識

も必要なく、いってみれば一般教養レベルのいくぶんデフォルメされた「テツガク」モデルに準えて理解できてしまいます。佐金氏の読み解きにあるように、個々の論点についてはある意味双方共約可能で、表面的な言葉遣いの違いを摺り合わせてしまうことができれば、あとはお互い自家薬籠中のアイデアを用いて相手方の論旨を解釈することができてしまうのです。

　しかし、じつはこの共約可能ということが最大の問題点なのです。似たような言葉を語ってはいても、両者の見ているものはおそらくまったく別です。なぜなら、両者は最初の見立てが正反対なのですから。

　ところが、共約可能性はその両者の違いを見えなくしてしまいます。たとえば洋服のボタンの掛け違いということがありますが、この場合には往々にして、なまじ中間部分がかみ合っている分、最後のボタンを掛ける段になるまで、最初のボタンの掛け違いに気がつかないものです。ちょうどそのように、インド思想と西洋哲学も比較考察をしているあいだはかみ合いを見せているのに、結論の段になったとたん、両者が正反対の方向を向いてしまうことがある。そしてその場合、たいていは前提となる最初の見立てが異なっているのです。第8章で取り上げている認識の問題についても、両者が食い違う最大の原因は、まさに認識ということを考えるにあたっての前提部分にあるのです。

3　ベクトルの違い

　さてその最初の見立てとはなにか、ということについても、ヒントは佐金氏のコメントの中に示されています。佐金氏は西洋哲学の現在主義との比較において、インド仏教思想の時間論には「『現在』という中心概念の理解に関して、看過できない大きな相違がある」と指摘しつつ、その理由を「現象としての私のいま（主観的現在）における変化（時間が経過するという感じ）が幻覚のようなものかどうか」という点についての立場の違いに求められる、とします。

　佐金氏は仏教思想の提起する認識論・存在論を西洋哲学の現在主義に準ずるものと押さえた上で、それは徹頭徹尾自己の認識と結びついていると評します。そして、その認識対象をも主観的なものとする点こそが仏教思想の最大の特徴だと指摘するのです。

　この指摘は的を射ています。たしかに仏教において、認識論・存在論は「現象としての私のいま（主観的現在）」の虚実の考察に集約されるのです。ではな

ぜそうなるのでしょうか？

　拙論ではこれをひとまず、経文から敷衍された「存在とは認識されるもののこと」という存在の定義に由来している、と説明しましたが、ここではもう一段掘り下げて、そもそもなぜ経典にはそのように説かれるのか、ということを考えてみましょう。じつはここに、インド仏教思想を誤解させる「最初のボタンの掛け違い」が──おそらく双方の立場にとってまったく意外な形で──潜んでいるのです。

　インドにおいて知覚 "upalabdhi" は、「つかみ取る」という含意をもっています。それは、対応する英語の "perception" が、外界から発信される情報を受動的に「受け取る」というニュアンスを含んでいるのとは逆に、それは認識主観の側から働きかける能動的な事態なのです。

　そこにあって、知性は光を本質とするものであり、認識主体はその光源にあたります。人間が対象を認識するという事態は暗闇の中を懐中電灯で照らすようなものであり、光があたったところだけが認識されるのだと説明されるのです。

　インド発祥の思想として、仏教が説く認識のしくみも基本的にこの発想を受け継いでいます。認識が佐金氏の指摘のように徹頭徹尾主観的なものとならざるをえないのは、認識そのもののしくみがそのように主観を出発点とするものだからなのです。

　さて、感覚器官を通じて内から外へと放たれた知性の光は、対象のうちに言語的な名称の発動契機（pravṛtti-nimitta）となる徴表を捉えます。認識主体はその徴表を通じて記憶の中の既知の観念を検索し、眼前の対象と同定します。たとえば、「のど袋」と「コブ」がある「四つ足の動物」という点を捉えて「牛」と認識するがごとく、です。このとき徴表は、対象をそれ以外のものから選択的に区別するタグのようなものとして働くと説明されるのですが、これは言語を差異の体系とみる記号学的な考え方と重なるものです。

　さて、人によって着目する徴表は異なります。したがって、仮に同じ対象物に視線を向けていたとしても、ある人はそれを「牛」と認識するし、別の人は「四つ足の動物」と認識するというように、認識の深度には人ごとに違いが生じることでしょう。認識は一つの対象にいくらでも重ね合わせることができるので、複数の人がいればその数だけ「層」を違えた認識が一つの対象の上に同

時に成立しうることになります。認識対象と外界の事物を分けて考えることのできるこの立場では、「物質は同じ空間を共有しえない」という物理学的な原則は成り立ちません。

逆に、共通の認識が起こるとしたら、この立場では、それを媒介する共通因子の存在を考えることになります。この場合、内から外へというベクトルをもつインド思想的な認識モデルにあっては、複数の認識主観にまたがって内在する間主観的な経験や言語、あるいはそれらをひっくるめた広い意味での「文化」が共通因子ということになるはずです。単一にして万人に共通の外的な客観世界である必要はありません。

さて、これと比較して、知覚を受信の働きと考える西洋哲学の場合はどうでしょうか？ 知覚を受信とするならば、認識は発信者の存在を前提とせざるをえません。つまり、情報発信者としての外的な客観世界の存在が、認識が生じるための前提として要請されることになります。このとき客観世界は個々人の認識に先立つものとなり、佐金氏のコメントにある「たまたま私を含む客観世界」という発想もここから自然と出てくることになるのです。

以上みてきたように、佐金氏が指摘する仏教思想と西洋哲学の世界観における根本的な違いは、この、認識の仕組みにおける最初のベクトルの違いに由来するものだと考えられます。

4　否定対象としての認識像

仏教は人間苦悩の元凶を示し、そこからの脱却の途を説くことを目的としています。ブッダの説く諸悪の元凶は万人が共有する認識の歪みです。凡人には気づくことのできないその歪みを、メタな視点に立ったブッダが指摘し、矯正するというのが仏教の基本構造となっています。したがって、認識は仏教思想の主要なテーマとならざるをえません。そして、西洋哲学が直接の考究対象とする客観世界の認識は、仏教ではそもそも否定対象であるところの凡夫の錯覚として想定されているということになります。

前節の考察をふまえるなら、「時間」や「いま」の認識を考えるにあたっても、なにをその設定根拠＝言語的名称の発動契機としているのか、を突き止めることが、インド思想において重要であることが理解されると思います。また、その設定根拠が根拠たりえないことを指摘しさえすれば、その認識対象の非実

在をいうことができる、というロジックについてもご賛同いただけるのではないでしょうか。

　拙論において示した四学派の認識論の展開を通して見てもらいたかったのはまさにこのことでした。つまり、「時間」や「いま」という概念の設定根拠について仏教ではどのような理解を示しているのか、ということになりますが、その文脈において「三世」や「自性」という考え方が槍玉にあげられていたのです。

5　記号学として考える

　さて、拙論では「あらゆる観念は無自性であり、『時間』もまた観念だから無自性。自性をもたないものは実在ではないので、『時間』もまた非実在である」との考察を述べたのでした。客観世界を想定していない立場からすれば、「時間」の非実在はこれで充分説明がつくと思われるのですが、その立場になじみのない方面がほとんどであることを考慮すると、この説明はあまり親切なものではなかったかもしれません。この点について少し解説を加えてみます。

　中観派の説を借りて仏教の世界観を一言でいうならば、「我々が客観世界と認識している世界像はすべて言語的な仮象だ」ということになります。これは、私たちはそれぞれに言語的に文節された世界を見ているのだし、私たちに認識することができるのはその世界だけだ、というアイデアです。

　認識をこのように言語的・記号学的なものとして捉えてみるといろいろなことが整理できます。私たちの認識は、恣意的な社会慣習（言語協約：vyavahāra）であること、差異を本質とし択一性を原理とする体系であること、など言語的な性格すなわち記号のもつさまざまな性質をよく保存しているように思われます。仏教にいう三世の考え方と、その貫時的な時間観との違いなども、この見方を適用してみることで理解しやすくなるはずです。

6　三世と時間

　仏教思想で、私たちの認識のあり方を説明する際に用いられるたとえに「旋火輪」というものがあります。旋火輪というのは、両端を松明にした棒を闇夜に高速で回転させることで見える光の輪のことですが、これは一度「輪」として認識されてしまったならば、たとえ頭でどれだけ「実際には棒を回転させる

ことでそのように見えているだけの仮象だ」と理解していたとしても、私たちの目には「輪」のようにしか映らなくなります。

　さて、そのような見えが成立した後では、それを足掛かりに、その見えの前後の位相を想定できるようになります。いま、旋火輪のあり方を位相という観点から考えるならば、その位相は出現前／現前中／消滅後の三つとなります。旋火輪として現前している期間の長さいかんにかかわらず、位相としてはその三つ以外にはありえません。

　ここで「旋火輪」が現前し、その認識が成立している場面を「現在」としてみましょう。すると、その認識の成立以前の位相を「未来」、成立後消失した後の位相を「過去」と割り当てて設定することができます。こうして設定された未来／現在／過去という位相を仏教では「三世」と称するのです。

　さて、「三世」の観念、また「三世が／に実有である」というアイデアがそうした考え方にもとづくものだとすれば、佐金氏の挙げる「投げられたボールの運動」や「草木の枯死」「子猫の成長」といった貫時的な変化の例は——ご自身も指摘されているように——、三世という文脈の中では問題とされていないことがわかります。これらの例は仏教思想では、たんに個々別々の仮象が、恒常的に連続して経験されるということにもとづいて、因果関係として観念的に並べられただけのものと説明されるでしょう。実際、子猫と成猫は、まったく別の形象をもっているのであって、私たちの方でそこに一貫する存在を観念的に見立ててことさらに関連づけない限り、両者は自然には結びつかないものです。西洋哲学においてもこうした事柄は、純粋な知覚や認識の問題というよりは、悟性的な判断の問題となるのではないでしょうか。

　もちろん仏教思想でもそうした連続的な変化はまったく把握されないというのではありません。しかしそれは仏教が「三世」という概念で言わんとする事態ではないのです。そしてこのことは逆に、佐金氏の指摘する現代人の「自然な直観」により把握された"時間"という感覚が、インド思想的な見方では、貫時的な変化の流れを設定根拠として構想された観念的構想物にほかならないとみなされることを示しています。そして、「観念以外のなにものでもないのであれば、それは無自性、すなわち非実在にほかならない」と、前述の論理を仏教では適用するのです。

7 「空」という悟り

　最後に少し視点を変えて、ブッダは悟りにおいてなにを認識したのか、ということについて考えてみたいと思います。「悟り」という言葉は、いかにもブッダが世界の実相を直証した、という事態を指し示しているように思われます。そしてそれは、西洋哲学的なベクトルで発想した場合、おそらくブッダが客観的世界の実相、いうなれば、カントの用語における「物自体」（Ding an sich）を直観した、といった事態として想像されるのではないでしょうか。しかしながら、ここまでみてきたインド思想的なベクトルということをふまえて考えるならば、ブッダの悟りとはむしろ、そのように「物自体」を認識させる徴表はいかなる意味でも存在しない、ということを了覚したということだったのではないか、と想像されるのです。

　記号学的なインド認識論の立場に立つ限り、世界の実相がどのようなものかということは、積極的・肯定的な表現では言い表すことができないことになります。「世界の実相とはこれこれのものだ」といった瞬間、世界の実相はその限定から逃れていきます。したがって私たちは、「あれでもなく、これでもなく……」と、自ら名指したものを言ったそばから逐一否定していくことを通してしか、世界の実相を表現することはできないのです。

　この立場では言語が認識を媒介するとしている以上、結局のところ「なんであれ、いかなる境地にある者のどんな認識も虚偽である」ということになるのですが、それこそがまさしく「空」の教えであり、拙論に挙げた四つの仏教学派のうち、最後に紹介した中観派の教説なのです。この立場が「実在それ自体について語りうる」とする西洋哲学の立場と真逆のものであることは明らかでしょう。

8　メタ・フィジクスに対するアンチテーゼとして

　鏡は不思議なもので、一つの鏡面に、見る人ごとに千差万別の像を映します。それでも一つの鏡面である限り、そこに写る像には一貫した性質が表れます。鏡面が歪んでいるならば、その歪みに対応した像の歪みは一斉にどの影像にも現れるはずですし、そのように誰に対しても一貫して現れる歪みであれば、その歪みが歪みとして意識されることはないでしょう。

　その歪みは、歪んでいない姿、あるいは別の歪みかたをしたものとの比較に

よって相対化されない限り認識に上ってきません。つまり、一斉に現れているがゆえに気づかれることのない特異性を可視化するためには、メタな立場からまったく異質なものを対照させて相対化する視点もしくはしくみが必要なのです。

　西洋哲学との関係における仏教思想の存在価値はまさにその点にあるのではないでしょうか。異なる視点から与えられるパースペクティブは、少なくともある特定のパラダイムにおいて一斉に共有されているがゆえに不可視となっていたものを相対化し、可視化する契機を与えるはずです。

　佐金氏のコメントは「我々はインド仏教の思索から、期待されるよりもずっと多くを学ぶことができるかもしれない」と結ばれています。私もその意見に賛成です。ただ、少しく蛇足を加えるならば、その成果のうちの最大のものは、インド思想を西洋哲学の世界観の根本部分に対するアンチテーゼとして与えることで、両者を総合した新しい思索の誕生を促すことができた場合にこそ得られるのではないか、と思うのです。ボタンの掛け違いに気づいたときには、一番最初のボタンに目を向けるように。

あとがき

　カズオ・イシグロの小説『日の名残り』[1]において、貴族の館の執事だったスティーヴンは、伝聞と記憶を含めて一人称で第二次大戦前後のイギリス社会を語る。そこには忘却からくる微妙な矛盾が含まれ、その重層性ゆえに全体としてリアルな世界が描き出されている。

　物理学は一人称で語りうるだろうか？　通常の論文においては、主語に一人称複数の we が使われて、例外的にアインシュタインが一人称単数の Ich を使った。しかし、このどうでもよい形式的なことを別として、内容的には三人称的記述のものがほとんどである。相対論における時空図、量子論におけるエンタングルメントの模式図など、誰が見た景色だと聞きたくなる。

　通常の物理学者は「一人称、三人称」という文学的な表現を嫌うかもしれない。この「あとがき」では、一人称的記述を操作的な記述、三人称的記述を（いい表現が見つからないが）数学的記述と同義とする。ここに操作的記述とはその推論の各ステップがすべて実験的に検証可能な記述の仕方をいう。数学的記述とは検証を脇において時空全体を俯瞰して記述する。哲学の専門家には操作的、数学的というとなじみがないかもしれないので、以下では一人称、三人称という表現を使う。そうすると、熱力学におけるカルノーの定理は操作的なので一人称的といえるだろう。同様に、ファラデーの電気力線、磁力線を描く電磁気学も一人称的であるが、電場と磁場の存在を仮定したマクスウェルの電磁気学はまさに数学的であるので三人称的である。その数学的理論の実験的検証でも、測定のプロトコルは必然的に操作的なので一人称的記述になり、思考実験においても同様であることは重要である。

　今回の、時間に関する「哲学」と「物理学」の対話において中心テーマは「現在」であると承知している。私は、物理において、「現在」は一人称的記述にだけ現れるもので、数学的記述に移行した段階では見えなくなるように思う。このような視点から、哲学の方たちが寄稿した論文を読ませていただいた。

　佐々木一憲（第8章）さんは、インド仏教において認識できるものは実在の変化であるという。その変化が時間であり、認識したときが「いま」であると

いう。そうすると「過去・現在・未来」という順序は自明でない。私には、インド仏教の思考が禁欲的なまでに一人称的で、時空を三人称的に俯瞰することをしないように見えるが、私の思い違いだろうか？　青山拓央さん（第4章）は認識する脳と認識される対象が「いま」を共有できるか、という問題を考える。そして、認識に要する物理的時間まで含めると、「いま」は時間軸上の1点ではなく一定の幅をもつと指摘する。どのくらいの幅かは、脳の機能と対象の時間スケールに依存することは平井靖史さん（第6章）の指摘通りだろう。日常的な場合は10ミリ秒程度で、ものによっては宇宙時間かかるかもしれない。しかし、一人称に埋没する限り時間スケールの多様性は自覚されないから、時間スケールの多様性の問題は三人称的である。平井さんが論文の末尾に付しているように、「自由意志」を他者との相互作用に要する時間スケールよりも長い時間の熟慮を経た上での決断とすると、自由意志は（意外にも）私的な概念ではなく、公共的なものといえそうである。「私が自由意志をもつ」かどうかは問題にしえないが、「彼は自由意志をもつらしい」は問題になりうる。時間スケールと意識の関係を考察すると、意識の持続性を取り上げれば、必然的に「記憶」の問題に立ち入らざるをえなだろう。平井さんの次の論文が楽しみである。

　現代物理学においては、時空を三人称的に俯瞰することが多い。その数学的理論を場の理論と呼んでもいいだろう。一人称的あるいは操作的な記述がはじめにあるとしても、ある段階で「忘れる」。しかし、その段階で得られた有効理論がじつはある時間スケールでだけで成り立つ場の理論にすぎないことには留意する必要がある。たとえば、原子の世界を記述する自然法則と、気候変動を論じる適切な時間スケールの法則は違う。素粒子物理学に例をとれば、強い相互作用はQCDが基本理論であるが、核子間の相互作用程度の時間スケールではカイラル理論が現象をよく説明する。

　その作業の中に三宅岳史さん（第7章）が紹介するベルグソンとプリゴジンの「非可逆な時間の問題」が生じるのかもしれない。標準的な物理学では、熱力学第2法則に現れる非可逆性は粗視化されたマクロ量を変数として確率論的に理解される。しかしながら、上記の二人は、よって立つところの違いにもかかわらず、確率以上の実体的な起源を主張している。ただし、プリゴジンの議論はカオス力学系に偏りすぎていて、非可逆性と情報量の関係というより普遍的な問題がかすんでしまう。

一方、知覚と独立に時間が存在するという数理物理的（プラトン的？）信念の上に立つときにのみ「宇宙の始まりはあるか？」というような、釈迦が弟子たちに「時間の無駄（！）」として議論を禁じたという「大問題」が成立する（第5章森田邦久論文）と思う。そこでは認識の問題もスケール依存性も捨象されるが、時間経過の実在性と宇宙に始まりがあるかどうかの問題が関係しているという主張は目新しい。私は、その見かけの純粋性とは裏腹に、「宇宙」「始まり」「ある」という問いの立て方自体に込み入った一人称複数的な文化バイアスが入ると疑う。

　筒井泉さん（第2章）と谷村省吾さん（第1章）がそれぞれの語り口で、物理学者が時間についてもっている理解を（おのおのの自説を含む最終節を除いて）公平にわかりやすく述べていて、哲学の方が物理学者の標準的見解を簡便に知るための優れた読み物になっている。しかし、いずれも時間空間を三人称的に記述している。だからこそ「実在」のありかがわからなくなり、「いま」がかすんでしまう。谷村さんが「いま」の問題自体が擬問題ではないか、と疑うゆえんと思う。

　現代物理学が「いま」の問題を扱うとしたら、その三人称的記述を一人称的記述とどこかで接続する必要があるように思う。情報科学の記述が一人称的（操作的）であることが気になる。冒頭に紹介したカズオ・イシグロの小説の記憶と忘却を交えた一人称の語り口が物語の歴史的背景とイギリスの田園風景を生き生きと描写していることが、物理学で「いま」を相手にするヒントになるかもしれない。これを非文学的な言い方に切り替えると、情報処理を取り込んだ物理学を実験可能な操作的な姿でいったん作ってから、それを数学的形式に投企する［2］という道があるといいと思う。物理学史をひもとくと、これはかつて熱力学（カルノーからボルツマン）や電磁気学（ファラデーからマクスウェル）で行ったことであることに気づく。いずれも（一人称）操作的な記述から、（三人称）場の理論的記述に飛躍している。細谷暁夫の寄稿（第3章）において、熱力学第2法則による「時間の矢」の本質は「忘却」であるとマクスウェルの悪魔の文脈で一人称的に述べた。一人称的「忘却」は三人称的な統計力学における粗視化と近い概念だと思う。

　アインシュタインは一人で1905年の特殊相対論から1915年の一般相対論へと飛躍を行った。そして、おそらく量子力学との関係で、晩年になって、「いま」について考え始めたのだろう［3］。

ここまで一気に書いてから、一人称複数的記述と三人称的記述の違いについての議論が甘いことに気づいた。たとえば、情報科学全般と量子情報科学における操作的記述は、アリスとボブ、あるいはイブという二者以上の対話で進められていくのであり、「私」だけではない。哲学の人たちとの対話を続けて、考えを進めたいと思う。

2019 年 4 月

細谷暁夫

参考文献
［1］Kazuo Ishiguro（1989），"The Remains of the Day"（＝土屋政雄訳『日の名残り』中央公論社、1990 年）
［2］M. ハイデッガー（1990）、細谷貞雄訳『存在と時間（下）』p. 363、ちくま文芸文庫。
［3］R. Carnap（1963），"Intelectual Autobiography", in *The Philosophy of Rudolf Carnap*, ed., Paul A. Schilpp. Open Court Publishing Co., p. 37.

索　引

■数字，アルファベット
2種類の時間発展　109
A理論　→動的時間論
CPT変換　81
GBUT　→成長ブロック宇宙説
GPS　15, 25, 46, 63, 161
MST　→動くスポットライト説

■ア行
アインシュタイン　8, 12, 32, 42, 53, 64, 116, 122, 156
アビダルマ仏教　266
意識　125
「いま」　270, 274, 279-281, 296, 297
因果説　89
因果の矢　89
因果ベイズネット　90
因果律　4, 154
ウィトゲンシュタイン　134, 189, 200
動くスポットライト説（MST）　iv, 173, 174, 181
永久主義　31, 172, 196, 197, 201, 202, 205
エディントン　225
延長主義　222
エントロピー　226-228, 232, 234-238, 240, 241, 261
　——増大　76, 103
　——増大則　86, 88
　情報——　107

■カ行
解釈問題　87
カオス　233, 234, 235, 236, 238, 241
科学的実在論　35
確率の主観解釈　126
確率論　207
過去　227, 230, 231, 240, 260
神の視点　271
感覚質　206, 223, 256
貫時的　297, 298
慣性系　6-9, 11-14, 44, 51, 158, 159, 188, 199

観測　103
カント　299
記号（学）　297
ギブズ　233, 234
客観世界　293, 296, 297
共約可能（性）　294
経量部　286
決定論　206, 207, 219, 220
現在
　——の幅　210, 211, 222
　指標的——　ii, iii, 171, 194
　絶対的——　ii, iii, 171, 195-197, 199, 202
　〈現在〉　ii, iii, v, 171
　〈現在〉という謎　ii, iv, 171
現在主義　iv, 30, 136-138, 172-174, 180, 196, 199, 201, 202
　——者　197
原子時計　46, 63, 161
検証公理　100, 109
光子の裁判　114
五蘊　277, 278, 281
誤謬説　288

■サ行
最小作用の原理　3, 4
錯覚　269, 271, 272
三世実有（説）　265, 273, 274, 275, 283
三世実有・法体恒有　266, 267, 280
時間クオリア　214, 223
時間スケール　205-208, 210, 211, 214, 219-222, 254, 255, 257
時間対称形式　82
時間対称性　86
時間単位　209, 210, 217, 222, 255, 256
時間的内部　214, 255
時間の逆行した運動　86
時間の空間化　i, ii, v
時間の矢　86, 225, 227, 233, 235, 237, 238, 260, 261, 263
時間反転対称性　10, 19
時空図　9, 23, 42, 157, 158

305

自己　　270, 281
　　――認識　　275, 276, 277, 284
持続　　230, 231, 240, 241, 261
　　――のリズム　　206, 219, 223
実証主義　　279, 280
事物の実体視　　279
弱値　　83, 89
自由　　206, 207, 219, 220, 221
　　――意志（意思）　　5, 219
シュレーディンガー方程式　　75
諸行無常　　273
シラードエンジン　　106
新カント派　　123
真実成立／真実在　　274, 277, 282, 283
スーパーヴィーニエンス　　129, 143, 150, 151, 160
成長ブロック宇宙説（GBUT）　　iv, 172-174, 196, 197, 201, 202
静的時間　　195-197
　　――論　　178, 202
絶対時間　　1, 2, 12, 42, 51, 52, 55
絶対的同時性　　32
旋火輪　　297, 298
操作主義　　127
操作的　　115
相対化　　300
相対性理論（相対論）　　197-200
　　一般――　　71
　　特殊――　　69, 116
素粒子の標準理論　　80

■タ行
多元論　　205, 215, 219
遅延　　205, 211, 216, 218, 219, 255
チャーマーズ　　163, 166
中観派　　286
ツェルメロ　　226, 240
デュエム　　232, 238
ドイチュ　　138, 158, 159, 167
道具主義　　35
動的時間論（A理論）　　166-168, 171-173, 180, 203
トークン同一性　　129, 132, 133

■ナ行
ニュートン　　1, 2, 3, 7, 9, 12, 42, 51
　　――の運動方程式　　74

――力学　　3, 53
能動的な事態　　295

■ハ行
波束の収縮　　20, 58
発動契機　　296
場の量子論　　73
汎心論　　206, 218
汎質論　　217, 218
反証可能性　　123
非可逆　　225-227, 229, 230, 232, 233, 236, 241, 261
光格子時計　　16, 28
非局所相関　　199
毘婆沙部　　286
ヒルベルト　　122, 123
仏教教理の発展史　　272
ブッダ　　278, 296, 299
プライアー　　32
プリゴジン　　v, 225, 229, 232-239, 241, 261-263
ベテルギウス　　45-48
ベネット　　104
ベルクソン　　v, 225, 229-232, 236, 237, 239, 241, 260-263
ヘルムホルツ　　123
変化　　269-271, 281
ポアンカレ　　8, 238, 241
ホーウィッチ　　225, 227-229, 237, 240, 241, 260
ポパー　　123
ボルツマン　　225-227, 229, 232

■マ行
マーミン　　1, 21-23, 25, 40, 55, 139, 157, 168, 169
マクスウェルの悪魔　　106, 125
マクタガート　　166, 169, 228, 240, 289
マッハ　　123
無経験説　　288
無自性・空　　269, 271, 278
名称の発動契機　　295
メモリリセット　　104

■ヤ行
唯識派　　286

■ラ行
ライヘンバッハ　　122, 123
ラプラスの魔　　3, 5

ランダウアー　104
量子測定　111
量子力学　72, 199
　——の公理　117
　時間対称的な——　89

ロシュミット　226, 240

■ワ行
渡辺慧　99, 260, 262, 263

執筆者一覧（50 音順。＊印は編者）

青山拓央（あおやま・たくお）
京都大学大学院人間・環境学研究科准教授。千葉大学大学院社会文化科学研究科博士課程単位取得退学。博士（哲学）。専門は分析哲学・時間論・心の哲学。主な業績に、著書『時間と自由意志：自由は存在するか』（筑摩書房、2016 年）、『幸福はなぜ哲学の問題になるのか』（太田出版、2016 年）、『分析哲学講義』（ちくま新書、2012 年）など。

小山 虎（こやま・とら）
山口大学時間学研究所講師。大阪大学大学院人間科学研究科博士課程修了。博士（人間科学）。専門は分析哲学（形而上学）・応用哲学（ロボット哲学）。主な業績に、編著『信頼を考える：リヴァイアサンから人工知能まで』（勁草書房、2018 年）、論文 "Against Modal Realism from a Metaontological Point of View"（2017），*Philosophia* **45**(3): 1207-1225 など。

佐金 武（さこん・たけし）
大阪市立大学大学院文学研究科准教授。京都大学大学院文学研究科博士課程修了。博士（文学）。専門は分析哲学。主な業績に、書『時間にとって十全なこの世界：現在主義の哲学とその可能性』（勁草書房、2015 年）、論文 "A Presentist Approach to (Ersatz) Possible Worlds"（2016），*Acta Analytica*, **31**: 169-177; "Time without Rate"（2016），*Philosophical Papers* **45**: 471-496. など。

佐々木一憲（ささき・かずのり）
立正大学仏教学部法華経文化研究所特別所員。東京大学大学院人文社会系研究科博士課程満期退学。修士（文学）。専門はインド哲学・仏教学。主な業績に、論文「「涅槃」（ニルヴァーナ）は「不動心」（アパティア）か：静寂主義として理解された仏教、およびその理解の文脈について」（『比較思想研究』41、pp.115-123、2015 年）、"A Study on Scripture Worship in the Kathmandu Valley — An Interim Review with a Prospect of a New Approach for the Philological Study of Sanskrit Buddhism" *The Rissho International Journal of Academic Research in Culture and Society — The Academic Pilgrimage to Sustainable Social Development*, The Rissho University International Journal Committee, ed.（共著、Rissho University, Tokyo, 2019）など。

谷村省吾（たにむら・しょうご）
名古屋大学大学院情報学研究科教授。名古屋大学大学院理学研究科物理学専攻修了。博士（理学）。専門は量子基礎論・力学系理論・応用微分幾何。主な業績に、著書『トポロジー・圏論・微分幾何：双対性の視点から』（サイエンス社、2006

年)、『幾何学から物理学へ：物理を圏論・微分幾何の言葉で語ろう』(サイエンス社、2019 年)。

筒井 泉（つつい・いずみ）
高エネルギー加速器研究機構素粒子原子核研究所・理論センター准教授。東京工業大学大学院理工学研究科博士課程修了。理学博士（物理学）。専門は素粒子論・量子力学基礎論。主な業績に、本書の内容に関係するものとして、著書『量子力学の反常識と素粒子の自由意志』(岩波科学ライブラリー、2011 年)、論文「ベル不等式：その物理的意義と近年の展開」(『日本物理学会誌』2014 年 12 月号)、L. Vaidman, and I. Tsutsui, "When Photons Are Lying about Where They Have Been", *Entropy* **20**（2018）538. など。

平井靖史（ひらい・やすし）
福岡大学人文学部教授。東京都立大学大学院人文科学研究科哲学専攻博士課程単位取得満期退学。修士（文学）。専門は近現代形而上学。主な業績に、『ベルクソン『物質と記憶』を再起動する：拡張ベルクソン主義の諸展望』(藤田尚志・安孫子信との共編著、書肆心水、2018 年)、論文「心と記憶力：知的創造のベルクソンモデル」(『人工知能 特集 意識とメタ過程』33 巻 4 号、2018 年 7 月、pp. 508-514)、翻訳『時間観念の歴史：コレージュ・ド・フランス講義 1902-1903 年度』(アンリ・ベルクソン著、藤田尚志・岡嶋隆佑・木山裕登との共訳、書肆心水、2019 年) など。

細谷暁夫（ほそや・あきお）
東京工業大学名誉教授。東京大学理学系大学院物理学専攻博士課程中退。理学博士。専門は宇宙論・量子力学。主な業績に、論文 "Weak Values as Context Dependent Values of Observables and Born's Rule", A. Hosoya and M. Koga *J. Phys. A* **44**, 415303（2011）; "Time-Optimal Quantum Evolution", A. Carlini, A. Hosoya, T. Koike and Y. Okudaira *Phys. Rev. Lett.* **96**, 060503（2006）; "(2+1)-Dimensional Quantum Gravity — Case of Torus Universe", Akio Hosoya and Kenichi Nakao, *Prog. Theor. Phys.* **84**, 739-748（1990）など。

三宅岳史（みやけ・たけし）
香川大学教育学部准教授。京都大学大学院大学院文学研究科思想文化学専攻博士課程研究指導認定退学。博士（文学）。専門はフランス哲学・科学認識論。主な業績に、著書『ベルクソン哲学と科学との対話』(京都大学学術出版会、2012 年)、「ベルクソンと「記憶の科学」の台頭」『ベルクソン『物質と記憶』を解剖する』(平井靖史・藤田尚志・安孫子信編著、書肆心水、2016 年)、「階層と実在」『合理性の考古学』(金森修編、2012 年、東京大学出版会) など。

森田邦久＊（もりた・くにひさ）
大阪大学大学院人間科学研究科准教授。大阪大学大学院基礎工学研究科博士後期

課程修了、同大学院文学研究科博士後期課程修了。博士（理学）、博士（文学）。専門は科学哲学・分析哲学。主な業績に、著書『理系人に役立つ科学哲学』（化学同人、2010年）、『量子力学の哲学：非実在性・非局所性・粒子と波の二重性』（講談社、2011年）、『アインシュタイン vs. 量子力学：ミクロ世界の実在をめぐる熾烈な知的バトル』（化学同人、2015年）など。

〈現在〉という謎
時間の空間化批判

2019 年 9 月 20 日　第 1 版第 1 刷発行
2019 年 12 月 20 日　第 1 版第 2 刷発行

編著者　森　田　邦　久
　　　　もり　た　くに　ひさ

発行者　井　村　寿　人

発行所　株式会社　勁　草　書　房
　　　　　　　　　けい　そう
112-0005 東京都文京区水道 2-1-1　振替 00150-2-175253
（編集）電話 03-3815-5277／FAX 03-3814-6968
（営業）電話 03-3814-6861／FAX 03-3814-6854
三秀舎・松岳社

© MORITA Kunihisa　2019

ISBN978-4-326-10277-8　Printed in Japan

JCOPY ＜(社)出版者著作権管理機構　委託出版物＞
本書の無断複製は著作権法上での例外を除き禁じられています。
複製される場合は、そのつど事前に、出版者著作権管理機構
（電話 03-5244-5088, FAX 03-5244-5089, e-mail: info@jcopy.or.jp）
の許諾を得てください。

＊落丁本・乱丁本はお取替いたします。
　　　　http://www.keisoshobo.co.jp

白井仁人・東克明 森田邦久・渡部鉄兵	量子という謎	A5判	2,900円
佐金　武	時間にとって十全なこの世界 現在主義の哲学とその可能性	A5判	4,500円
伊佐敷隆弘	時間様相の形而上学 現在・過去・未来とは何か	A5判	3,500円
柏端達也・青山拓央・谷川卓　編訳	現代形而上学論文集 ［双書現代哲学］	四六判	3,400円
柏端達也	現代形而上学入門	四六判	2,800円
小山　虎　編著	信頼を考える リヴァイアサンから人工知能まで	A5判	4,700円
東山篤規	体と手がつくる知覚世界	A5判	2,600円
古谷利裕	虚構世界はなぜ必要か？ SFアニメ「超」考察	四六判	2,600円

＊表示価格は2019年12月現在。消費税は含まれておりません。